育儿无忧小顾问系列

婴幼儿喂养指南

李军果　主编

化学工业出版社

·北京·

给婴幼儿以科学、合理、全面的喂养，对婴幼儿生长发育十分重要，是孩子将来顺利成长为一个身体强健、聪明智慧的有用之才的基础。本书根据婴幼儿的生长发育特点，以成长时间为顺序，提供操作简便、目的明确的喂养指导；包含特殊时期婴幼儿喂养指南，如断母乳期及患病期间特殊喂养方式等。本书内容科学实用，文字通俗易懂，操作性强。

　　本书适合初为人父、初为人母的新手爸妈阅读，同时，作为医学科普图书，也可为相关专业人员提供参考。

图书在版编目（CIP）数据

　　婴幼儿喂养指南/李军果主编. —北京：化学工业出版社，2018.5
　　（育儿无忧小顾问系列）
　　ISBN 978-7-122-31898-5

　　Ⅰ.①婴… Ⅱ.①李… Ⅲ.①婴幼儿－哺育－指南
Ⅳ.①TS976.31-62

　　中国版本图书馆CIP数据核字（2018）第069078号

责任编辑：张　蕾　　　　　　　　　　　　　　装帧设计：刘丽华
责任校对：边　涛

出版发行：化学工业出版社（北京市东城区青年湖南街13号　邮政编码100011）
印　　装：中煤（北京）印务有限公司
710mm×1000mm　1/16　印张16　字数295千字　2018年9月北京第1版第1次印刷

购书咨询：010-64518888（传真：010-64519686）　　售后服务：010-64518899
网　　址：http://www.cip.com.cn
凡购买本书，如有缺损质量问题，本社销售中心负责调换。

　　定　　价：49.80元　　　　　　　　　　　　　　　　版权所有　违者必究

编写人员名单

主　编　李军果

编　者（以姓氏笔画为序）

于　涛　王丽娟　成育芳　齐丽娜　孙丽娜

李　丹　李　东　李军果　李春娜　李美惠

张　彤　张　舫　张耀元　赵　慧　赵晓丹

夏　欣　陶红梅

前 言
Preface

　　婴幼儿阶段是出生后生长发育最快的时期，也是一生之中身心发育最全面的时期。研究表明，人生命的最初三年是开发大脑潜能的关键时期，如果给婴幼儿以科学、合理、全面的喂养，对婴幼儿大脑的发育及身体的成长都十分重要，是孩子将来顺利成长为一个身体强健、聪明智慧的有用之才的基础。科学喂养是孩子美好未来的保证，但很多新手父母常苦于找不到全套的喂养方案，为解决此问题，我们策划编写了本书。

　　本书根据婴幼儿的生长发育规律，以成长时间为顺序，介绍了婴幼儿喂养知识等内容。

　　本书适合初为人父、初为人母的新手爸妈阅读，同时，作为医学科普图书，也可供相关专业人员参考与使用。

　　由于编者水平及掌握的资料有限，尽管尽心尽力，但疏漏及不当之处在所难免，敬请广大读者批评指正，以便及时修订与完善。

编者

2018年5月

目 录
Contents

第一章

婴幼儿喂养基础知识

BaBy

 # 第一节　婴幼儿营养总则

一、我国婴幼儿喂养的现状

目前，中国婴幼儿的营养状况正面临营养不足和营养过剩两方面的挑战。一方面，和其他发展中国家一样存在营养缺乏的问题；另一方面，和发达国家一样，也面临营养过剩以及营养失衡所造成的肥胖问题。

1. 营养失衡造成婴幼儿肥胖症呈上升趋势

婴幼儿营养过剩或营养失衡会导致肥胖问题，在城市特别是大城市中，婴幼儿肥胖的增长速度非常惊人，在中国控制婴幼儿肥胖症的工作已经刻不容缓。

中国人的传统观念是"能吃是福"，在膳食结构上，有些家长一味地给婴幼儿吃一些高脂肪、高热量、高蛋白的食品以"增加营养"。专家建议，科学合理地安排婴幼儿的膳食结构，确保营养均衡，鼓励婴幼儿多运动，不要以车代步，纠正婴幼儿看电视时吃零食的不良习惯等，这些措施有极好的防治肥胖的效果。如果婴幼儿患上了肥胖症，家长应予以重视，积极咨询相关专家进行治疗，以免影响婴幼儿的正常发育和健康成长。

2. 微量营养素缺乏威胁婴幼儿健康

在婴幼儿期，缺铁性贫血可能减缓运动神经发育，损害认知能力的发展。在全国普及碘盐的情况下，我国8～10岁儿童由于碘缺乏引起的甲状腺疾病发生率仍达9.6%。我国居民普遍钙摄入量不足，婴幼儿该问题更加显著。据统计，婴幼儿钙摄入量仅为膳食推荐供给量的40%左右。钙及维生素D的缺乏可引起骨骼发育不良，造成生长发育迟缓和佝偻病。我国0～3岁婴幼儿佝偻病患病率是16.9%。婴幼儿维生素A缺乏问题也不容忽视，夜盲症与角膜干燥症在一些地区仍有发生，有些农村地区婴幼儿维生素A缺乏率高达60%。

我国婴幼儿微量营养素缺乏的原因包括摄入不足，如钙、维生素A、维生素B_2等；也有生物利用的问题，如铁的摄入量不低，但缺铁性贫血仍十分普遍。针对上述问题，专家建议主要以预防为主，鼓励摄入富含微量元素的食品，平衡膳食，注意营养结构的均衡。

二、平衡婴幼儿的营养天平

膳食应保证食物种类齐全，数量充足，营养素之间的比例恰当，与身体消耗的营养素保持相对平衡。平衡膳食既可以满足人体对营养素的生理需要，避免发生营养缺乏症，又能防止因某些营养素摄入过量而造成营养过剩。

人体所需的各种营养素，包括蛋白质、脂肪、碳水化合物、维生素、矿物质和水，但任何一种食物，都不包括全部种类的营养素。这就要求在一天的膳食中，各类食物应当互相搭配，比例适当。比如主食和副食搭配，粗粮与细粮搭配，荤菜和素菜搭配等。平衡的膳食，每天应包括四大类食物，即粮食类、蔬菜水果类、动物和豆类、油脂类。

1. 粮食类

包括米、面、杂粮等，是热量的主要来源，占总热量的60%～65%。

2. 蔬菜水果类

这类食物是维生素的主要来源，也可提供无机盐、膳食纤维；可以增加膳食的体积，促进肠蠕动，有助于消化、吸收和排泄；能降低胆固醇的吸收，预防心血管疾病。因为蔬菜、水果种类很多，所含营养素各有差异，所以每天应多吃几种，尤其是绿叶蔬菜。

3. 动物和豆类

包括肉、鸡、鱼、蛋、奶及奶制品、豆及豆制品（豆腐、香干、油豆腐、素鸡等），主要提供优质蛋白质，是膳食中不可缺少的部分。

4. 油脂类

可以促进脂溶性维生素如维生素A、维生素D、维生素E的吸收，膳食中脂肪一部分来自食物本身，另一部分来自烹调油，膳食中脂肪总量不应过多。

要保持营养平衡，食物需多样化，也就是说要吃得杂，不能单一，更不能"节约"。

三、婴幼儿要合理营养的内涵及其重要意义

所谓婴幼儿合理营养，并不是给孩子吃价格昂贵的山珍海味、鸡鸭鱼肉，而是根据现有的条件，按照科学的方法，合理搭配和烹调食物，使婴幼儿不但吃得好、花钱少，还能得到充足的营养，健康地成长。而且，供给婴幼儿的营养，还应着重考虑孩子的年龄和消化能力。若不注意这一点，即使是营养丰富的食物，孩子吃下去，不但无法吸收，反而会引起消化功能紊乱。

合理营养是保障婴幼儿身心健康及正常生长发育最基本的条件。

婴幼儿期是人体生长发育最迅速的时期。所吸收的营养，除了维持机体的正常生理活动、补充机体的消耗、修复组织之外，还要供给机体的生长发育。同时，

由于婴幼儿消化系统发育不成熟，功能欠完善，因此合理喂养对婴幼儿来说尤为重要。

四、婴幼儿营养长期供给不良的危害

婴幼儿若不能得到合理喂养，营养长期供给不足，可能会产生以下不利影响。

1. 影响小儿的生长发育

若短期营养缺乏，可使体重不足；若长期营养缺乏，可影响小儿身高的增长，甚至到了成年时期身高也落后于同龄人。

2. 可发生各种营养缺乏症

如果营养不良，会引起各种维生素缺乏症、微量元素缺乏症，危害身心健康。长期营养缺乏还可使机体免疫功能下降，导致各种急性和慢性传染病的发生。

3. 将影响智能发育

由于大脑发育最关键的时期是在胎龄期26周至出生后6个月内，这个阶段是大脑细胞增长与分化的时期。若在这个时期缺乏营养，势必影响大脑的发育，从而导致智能低下。

五、婴儿的喂养总则

0～4个月可根据婴儿需要进行哺乳，以满足婴儿快速发育的需要。人工喂养可根据小儿需要来定时、定量喂养，可在两次喂奶之间喂水，每天2～3次。采取循序渐进的方式让婴儿逐渐适应奶嘴和奶粉，不能强迫进食。4个月以后婴儿奶量基本不减，还可适当增加，辅食可在此期间开始添加，在婴儿健康、食欲好、大便正常时开始，但不宜在炎热季节开始，也不应在一天内添加两种以上未接触过的食物，且生病时应暂停。可从婴儿专用泥糊辅食开始尝试添加，来丰富婴儿的味觉，让婴儿的消化道慢慢适应不同种类的食物。到9个月后应适当减少奶量，但仍然以奶类食物为主，逐步过渡到以各种食物为主，进食混合型泥糊食品，慢慢增加辅食比例，提高咀嚼能力。从9～10个月开始，让婴儿练习自主进餐，不要强迫婴儿进食过多的食物，对于喂养困难的小儿需要提供个性化喂养。满1岁的小儿基本上可以和成人吃相同的食物，但应单独为宝宝加工制作，食物应软烂、卫生、精细、清淡、营养丰富且比例适当。

六、婴儿喂养三不宜

妈妈切记幼儿喂养三不宜（图1-1）。

图1-1　婴儿喂养禁忌

1. 葡萄糖代替白糖

给宝宝一定量的白糖，可以锻炼消化功能，为以后进餐打下基础，但不应以葡萄糖代替白糖。

2. 水果代替蔬菜

将苹果和青菜比较，前者钙含量只有后者的1/8，铁含量仅有1/10，胡萝卜素为1/25，而这些养分都是孩子发育（包括智力发育）的"黄金"物质。更不用说蔬菜还有促进蛋白质吸收（可提高吸收率70%）的生理作用。水果、蔬菜两类食物只能互相补充，不得偏废，更不可互相取代。

3. 鸡蛋代替主食

鸡蛋所含蛋白质、脂肪、脂溶性维生素以及铁元素均较多，但不可作为主食。由于宝宝消化功能差、消化酶少，食用过多鸡蛋易引起腹泻或维生素K缺乏，还会增加体内含氨物质，打乱氮平衡，损害肾脏。通常每天吃一个鸡蛋即足够。

七、喂养对宝宝智力的影响

喂养不但影响宝宝的体格发育，还影响宝宝的智力发育。

大脑发育从胎儿3个月时开始，3～6个月为脑细胞增殖阶段，细胞数量、体积和神经纤维的增长使得脑的重量不断增加，直至出生后6个月为激增期，之后增殖速度减慢，而细胞体积增大，可持续到18个月。脑细胞发育的关键时期为孕期后3个月到出生后6个月。而且，脑细胞的增殖特点是"一次性"完成的，错过这个关键时期，将不能弥补，甚至影响终身。

脑是智力发育的主要器官，长期营养不良，脑的重量及脑细胞的数量都比正常数值低，这将影响宝宝的智力发展。实验表明，营养不良如发生在早期，以后再增加营养，并进行同样教育，智力发展仍然很慢。

第二节　婴幼儿消化系统特点及能量来源

一、婴幼儿消化系统的特点

婴幼儿正处于生长发育阶段，需要的热量较多，而消化器官发育尚未完善，若胃肠道受到某些轻微刺激，比较容易出现损伤或功能失调。1岁以内婴儿如能合理喂养，可以避免营养不良和消化功能紊乱。营养物质的消化吸收主要在胃肠道进行，所以了解消化系统的特点是非常必要的。

1. 婴幼儿消化系统（图1-2）的解剖学特点

（1）口腔　婴儿口腔容量小，但唇肌与咀嚼肌发育良好，颊部有厚实的脂肪垫，这些特点为吸吮动作提供了良好条件。新生儿出生时已经具备吸吮和吞咽反射，出生即可开奶。新生儿和婴儿口腔黏膜非常细嫩，血管丰富，清洁口腔时应谨慎。婴幼儿唾液腺发育差，分泌量很少，口腔比较干燥。出生后3～4个月时唾液分泌开始增加，5～6个月时明显增多，因此常发生流涎，称为生理性流涎。婴儿出生4～10个月时开始出牙，通常在6个月开始萌出第一颗牙。这时是婴儿学习咀嚼和吞咽的关键时期，也可开始不再提供夜奶。乳牙牙釉薄、牙质松，比较容易被腐蚀而形成龋齿。

（2）食管　婴儿食管呈漏斗状，黏膜纤弱，缺乏腺体，弹力组织和肌层尚不发达，容易溢奶。

（3）胃　婴儿胃呈水平位，当开始会走路时，胃的位置慢慢变为垂直。新生儿胃容量为30～35毫升，3个月时为120毫升，1岁时为250毫升。因为胃容量有限，所以每天喂食次数要多于年长儿。胃平滑肌发育尚不完善，在充满液体食物后容易使胃扩张。吸吮时常吸入空气，称为生理性吞气症。贲门部（食管与胃的连接处）肌肉较松弛，所以婴幼儿容易发生呕吐或溢奶，或出现食管反流现象。胃排空时间随食物种类不同而存在差异，水的排空时间为1～1.5小时，母乳为2～2.5小时，牛奶则为3～4小时。

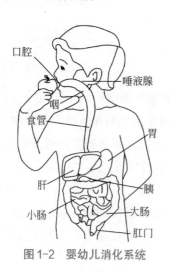

图1-2　婴幼儿消化系统

（4）肠道　新生儿肠道的长度约为身长的8

倍，婴幼儿约为6倍，而成人只有身长的4倍。婴幼儿肠黏膜细嫩，富有血管和淋巴管，小肠绒毛发育好；肠肌层发育差，肠系膜柔软而长，黏膜下组织松弛，易发生肠套叠和肠扭转；肠壁较薄，其屏障功能较弱，肠内毒素和消化不全的产物易经肠壁进入血液，引起中毒。

（5）胰腺　胰腺对婴幼儿的新陈代谢有非常重要的作用。胰腺既分泌胰岛素，又分泌胰液。胰岛素有调节血糖功能；胰液中包含3种重要的消化酶，胰蛋白酶、胰脂酶和胰淀粉酶，对消化起重要作用。出生后5个月内，淀粉酶分泌少且活性低，因此不宜过早添加淀粉类食物。

2. 婴幼儿消化道的动力功能

（1）吞咽能力　早在16～17孕周时，宝宝在母亲的子宫里已经学会吞咽羊水，同时有食物的味觉记忆。到足月时，新生儿的吞咽功能已非常成熟。通过羊水吞咽能促进胎儿的味觉发育。

（2）吸吮能力　吸吮功能在胎儿30～34孕周时才成熟，稍晚于吞咽功能。早产儿不能协调呼吸、吸吮和吞咽动作，哺乳时容易发生呛咳，更易出现胃食管反流，胃排空时间也更长。

（3）肠蠕动　胎儿自24孕周起整个肠道已经有神经节细胞分布，但早产儿肠蠕动还无法完全协调，易引起大便滞留或功能性肠梗阻。

3. 婴幼儿消化道的吸收功能

（1）碳水化合物　宝宝在3个月前唾液腺中淀粉酶含量较少，6个月以下的婴儿胰腺发育不够成熟，分泌的胰腺酶活力低，所以在4个月前不宜喂淀粉类食物，例如含铁米粉，或米汤。早产儿和足月儿均适应各种糖类，如乳糖、蔗糖等。

（2）脂肪　新生儿对脂类吸收不够完善，母乳中的多不饱和脂肪酸有助于婴儿吸收。母乳中还含有DHA，有助于促进婴儿大脑发育和保护视力。

（3）蛋白质　早在26～28孕周胎儿已能分泌足量的胰蛋白酶，所以新生儿对蛋白质能很好地消化吸收。摄入的蛋白质也可影响新生儿胃肠道的发育。不论是足月儿还是早产儿，乳清蛋白都比酪蛋白更容易吸收。

（4）肠道菌群　胎儿肠腔内基本无菌，出生后数小时细菌即可通过口、鼻及肛门进入肠腔。婴幼儿肠道菌群随摄入食物不同而存在差异。母乳中有较多的乳糖，但蛋白质少，能促进乳酸杆菌、双歧杆菌等有益菌的生长，抑制大肠埃希菌（俗称大肠杆菌）生长，所以不易腹泻。而喂哺牛奶的婴儿，由于乳糖少、蛋白质多，促使大肠埃希菌繁殖。肠道细菌参与部分食物的分解，以及合成维生素K和B族维生素。通常胃与十二指肠内几乎无菌，结肠和直肠中细菌最多，小肠次之。

二、婴幼儿的能量及能量平衡

1. 婴幼儿的能量需要量

能量和营养素是确保宝宝健康成长的物质基础。宝宝的能量来源于饮食中的三大营养素：蛋白质、脂肪和碳水化合物。它们在体内通过氧化产生能量，因此也被称为产能营养素，而维生素和矿物质是不会生成能量的。每克蛋白质和碳水化合物在体内约可产生16.744千焦（4千卡）能量，脂肪氧化产能较多，每克脂肪约可产生37.674千焦（9千卡）能量，属于高能量物质。不同年龄宝宝的热量、蛋白质和脂肪需求量见表1-1。

表1-1　0～3岁婴幼儿能量与三大营养素需求

年龄（岁）	热量		蛋白质		脂肪（供能）占总能量的百分比（%）
	男	女	男	女	
0	398千焦（95千卡）/千克		1.5～3克/千克		45～50
0.5	398千焦（95千卡）/千克		1.5～3克/千克		35～40
1	4600（1100）[1]	4395（1050）[1]	35[2]	35[2]	35～40
2	5025（1200）[1]	4800（1150）[1]	40[2]	40[2]	30～35
3	5650（1350）[1]	5440（1300）[1]	45[2]	45[2]	30～35

[1]每天所需能量，千焦（千卡），[2]每天所需蛋白质（克）。

2. 婴幼儿的能量消耗

宝宝的能量来源于饮食。喂养不足或喂养过度会引起能量和营养素缺乏或过剩。宝宝的能量消耗主要用于下列几个方面。

（1）基础代谢　又称静息代谢，指人体在基础状态下，即在空腹、清醒、安静时的能量消耗。主要用来维持各种生理功能所需的能量，例如心跳、呼吸、肌张力、体温以及分泌腺的活动等。

（2）体力活动（图1-3）　这是影响人体能量消耗最主要的因素。一个好动、睡眠少、哭闹多的宝宝要比一个喜睡眠、少动、安静的宝宝消耗能量更多，有可能多2～3倍。经常被抱着的宝宝，走得少，所消耗的能量要比自己走动的宝宝少。

（3）生长发育　这一部分能量的消耗是宝宝特有的，宝宝生长发育越快，消耗的能量越

图1-3　婴幼儿的体力活动

多。在出生后的几个月内约有30%的能量用于生长发育。能量和蛋白质供应均不足的宝宝可能又矮又瘦，出现营养不良。

（4）食物热效应（也称食物的特殊动力作用）　食物在消化吸收过程中需要消耗能量。其中蛋白质的食物热效应最高，相当于其本身产能的30%，而碳水化合物与脂肪分别为6%与4%。

（5）排泄　宝宝大、小便的排出需要消耗能量，且随着年龄增长而增大。

以上五部分能量的总和就是宝宝能量的需要量，通常认为基础代谢占50%，排泄消耗占7%～10%，生长和运动占35%～40%，食物热效应占5%～8%。

3. 婴幼儿的能量食物来源的变化趋势

婴幼儿正处于迅速生长发育阶段，需要的能量相对较高。要确保婴幼儿获取充足的热量与各种营养素，但其胃容量较小，所以必须吃高能量食物才能满足能量需求。宝宝的能量和营养素来源随着年龄增长而改变。最初4～6个月的能量来源于母乳或配方奶；6个月以后，除乳类提供大部分能量外，还有小部分来源于辅食；到1岁时，辅食提供的能量已经超出乳类，这时乳类不再是主要来源，而是重要的来源。

根据世界卫生组织（WHO）资料，随着婴儿月龄的增长，能量的来源发生了较大的变化，母乳提供的能量占总能量的比例慢慢下降，而辅食提供的能量占总能量的比例慢慢增加（表1-2）；在人工喂养婴儿中，能量来源的变化趋势类似（表1-3）。最初6个月完全来自母乳或配方奶；6～8个月龄时，1/3左右的能量来源于辅食；到1岁时，辅食已成为能量的主要来源，约占2/3。这种能量来源的变化趋势，反映出正确添加辅食在婴幼儿健康成长中的重要作用。人工及混合喂养宝宝满4个月后可以考虑添加辅食，母乳喂养宝宝可延迟到6个月才开始添加辅食。开始时少量添加，随着宝宝长大而慢慢增加食物量，与此同时保持母乳或配方奶喂养。

表1-2　不同月龄母乳喂养婴儿母乳、辅食及总能量[千卡（千焦）/天]

地区	年龄	6～8个月	9～11个月	12～23个月
	所需总能量	615（2575）	686（2870）	894（3740）
发展中国家	母乳摄入的能量	413（1739）	379（1615）	346（1440）
	来自辅食的能量	200（836）（32.5%*）	300（1255）（43.7%*）	550（2300）（61.5%*）
发达国家	母乳摄入的能量	486（2030）	375（1572）	313（1313）
	来自辅食的能量	130（545）（21.1%*）	310（1298）（45.2%*）	580（2427）（64.9%*）

注：*辅食供能占所需总能量的百分比。

表1-3 不同月龄人工喂养婴儿配方奶、辅食及总能量

月龄	[千卡（千焦）/天]	奶量（毫升/天）	来自辅食能量[千卡（千焦）/天]
6～8	738（3090）*	750～900	108～213（450～895）（14.6%～28.9%**）
9～11	823（3445）*	550	488（1615）（46.8%）
12～23	1073（4490）*	500	723（3025）（67.4%）

注：* 人工喂养婴儿总能量为母乳喂养婴儿总能量的1.2倍（615×1.2=738）。** 辅食供能占所需总能量的百分比。

与能量来源的变化相应，宝宝的摄食行为也发生了巨大变化。从早期以喝（液体食物）为主，慢慢转变为以吃（半固体和固体食物）为主。这个过程以宝宝出牙为主要标志。宝宝如果能在午餐或晚餐时，吃一顿高质量菜粥或烂面条，即可减少一次奶；吃两顿，即可减少两次奶；这标志着宝宝已成功从喝过渡到吃。喂养者应根据科学育儿原则做好摄食行为的转化。

三、能量的营养素构成及来源

1. 三大产能营养素在婴幼儿膳食中的供能比

图1-4 婴幼儿饮食

膳食营养成分中只有三大物质可以提供热量，维生素与矿物质并不提供能量。和成人不同，婴幼儿膳食中蛋白质、脂肪以及碳水化合物占总能量的百分比分别为15%、30%～35%和50%～55%。三餐提供的热量比通常为早餐25%、午餐35%、晚餐30%、点心10%。基于宝宝生长发育较快，但胃容量小，因此辅食要提供高能量食物，利用植物油与动物性食物可以很好地解决这个问题。所以在制作辅食时，菜泥应采用植物油煸炒，在菜粥或烂面条中添加动物性食物和植物油也是很好的举措（图1-4），可以提高辅食中热量与蛋白质的供应量，以确保合理的膳食营养素供能比例，满足宝宝生长发育所需。

2. 三大产能营养素的主要来源

（1）蛋白质的主要来源　蛋白质的来源主要包括两种：一种是动物蛋白质，如禽、肉、鱼和蛋及其制品；另一种是植物蛋白质，主要来源于粮谷类食物和豆及豆制品。动物蛋白质的质量要好于植物蛋白质，蔬菜与水果中的蛋白质极少。食物中所含必需氨基酸的组成和比例如与人体接近，其蛋白质的吸收利用就会增加。所以，将动物性食物、豆及豆制品、蛋类与米饭或面食一起吃可提高蛋白质

的利用率。

（2）脂肪的主要来源　脂肪的来源可分两大类，动物脂肪与植物脂肪。前者包括猪油、牛油、羊油、奶油和鱼油等；后者包括大豆油、花生油、菜籽油、玉米油、橄榄油和茶籽油等。植物脂肪中的必需脂肪酸含量显著高于动物脂肪。

（3）碳水化合物的主要来源　碳水化合物主要来源于各种细粮，如大米、面粉及其制品，还有薯类、其他谷类、根茎类食物，以及各种单糖或双糖，如葡萄糖、蔗糖、乳糖、麦芽糖、蜜糖、果糖等。

3.影响膳食能量密度和营养素密度的因素

（1）食物稠度　随着婴儿的生长发育应慢慢增加食物稠度，以适应婴儿的能量及营养需求。婴儿在4～6个月开始能够吃泥状的、糊状的以及半固体食物。到8个月时，多数婴儿可以吃手指食物。到12个月龄，多数婴儿能够吃与其他家庭成员相同食物结构的饮食。但宝宝的辅食仍需单独制作，要避免会引起窒息的食物，也就是可能会呛到气管里的食物，例如坚果、葡萄等。辅食稠度高低和其含水量有关，粥的含水量较高，水与米的比例约为8∶1，软饭则为4∶1左右。婴幼儿从稀粥、稠粥、烂饭、软饭到正常饭的过程中，主食的含水量逐渐降低。同样，蔬菜水到蔬菜泥、果汁到果泥均是如此。增加食物稠度，能够提高膳食能量密度和营养密度。

（2）每天进餐次数　随着婴儿的长大，需增加摄取辅食的次数（图1-5）。进食的次数取决于当地食物的能量密度，以及每次进食的摄入量。根据中国人的饮食习惯，过于频繁的进食或食无定时对宝宝的健康并无益处，因此最好把进食次数与宝宝的作息联系起来。一般幼儿园的饮食模式是三餐两点，即早餐、早点、午餐、午点和晚餐。若再加上临睡前的奶，实际上就是三餐三点的饮食模式，即宝宝一天包括6次进餐时间。在1岁左右让宝宝建立这种饮食模式，非常有利于处理好宝宝何时吃、何时玩、何时睡的问题，从而慢慢建立起良好的作息规律，并为以后平稳地与幼儿园生活制度相衔接创造条件。过多或过少的进餐次数，会影响热量和营养素的供应。有时在午点的时间，提供1次奶和小点心，过一会儿又提供1次水果，如此算来有7次进餐时间。但实际上也可纳入三餐三点的饮食模式里，只是午点提供时间延长一点。每天建立合理的进餐次数，使宝宝按时饮食，对培养良好的饮食习惯，以及减小胃肠道的负担是有益的。

图1-5　摄取辅食

（3）辅食的种类　辅食的种类直接影响能量和营养密度的高低。随着婴儿的长大，应提供多种食物来满足宝宝对能量和营养素的需求。应该每天吃肉类、禽类、鱼类或蛋类，或经常吃，以确保足量蛋白质以及维生素与矿物质的供应。在婴幼儿期，素食无法满足能量需求，除非提供营养素补充剂或强化食品。婴幼儿需每天吃富含各类维生素及矿物质的蔬菜与水果；粮食类，包括米、面仍是宝宝必不可少的食物，要充足供应，并且在全天能量供应方面占据主要地位。宝宝断母乳后，每天依然要喝奶。婴幼儿不得用豆浆代替奶。家长应避免提供低营养价值的饮料，如茶、咖啡以及含糖饮料；应限制提供果汁的量，以免取代更有营养的食物。吃鱼或虾时，因为含脂量低，故应增加植物油量，吃猪肉时则反之。因为宝宝特殊的生理条件，如胃容量小、生长发育快，所以在婴幼儿期应提供含有较充足脂肪的膳食，随着年龄的增长，逐渐控制高能量食物的摄入。在婴儿期，制作菜粥或烂面条需添加适量的熟植物油以及各类动植物性食物，以增加辅食的能量及营养密度。在正餐时给宝宝提供高质量的菜粥或烂面条，这是一种能量密度可达到4.186～5.86千焦/克的辅食，完全可以替代一顿奶（母乳或配方奶的能量密度都是2.93千焦/克）。超重宝宝要减少高能量食物，如油脂和糖。

第三节　母乳喂养方式

婴儿的喂养方式可以分为3类：母乳喂养、人工喂养及混合喂养。其中以母乳喂养最为理想，因此要大力提倡。但是，有些客观原因，如母乳不足或母亲有特殊的困难，无法亲自哺乳，只能采取其他两种方法哺育宝宝。每种喂养方式都有很多需要了解的知识和技能，现分别介绍如下。

一、母乳喂养的好处

1. 母乳的营养特点

母乳是最适宜婴儿的天然食品，含有婴儿生长所需的几乎全部的营养素，且各种营养素的比例适宜，最容易消化吸收。母乳的成分会随着宝宝的成长而发生改变，并与之相适应。

母乳中的蛋白质质量最好，利用率较高。脂肪在胃内形成的凝块较小，容易消化吸收。婴儿一天热量的50%来源于母乳中的脂肪。母乳中的乳糖可被婴儿小肠吸收，并且能促进钙的吸收。母乳中所含矿物质较少，但比例适宜，容易吸收，又可减轻婴儿尚未发育完善的肾脏的负担。母乳的钙、磷比例恰当，维生素A、维生素E和维生素C含量较高。婴儿所需的各种维生素，除了维生素D等少数几种外，大多数可从母乳中获取。母乳中必需脂肪酸含量比牛奶高，其中花生四烯酸对婴儿中枢神经系统发育具有重要作用。母乳中还含有叶黄素，它是一种类胡萝卜素，具有过滤蓝光的功能，能够保护宝宝的视力。叶黄素在自然界中存在于甘蓝、菠菜等植物中，但无法由人体自身合成，只能从食物中摄取。

2. 母乳喂养对宝宝的其他益处（图1-6）

（1）母乳含有生长因子和激素，有利于婴儿的生长发育。

（2）出生时婴儿的免疫系统尚不完善。母亲的抗体可以进入母乳，母乳中还包含一些特殊的功能蛋白质，如乳铁蛋白、溶菌酶，还含有各种免疫细胞，可以使婴儿避免受细菌感染，不易发生呼吸道感染，也不易发生腹泻或便秘。

（3）母乳喂养的婴儿极少会发生过敏，如湿疹。

（4）母乳喂养的婴儿牙齿较健康。婴儿吸吮时其脸部肌肉的运动有利于面部正常发育。

（5）母乳喂养的婴儿在童年期发生肥胖的可能性较小。

（6）当母亲哺喂宝宝时，互相接触、目光交流、悉心爱抚以及喃喃细语，使婴儿心理得到极大的满足，这对婴儿的情绪、智力和性格发育都起到良好的作用。

（7）母亲在哺喂时还能及时发现婴儿的健康问题，以便及时诊治。

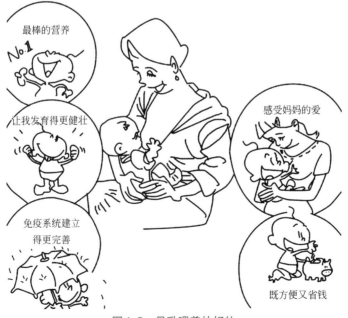

图1-6　母乳喂养的好处

3. 母乳喂养对母亲的益处

（1）母乳喂养是件母婴互惠的美事。在哺乳期间，母亲体内会释放出一种名为催产素的激素，可促进子宫恢复到正常大小，减少产后出血，并且使骨盆更快地恢复正常，腰围也会减小，从而使母亲从孕期状态向非孕期状态成功过渡。

（2）母亲体内的蛋白质、铁和其他营养物质，能通过产后闭经得以储存，有助于产后康复，也有避孕作用。

（3）母乳喂养能降低绝经前期发生乳腺癌和卵巢癌的危险。

（4）母乳喂养能帮助母亲更快地恢复到正常体重，因为哺乳要消耗热量，这将有利于减轻在孕期增长的体重。

（5）母乳的温度适宜，不需要担心乳汁过凉或过烫，使得喂养更为方便。

（6）母乳喂养时不需要清洗和消毒奶瓶，随时可以让宝宝喝到最新鲜的乳汁。

4. 初乳是个宝

婴儿出生后5天内母亲分泌的乳汁是初乳，产后6～10天分泌的乳汁是过渡期乳，以后分泌的乳汁是成熟期乳。初乳虽然稀薄，但含有较多营养。

初乳是由水、蛋白质及矿物质组成的。婴儿出生后头几天，初乳可满足婴儿所有的营养需要。初乳还含有宝贵的抗体，特别是免疫球蛋白A。这些免疫球蛋白不易被胃肠道吸收，而是附在肠黏膜上阻止感染，因此婴儿应及早吸吮初乳以获取较多的免疫物质。初乳中还含有很多细胞成分，如中性粒细胞、淋巴细胞和巨噬细胞。这些细胞均有防止感染和增强免疫的作用。初乳中矿物质含量高，微量元素铜、铁、锌的含量比成熟乳中的含量要丰富得多。初乳还附带一种轻泻作用，有利于胎粪排出。

产后应及早让婴儿吸吮。分娩后如有可能应立即让婴儿吸吮初乳，可以促进乳汁分泌。婴儿吸吮越多，乳汁分泌也越多，因此及早哺乳和多让宝宝吸吮是成功实施母乳喂养的关键。

二、母乳喂养的技巧和方法

1. 产前准备

准备母乳喂养的产妇在分娩前，就应做好充分准备，例如产前心理准备、乳房和乳头准备以及母乳喂养相关用品的准备等。

（1）心理准备 孕妇可通过产前检查（图1-7）、孕妇学校以及科普读物等途径来学习，了解母乳喂养的相关知识，从而在心理上对母乳喂养有信心，并产生极大的兴趣，深切地感到母乳喂养的意义，期待哺乳时母子交流的欢愉。

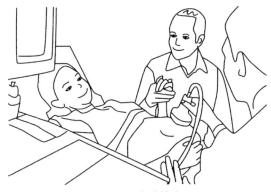

图 1-7　产前检查

（2）乳房和乳头准备　在怀孕后期，即着手纠正平坦和内陷的乳头，可通过进行乳头伸展练习来达到这一目的。具体方法：将两手拇指置于一侧乳头左右两边，慢慢由乳头处向两侧拉开，反复多次后再将两手拇指放在乳头的上下侧，采用同样手法上下反复牵拉乳头。还可进行乳头牵拉练习：用一手托住乳房，另一手拇指、食指及中指抓住乳头轻轻向外牵拉，重复十余次，然后采用同样手法对另一侧乳头进行牵拉，应每天操作。

怀孕24周后，孕妇可用湿毛巾反复擦洗乳头，可使乳头和乳晕部皮肤坚韧，防止哺乳时发生乳头疼痛及皲裂。怀孕28周后，孕妇每日可用手掌侧面轻按乳房侧面使乳头露出来，并均匀按摩乳房以加速乳房的血液循环促使乳房发育，也可配合使用按摩霜。

（3）母乳喂养相关用品的准备

① 哺乳用服装：包括方便哺乳的胸罩、汗衫等。

② 乳垫：可以避免乳汁溢出后弄脏衣服，有一次性和可以洗涤的两种。

③ 吸乳器：用于产后初期排空乳房促进乳汁分泌，以及上班后在工作期间吸出乳汁确保继续哺乳，或母亲暂时不能哺乳时吸出乳汁确保以后能够恢复正常哺乳。

④ 母乳贮存袋：用于贮存吸出的乳汁。

⑤ 靠垫或靠枕：在采用坐姿哺乳时可用来倚靠身体或支撑上肢。

⑥ 乳房护罩、乳头保护罩：用于缓解乳头疼痛。

⑦ 乳头修护霜：用于缓解乳头疼痛和皲裂。

2. 乳母的饮食起居

（1）乳母的饮食　乳母饮食的营养质量将直接影响母乳的质量。乳母的营养实际上既要满足乳母本身，又要提供给婴儿，乳母的饮食要注意以下几点。

① 增加热量摄入量　乳母每日热量供给量比平常增加3350千焦，这些热量用

于乳汁分泌活动的消耗、乳母基础代谢的增加和哺喂婴儿劳动消耗所需，所以乳母应比平时摄取更多的食物，以满足两人之需。

② 补充优质蛋白质　乳母每天摄入的蛋白质应确保一半来源于动物性食品和豆及豆制品。膳食中蛋白质的质和量不足，虽然不会使乳汁中蛋白质含量产生较大变化，但会使乳汁分泌量减少。乳母每天需要95克蛋白质，其中通过乳汁供给婴儿的蛋白质有25克。

③ 摄入充足的水分　乳母每天摄入水量和乳汁分泌量有密切关系。水分摄入不足时，直接影响乳汁分泌量。每天除了饮水外，还应多吃流质食物，如鸡汤、鸭汤、鱼汤、肉汤。这些汤汁中不但含有大量水分，还含有丰富的蛋白质、脂肪和无机盐等，有利于促进乳汁分泌，

④ 注意落实平衡膳食的基本原则　有些乳母食物比较单一，不能做到食物多样化。乳母每天只吃小米粥加红糖其营养是不够的。需吃多样化的食品，每天要从各食品组中选15～20种不同的食物品种，食谱应由粮食组、蔬菜组、动物性食品组、水果组以及乳类和豆类食品组5个食品组成构成。乳母一日食物量可参考下列推荐量：粮食450～500克，豆类50～100克，蔬菜400～500克，水果100～200克，畜禽鱼150～200克，蛋100～150克，奶250～500克。

⑤ 产褥期内进食适合乳母体质的健康食品　在产后一个月即产褥期内，不得贪吃生冷食品，应注意挑选适合自己体质的食品，以促进乳母的健康。乳母要重视蔬菜与水果摄入，它们含有丰富的水分，还含有丰富的维生素C、果胶、膳食纤维、有机酸等，可预防便秘，并促进乳汁分泌。

⑥ 适当增加富含特殊营养素食品的摄取　母乳中的钙含量是稳定的，一天分泌的乳汁中含有约300毫克的钙。若乳母膳食中钙含量不足，会使母亲骨钙外流而丢失。为了保持乳母体内钙平衡，必须每天供应1.5克的钙，所以除了食用含钙丰富的食品外，还可补充钙制剂。乳汁中铁含量不高，但为了乳母健康，仍需多供应富含铁的食物，如动物肝、瘦肉、动物血等。我国营养学会推荐乳母每天铁供给量为28毫克，锌则为20毫克。

另外，哺乳期间乳母膳食中应补充维生素，尤其是水溶性维生素，如B族维生素等。

（2）乳母的生活起居　在生活上，乳母应尽量多休息，尤其在产后头几周内更应如此。还要尽可能放松心情，并在哺乳中体会做母亲的自豪感、责任感及幸福感。乳母情绪紧张会影响乳汁分泌量，所以乳母不要过分操心家务事，尽可能让孩子的父亲多承担一些，自己乐得省心，要少过问、少指挥、少批评，多鼓励、多表扬。家中乐融融，心情自然顺畅，奶水也会丰沛起来。

3. 避免有害物质对母乳质量的影响

绝大多数妈妈都具有哺乳的生理条件，母乳又是宝宝最理想的天然食品，因此，提倡母乳喂养。但是若乳母有抽烟、喝酒的嗜好，或是在哺乳期间服用药品，或选择食物不当，以及哺乳期体重减轻过快均可能对宝宝的健康有一定影响。影响乳汁质量的因素有以下几方面。

图1-8 戒烟

（1）香烟和尼古丁 乳母抽烟或使用鼻烟，其中的尼古丁及衍生物和其他化学物质会进入妈妈的血液并且进入到乳汁中，从而影响宝宝健康。若使用尼古丁口香糖或者尼古丁胶布，尼古丁也能进入母乳。吸烟女性的乳汁中尼古丁浓度是其血液的3倍，对宝宝健康有严重影响。妊娠期和哺乳期妈妈抽烟可造成宝宝产生尼古丁依赖，所以建议妊娠期和哺乳期妈妈戒烟（图1-8）。

（2）酒精 酒精在母乳中的浓度与血液相同，在某些情况下还会稍微高些。目前尚不清楚多大的极限量会对宝宝造成损伤性影响，建议妈妈最好不要饮酒。如要饮酒，最好安排在喝酒前进行哺乳，或在饮酒后等待一段时间之后再哺乳。

（3）药物 某些药物会进入血液，并进一步进入乳汁中，使乳汁受到"污染"。若宝宝吃了被"污染"的乳汁，可能会出现某些药物的不良反应。因为药物不同，宝宝的月龄不同，所以，宝宝对乳汁中药物的反应也不尽相同。如氯霉素会使新生儿发生"灰婴综合征"，表现为面色苍白、气急，甚至危及生命，同时氯霉素会使骨髓的功能受到抑制。四环素、美他环素可与乳汁中的钙结合，影响宝宝骨骼及牙齿的发育。链霉素、庆大霉素、卡那霉素会影响宝宝的听力。红霉素可导致宝宝呕吐。阿托品可使宝宝皮肤潮红。磺胺类药物可使宝宝出现皮疹等过敏表现。生物碱代谢药、避孕药可影响催乳素的生成，从而抑制乳汁分泌。止痛药，如安乃近、阿司匹林、可待因等，以及镇静药，如地西泮（安定）、巴比妥酸盐等，均可加重婴儿肝脏的代谢负担，这类药容易在婴儿体内蓄积，引起困倦或嗜睡。如果乳母服用金刚烷胺、抗癌药物以及溴化物和放射性同位素等药物时应停止哺乳。

乳母在服用药物时应弄清楚这种药物是否会进入乳汁，若会进入乳汁，最好暂停哺乳，待停药后再恢复母乳喂养。

（4）环境有毒物质 世界卫生组织建议乳母的饮食中要尽量降低环境毒物的含量，如双对氯苯基三氯乙烷（DDT）、多氯联苯、汞、镉等，由于它们都能进入母乳中。淡水鱼中的汞含量较高，因此，有些国家食品监督局不主张怀孕期和哺乳期女性食用某些淡水鱼。哺乳期女性的体重下降是正常的，但建议不要使体重减轻过度，因为这样会使储藏在脂肪中的有毒物质进入血液和乳汁中。

4. 不宜哺乳的妈妈

虽然母乳喂养有很多优点，但有少数母亲不宜哺乳，例如产时失血过多或患有败血症、严重心脏病、肾病、癌症或身体过于虚弱的，患乳头皲裂和乳腺炎，母亲再次怀孕等。母亲常见疾病的处理如下。

（1）糖尿病　妊娠糖尿病分娩后不需治疗，但需评估婴儿是否有低血糖。初乳包含葡萄糖，应尽早进行母乳喂养。孕前患糖尿病的妇女在分娩后需要继续治疗，哺乳期使用胰岛素是安全的。

（2）高血压　患妊娠高血压的母亲在分娩后使用硫酸镁治疗的同时，可进行母乳喂养。孕前患高血压的母亲应在分娩后继续服用降压药，很多降压药物是可以在哺乳期服用的，请咨询医生或仔细阅读药物说明书了解相关信息。

（3）哮喘　患哮喘的母亲可以使用吸入型药物，它们在血液中的药物浓度较低。

（4）感染

① 一般感染　在大多数情况下，一般感染性疾病不是母乳喂养的禁忌。在一般感染的前驱期，婴儿已经通过与母亲的接触而暴露于病原体，并且母乳能够提供抗体和其他抗炎物质和免疫调节物质。这些物质可以保护婴儿不被感染，即使婴儿患了疾病也可以减轻症状。普通感冒是最好的例子。母亲患泌尿道或胃肠道感染对婴儿也没有危险。

② 艾滋病　是母乳喂养的绝对禁忌。

③ 乙型肝炎　乙肝患者（急性、慢性）或病毒携带者不是母乳喂养的绝对禁忌。HBsAg阳性母亲分娩的婴儿需在出生12小时内接受乙肝疫苗，并且在出院前及6月龄时各接受一次乙肝疫苗。采取这一手段，母乳喂养和人工喂养的婴儿之间乙肝病毒感染率没有差别。

④ 单纯疱疹　若母亲乳房患有活动性单纯疱疹，必须暂停母乳喂养，并将母乳挤出后丢弃，直到疱疹消退。还应注意认真洗手，避免直接接触患处。

⑤ 带状疱疹　母亲围生期感染带状疱疹后，应该和婴儿暂时隔离，并给婴儿使用相应的免疫球蛋白（VZIG）。若乳房上没有带状疱疹病灶，而且婴儿已经使用VZIG，可将母乳挤出喂给婴儿。带状疱疹痊愈后可恢复母乳喂养。

⑥ 麻疹　患有麻疹的母亲应该与婴儿短暂隔离（皮疹发作后72小时内）。在婴儿使用免疫球蛋白后，可喂食挤出的母乳。

⑦ 结核　若母亲感染了结核而未发病（皮肤结核试验阳性，但无活动性结核症状，胸片阴性），母亲不必与婴儿隔离，可以继续母乳喂养。活动性结核的母亲应该和婴儿暂时隔离，直到母亲接受有效的抗结核治疗，且已经出现临床改善和痰涂片阴性（一般2周左右）。若乳房没有活动性结核病灶，可将母乳挤出喂给婴儿。若乳房有活动性病灶，应将母乳挤出后丢弃，直至病灶完全愈合。

5. 哺乳的姿势

无论母亲采用何种姿势喂乳，一定要保持体位舒适，使母亲轻松自如、全身肌肉放松，有利于乳汁排出，并顺利完成哺乳。乳母可以采用各种哺乳姿势（图1-9），如坐位式、环抱式和卧位式，其中以坐位哺乳最为常用。除特殊情况外，母亲应采取坐位喂奶，并用手托着乳房，避免乳房堵住婴儿的鼻孔而影响呼吸。

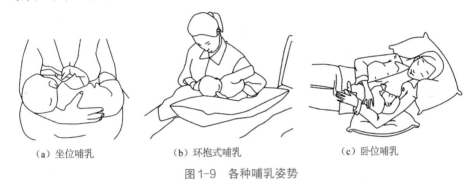

（a）坐位哺乳　　　　　　（b）环抱式哺乳　　　　　　（c）卧位哺乳

图1-9　各种哺乳姿势

（1）坐位　母亲可坐在无扶手的直背椅子上喂奶，或是背靠家具而坐。在膝盖上垫一个枕头，使母亲喂哺时手臂有支撑。无论怎样抱婴儿，喂哺时婴儿的身体和母亲的身体应该是紧贴的。婴儿的头靠在母亲肘部，背贴着母亲前臂，臀部被母亲的手托着，嘴巴和母亲的乳头在同一水平位置。要确保哺乳时婴儿的头部和颈部略微伸张，以免乳房压住鼻孔而影响呼吸，但也要避免婴儿头部和颈部过度伸展而造成吞咽困难。婴儿的下颌应贴住乳房，在含住母亲乳头时，婴儿口唇上方露出的乳晕要比下方多，才能确保吸吮到足够的乳汁，而且不易发生乳头疼痛。

哺乳时母亲用对侧手臂支撑乳房，将拇指与四指分别放在乳房的上、下方，托起整个乳房，这种手势称为C字形手。若奶流过快，婴儿发生呛奶，可以采用剪刀式手（拇指、食指与其余3指分开）托住乳房。但是这种手势会妨碍婴儿将大部分乳晕含入口内，不利于充分吸吮乳窦内的乳汁，所以一般情况下不宜采用。将乳头放入婴儿嘴里时，要注意将乳头从婴儿的上唇掠向下唇，引起婴儿的觅食反射，当婴儿张大嘴巴，舌尖向下的一瞬间，快速将婴儿的头部推向乳房（而不是将乳头塞入婴儿的嘴巴）。哺乳结束时，母亲应注意在婴儿停止吸吮后再移开婴儿，以免发生乳头损伤。

（2）环抱式　环抱式姿势较特殊，比较适合剖宫产和双胎婴儿，可以避免伤口受压疼痛，也可使双胎婴儿同时授乳。

（3）卧位　卧位授乳也是不错的哺乳姿势，尤其是在产后头几周和晚上，可以采取侧卧姿势。如希望更舒服，则可垫上枕头。但必须扶住乳房，绝对不能睡着，防止婴儿窒息。但当乳母可以坐起时，以坐位哺乳最为适宜，可以避免婴儿发生窒息的危险。

初为人母者可以向有经验的母亲学习授乳的姿势及技巧，直观地学习喂哺婴儿的姿势，大多可起到事半功倍的效果。

6. 母乳喂养的注意事项

（1）宝宝出生后应尽早开奶　应鼓励母亲尽早开奶，通常产后半小时内即可开奶。如有可能，婴儿一出生即可试着给婴儿吸吮乳房，这对母亲和婴儿都有好处。不但可以促进乳汁的分泌，还可刺激催产素的产生，促进子宫收缩。出生不久让婴儿吸吮乳汁，也有利于促进母婴感情。

（2）哺乳前后要清洁乳头　哺乳前应选择安静和清洁的环境，母亲必须用肥皂洗净双手，将干净纱布或小毛巾用温开水打湿后清洁乳头，并挤掉几滴奶，再轻轻地将已换好尿布的婴儿抱于怀中开始喂奶。注意不能用肥皂等清洁剂，以免损伤乳头表面的皮肤。每次哺乳后用1～2滴乳汁涂在乳头上，可以起到保护乳头皮肤的作用。

（3）两侧乳房要轮换　喂奶时应两侧乳房轮流喂，一侧吸空再吸另一侧，要保持足够长的时间来吸吮一侧乳房，以确保婴儿得到大量脂肪含量高的后奶，通常需要5～10分钟。最好两侧乳房轮换作为先哺乳的一侧，这样两侧乳房可以得到相同的刺激和排空。

（4）哺乳时要安静　哺乳时应给宝宝一个安静愉快的气氛，母亲情绪要稳定，不宜与人争吵或大声交谈，也不要逗引孩子，以免分散宝宝的注意力。

（5）哺乳后要拍背　哺乳完毕，母亲应将婴儿抱直，头靠肩，用手轻拍小儿背部2～3分钟，使宝宝打几个嗝排出胃内空气，然后将婴儿放在床上，向右侧卧位，头略垫高（图1-10），以免溢奶。

图1-10　哺乳后婴儿睡姿

7. 每次哺乳需要的时间

一次喂奶时间最好不大于20分钟。正常婴儿哺乳时间为每侧乳房10分钟，两侧20分钟已足够了。婴儿在最初2分钟可以吃到总量的50%，最初4分钟能够吃到总量的80%～90%，之后6分钟只能吃到很少量的奶。由此可见，并不是吃奶时间越长，吃到的奶就越多。但后面的6分钟也是必需的，它可以刺激催乳素释放，增加下一次乳汁的分泌量，同时也能够加强母婴感情的联结。母亲应控制每次哺乳时间，如果遇到婴儿边吃边睡或含奶头时，可用手指轻揉婴儿耳垂，抚摸婴儿头部，轻拉婴儿手指或足趾，变换一下怀抱的姿势等方法来刺激婴儿，加快婴儿吃奶速度。

8. 乳汁的分泌量

（1）产后最初几天的初乳　虽然分泌量较少，但初乳对婴儿有避免感染的保护作用，应该尽可能喂哺。通常在产后3～4天分泌量才慢慢增多，个别产妇可能到产后10多天才增多。一项调查发现，产后第1天母亲的乳汁平均分泌量只有25毫升，第3天为166毫升，第4天为240毫升，第5天后才增加至300毫升以上。因此不应该太早就认为没有母乳，而放弃母乳喂养。

宝宝出生后2～7天内，喂奶次数较频。未满月的婴儿胃容量很小，吸入的奶汁少，通常每隔2小时左右即需喂哺，因此一昼夜需喂奶8～12次。母乳喂养婴儿通常不需要喝水。新生儿常有一边吃奶一边睡觉的习惯，通常导致奶量摄入不足，常不到3小时就因饥饿而哭泣，这时应立即喂奶。当婴儿睡眠时间较长或母亲感到乳胀时，可叫醒宝宝随时喂哺。

（2）乳汁的每天分泌量通常与婴儿年龄成正比　母乳是婴儿必需和理想的食品，其所含的各种营养物质最适宜婴儿消化吸收，而且具有最高的生物利用率。母乳内各营养素的含量能够随着婴儿的生长和需要自动地相适应。乳汁的每天分泌量通常与婴儿年龄成正比，以适应婴儿生长的需要。表1-4列出不同月龄婴儿每次哺乳量、哺乳次数和每天哺乳量。

表1-4　纯母乳喂养次数及估计的哺乳量

产后时间	每次哺乳量（毫升）	建议哺乳次数（次）	每天平均哺乳量（毫升）
第1周	8～45	10	250
第2周	30～90	8～12	400
第4周	45～140	8～12	550
第6周	60～150	6～8	700
第3个月	75～160	5～6	750
第4个月	90～180	4～5	800
第6个月	120～220	4	1000

图 1-11　促进乳汁分泌

（3）乳汁的产量清晨较多、午后较少　通常来说，乳汁的产量清晨较多，而在午后较少。

（4）频繁吸吮能促进乳汁分泌（图 1-11）　宝宝吸吮乳房的次数越多，乳汁分泌也越多。若每次哺乳后感觉乳房没有被彻底吸空时，应把剩余的乳汁挤出来，这样就能确保整天有足够的乳汁供应。若乳母生病不能给婴儿喂奶时，也应该将乳汁挤出，以保持乳汁的分泌量。

9. 促进母乳喂养成功的策略

（1）鼓励孕妇和丈夫参加产前学习班，尽量在分娩前了解有关母乳喂养的知识。

（2）确保孕妇进行产前乳房检查，筛查可能影响乳汁分泌的变异。

（3）帮助母亲获得母乳喂养的最佳开端，包括正确哺乳技术的指导；鼓励早期开始哺乳；频繁地喂养；确保母婴同室；避免使用安抚奶嘴和补充喂养，除非存在合理的医学指导。

（4）筛选母乳喂养危险因素，并在发现潜在问题时，安排早期干预，优化母乳产量及婴儿乳汁摄入量。

① 母亲的哺乳危险因素

a. 既往有母乳不足或低体重母乳喂养婴儿。

b. 乳头扁平或凹陷，影响婴儿衔接乳房或乳汁排出。

c. 乳房外观显著变异，如明显不对称或发育不全。

d. 产后乳房过度充盈。

e. 围产期并发症，如出血和感染。

f. 乳头裂开或出血，或严重且持续的乳头疼痛。

g. 慢性疾病，如囊性纤维化和心脏病。

h. 既往乳房手术史，特别是乳晕周围切开或乳房脓肿。

i. 产后 4 天时乳汁产量尚未显著增加。

j. 缺乏哺乳经验。

k. 母亲年龄超过 37 岁。

② 婴儿早期的母乳喂养危险因素

a. 早产，包括边缘性早产（孕 36～37 周）。

b. 小于胎龄儿或出生体重低于 2700 克。

c. 新生儿和母亲分离超过 24 小时。

d. 口腔缺陷，如唇裂、腭裂、小颌畸形、舌系带缩短、巨舌畸形。

e. 神经肌肉发育异常，如唐氏综合征、吸吮功能异常。

f. 高胆红素血症，特别是需要光疗的黄疸。

g. 多胎，包括双胞胎和三胞胎。

h. 疾病，如缺氧、心脏缺陷或感染。

i. 嗜睡，没有要求进食的行为，需叫醒喂奶。

j. 吸吮力弱或不能维持。

k. 哺乳后烦躁、易激惹、易饥饿。

l. 过度使用安抚奶嘴。

m. 出生第4天时未排出黄色的多气泡的"奶状"大便。

n. 在出生4天至4周之间每天成形的大便少于4次。

o. 到出生第4天时每日清澈的小便少于6次。

p. 出生3天后尿布中有尿酸盐结晶。

q. 丢失体重大于出生体重的7%。

r. 出生10～14天时体重未超过出生体重。

s. 出生4～5天后，每日增重低于28克。

（5）无论母乳喂养婴儿是否能有规律、有效地摄取乳汁，都应建议母亲使用吸乳器在哺乳后吸出残留乳汁。建立和维持乳汁供应，帮助母亲克服产后早期母乳喂养困难，确保婴儿能够获取充足营养。

（6）鼓励母亲与婴儿保持亲密联系，并且在婴儿出现饥饿信号的任何时候喂哺婴儿。每24小时至少8～12次，每侧乳房5～10分钟。告诉母亲营养良好的母乳喂养婴儿的行为学和排泄信号。建议父母在婴儿增重不足、黄疸持续时间过长或消退后加重或排泄次数少时，向医生咨询。

（7）在母婴出院后48小时内上门访视。评价婴儿体重丢失情况、哺乳频率及持续时间、排泄模式、黄疸情况，并了解母亲的哺乳困难。

（8）鼓励母乳喂养，并向乳母介绍支持小组。母乳喂养成功的母亲可以作为有影响力的榜样。

三、断母乳的方法和技巧

1. 断母乳前的准备

断母乳俗称"断奶"，但需注意"断奶"并不是停止宝宝所有的乳类食物，而是在停止母乳喂养后继续提供配方奶；到较大年龄后，在停止配方奶后继续供应新鲜牛奶或其他乳类食物。

　　断母乳是一个循序渐进的过程。母乳喂养的宝宝要学会吃辅食和配方奶，才能确保成功断母乳。因此添加辅食是这一阶段的重要课程，辅食添加的好坏直接决定了断母乳能否成功。

　　（1）添加辅食是基础　　宝宝从吃母乳到吃饭是一个慢慢适应的过程，俗称"换肚子"，所以断母乳前期先要一顿一顿地用辅食代替母乳，减少母乳喂养的次数和数量，最后以饭代替母乳，切忌"一刀切"。通常纯母乳喂养婴儿在6个月后，母乳量及所供能量已经无法满足宝宝的需要。随着宝宝的长大，其消化吸收功能慢慢完善，乳牙开始萌出，咀嚼功能加强，已经有条件接受其他较厚稠的半固体、固体食物。一般从宝宝6个月起，不论母乳量多少，都应开始添加辅食，并逐月添加不同性质及数量的辅食，为断母乳做准备。注意在添加辅食的同时，仍需继续喂哺母乳，以免影响营养的摄入。

　　（2）教宝宝吃饭要有计划　　6～8个月是宝宝学习咀嚼与吞咽的关键时期，这个阶段不能光让宝宝抱着奶瓶，应该让他练习用小勺吃半固体、固体食物。刚开始时，宝宝可能会不停地把食物吐出来，这不要紧，并不是宝宝不愿吃，而是他在不断尝试新的味道。宝宝吃奶的动作是天生的，但是吃饭就不同了，需要学习、锻炼，因此宝宝吃吃吐吐是正常的。要采用人性化的喂养方法，与宝宝应有目光交流、语言鼓励，让宝宝顺利地学会吃东西。在宝宝学吃时期，妈妈应有耐心，有时宝宝学会接受一种新食品需要尝试6～8次，妈妈不能轻易放弃。

　　2. 断母乳的时间

　　（1）季节　　断母乳的时间最好选择在春秋季。这两季气候宜人，宝宝的食欲良好，比较容易接受其他食物，而冬夏两季不适合断母乳。冬天宝宝的抵抗力较差，易患感冒等疾病，若宝宝吃不好，情绪不好，更会影响身体健康。夏季也不适合断母乳，一方面食物容易变质，引起宝宝的肠胃不适，甚至感染；另一方面天气炎热影响食欲，而且容易出汗，断母乳会使宝宝的食欲更差。

　　此外，不要选择宝宝生病时断母乳，这可能会加重病情。应该在宝宝疾病康复一段时间后再进行断母乳。

　　（2）断母乳的月龄　　关于断母乳的具体月龄，国内和国外有不同的建议，大致如下。

　　① 国内建议　　宝宝满1岁以后，母乳数量和质量会有所下降，因此认为宝宝能吃1年母乳已经很幸运了。何时断母乳，与母乳量有关。若母乳充足，可在12个月时断母乳；若母乳本来就不够，8个月左右就很少了，已经不能满足宝宝的需要，此时就可以给宝宝断母乳了。因此8～12个月之间均为断母乳的好时期。若

在这一时期，宝宝还没有学会吃辅食，就不要急于断母乳，应该继续训练宝宝吃辅食的本领。若交接手续没有做好，其结果不但是断母乳的失败，还会影响宝宝的生长发育。

②国外建议　美国儿科医学建议喂哺母乳最少到1岁以后，宝宝能吃多长就吃多长，直到母子双方都认为可以断母乳的时候为止。世界卫生组织建议母乳喂养可持续到1岁，若母乳质量很好的话，可以喂到2岁或更长。

3.断母乳时常见问题的解决

在断母乳的过程中可能会遇到很多问题，让妈妈措手不及。请注意下列问题。

（1）宝宝毫无兴趣　宝宝出生是瓜熟蒂落的事情，吃奶又是与生俱来的本领，那么断母乳同样也是一种水到渠成的事情。宝宝从最初本能的吸吮反应到4～6个月时主动对食物产生兴趣，也是一种规律。大人吃饭时，他会眼巴巴地看着，会随着大人的嘴巴一动一动地咀嚼，有时还会流口水，这表示他有了进食的欲望，已经具备了接触半固体食物的条件。若这个时候给他东西吃，他就会"吧嗒吧嗒"地吃起来。若宝宝没有这样的兴趣，千万不能硬塞，可能宝宝的发育没到这一阶段，还不具备进食的条件。

（2）宝宝大声哭闹　哭是宝宝解决问题的主要方式，父母最舍不得宝宝哭泣。断母乳时，吃不到熟悉的母乳，宝宝肯定会哭闹。若母亲心软，或态度不坚决，就会举手投降。如此拖拖拉拉、反反复复，就会使先前为了断母乳所做的一切准备前功尽弃，这也是很多妈妈所困扰的事情。为了宝宝的营养需要，妈妈在条件成熟时必须意志坚定，断母乳才能成功。

（3）宝宝态度强硬　不同性格的宝宝对待断母乳的态度也不一样，有的宝宝跟妈妈僵持一段时间后就会屈服；可是有的宝宝就是"有骨气"，宁可挨饿也不投降。这样的话，妈妈可要投降了，生怕宝宝饿出病来。面对这种情况，妈妈先不要着急，可能宝宝尚未打好断母乳的基础，还要继续补课，等宝宝做好准备后再行断母乳。正常情况下，8～12个月的宝宝应该有了接受其他食物的兴趣和欲望，若宝宝没有这种欲望，就要向医生咨询。

4.断母乳后的饮食要求

1～2岁是断母乳后的一个关键期，是宝宝从母乳喂养、混合喂养以及人工喂养的方式向成人化饮食模式转变的交替时期。这时的宝宝，饮食会有一些变化。比如喝奶，刚开始1日4次，后来慢慢变为3次、2次。食物的种类也在不断变化，原先不能吃的东西慢慢加入进来，由最初的稀饭、软饭、烂面条慢慢变成干饭。等宝宝到了2岁以后，其饮食结构已经跟成人基本相同，一日三餐，外加2次点心。

应避免用低蛋白、低热量的辅食来喂养宝宝。有些父母在断母乳后单纯给宝宝喂米糊、面糊等，这些食物体积大、水分多，含有一定量的糖类，但蛋白质和其他营养素的含量较低。长期食用这些食品，虽然宝宝体重可能达标，但是生长发育不理想，免疫功能差，容易患病。断母乳后要提供足够的热量和三大营养素，所以辅食应荤素搭配，特别要注意含有一定量的脂肪，应减少膳食纤维和其他不易消化的物质，并可在医生指导下合理补充某些维生素与矿物质，如维生素A、维生素D、钙、铁等。高质量的菜粥和烂面条是很好的辅食。

四、母乳喂养中的常见问题

1. 母乳是否充足的判断

（1）观察母乳喂养婴儿吃饱程度　人工喂养的婴儿可以从奶瓶的刻度上了解宝宝吃了多少。而母乳喂养婴儿的家长，可能不清楚宝宝到底吃饱了没有，可以通过下列6个方面的观察，来判断母乳喂养的婴儿是否吃饱。

① 吸奶时间及反应　通常来说，宝宝每次连续吸奶15分钟左右；在两次喂奶之间，婴儿很满足、安静；能够安静入睡1.5～3小时，醒后精神愉快，说明宝宝吃得较饱。否则婴儿可能没有吃饱。

② 母亲乳房的变化　母亲哺乳前乳房胀满，静脉显露，说明奶量充足。喂哺后，乳房显著变软，饱胀感消失。

③ 婴儿的吞咽声　喂奶时可听到婴儿吞咽乳汁的声音，通常连续几次到十几次。说明宝宝吸奶较多，是吃饱了的表现。

④ 婴儿大便情况（图1-12）　正常吃饱了的婴儿每天大便2～4次，色泽金黄，呈黏糊状、稠粥状或成形，然而没有吃饱的婴儿大便量少，呈绿色，质稀薄或大便干燥。

⑤ 宝宝的小便情况　宝宝通常24小时尿湿6次或6次以上。小便应是无色的，而不是黄色的。

⑥ 生长发育情况　婴儿面色红润，哭声响亮。体重显著增长，每天增加18～30克，或每周增加125～210克。

吃饱时的大便　奶量不足的大便

图1-12　婴儿大便情况

（2）母乳不足时可有下列表现

① 母亲没有乳房胀满的感觉。

② 宝宝吃奶时间长，用力吸吮却听不见连续的吞咽声，有时突然放开奶头啼哭不止。

③ 宝宝在哺乳后仍然有饥饿表现，例如哭闹、吃手、嘴巴做吸吮状，或者总是要在哺乳后使用安抚奶嘴。睡觉不香甜，睡着不久就醒来要吃奶。

④ 宝宝出生第4天时仍然排出墨绿色的胎粪，或浅绿色的、棕色的过渡粪，没有排出黄色的多气泡的大便。出生4天至4周之间每天成形的大便少于4次。

⑤ 婴儿出生第4天后每日清澈的小便少于6次，尿布上有红色或粉红色尿酸盐结晶。

⑥ 体重不增或增加缓慢。出生14天时体重未能超过出生体重。

大多数自认为没有奶的乳母并不是真正母乳不足，应及时查明原因，排除障碍，并采取积极的催奶办法，千万不能轻易放弃母乳喂养。

2. 上班妈妈应保证母乳喂养

乳母由于上班不能按时哺乳时，可以按时用吸乳器吸空乳房，吸出的乳汁放在冰箱冷藏室中可保存48小时，在冷冻室中可保存6个月左右。挤出的乳汁可置于密封的消毒塑料容器里，不要用玻璃容器，防止容器冻裂。回家将挤出的母乳加热后仍可喂哺。上班的母亲每天挤母乳次数最好不少于3次，若只有1～2次，乳房就得不到充分的刺激，母乳分泌量就会越来越少，不利于孩子健康成长。

挤出乳汁的方法包括直接手挤法和工具吸奶法。

（1）直接手挤的方法　开始挤乳前，准备一个碗、一个漏斗以及一个可以密封的容器，然后，用消毒液或开水将所有用具消毒，并开始挤奶。手挤法在头6周里大都有些困难，因乳汁产生量还不充足，但应坚持用手挤压。最好的挤乳时间是在早晨，这时乳量最多，但若晚间有信心喂哺婴儿的话，那么，晚上也是很好的时机。通常可以毫无困难地挤出50毫升左右乳汁。如是早产儿，每天必须至少挤乳4次，以维持乳汁分泌。为了确保乳汁继续分泌，应把哺乳后剩余的乳汁挤出，使乳房排空，这样，下一次喂哺时就可以分泌更多的乳汁。

（2）吸奶工具

① 手挤漏斗　有宽大的开口，方便收集挤出的乳汁，并带有螺纹可与标准奶瓶连接。漏斗边缘圆钝，方便清洁，可高温高压消毒。适合手工挤奶使用。

② 电动吸奶器　能模仿婴儿吸吮节律，自动吸奶，且省力、无痛，适用于乳汁分泌不足和上班的妈妈。可同时吸取双乳的乳汁，不但省时，而且能提高乳汁

的分泌量。

③ 手动吸奶器　能模拟婴儿吸吮节律，对乳汁分泌具有促进作用，可根据个人需要调节，感觉舒适无痛。在吸奶过程中使用肩臂运动，并可双手交替吸奶，使吸奶过程变得省力。

④ 母乳存放袋　该袋经过消毒真空处理，开袋即用。为保证卫生，该袋为一次性用品，并配有特殊封条，用来封口。贮满乳汁的存放袋可直接放在冰箱冷藏室或冷冻室里。

3. 哺乳中宝宝睡着了怎么办

新生儿经常有吃吃睡睡的现象，有时一吃就睡，过不久又醒来哭闹，这样母婴双方都得不到良好休息。可以从下列几方面来解决。

首先，应考虑乳母的乳汁是否充足。若乳汁分泌不足，婴儿吸吮费力，就容易出现吃吃睡睡的现象，乳母在哺乳时可用手轻挤乳房，便于乳汁分泌；或采取补授法，在喂母乳后补喂配方奶。

若是人工喂养的婴儿，要注意橡皮奶头的软硬，若觉得太硬，可以在使用前先用热水烫一下，让它变得软一些。如果奶头上的洞太小，可用烫热的针穿几次，使奶孔变大，避免婴儿吸吮费力。

在排除这些因素后，若婴儿刚吃几口就睡着了，可以轻揉耳垂，或用手指弹足底，将婴儿弄醒后再喂哺。若婴儿实在弄不醒，也不必勉强，让婴儿睡醒后再喂，如此连续数次，哺乳量基本足够了。这种喂奶方法比较接近"按需喂奶"。若有时母亲乳胀，也可以弄醒婴儿喂哺。通常婴儿满月后，这种现象会慢慢改善，那时再建立较有规律的哺乳习惯也不晚。

4. 宝宝拒绝吸乳怎么办

首先应检查母亲的乳房是否盖住宝宝的鼻孔，使宝宝呼吸不通畅，引起吸吮与吞咽困难。母亲在喂哺时要注意保持宝宝呼吸通畅。若宝宝有感冒鼻塞，可以请医生开一些滴鼻药，在每次哺乳前给宝宝滴鼻。

有些婴儿出生后未能及时给予母乳喂养，这样宝宝有可能不愿意吸吮乳房。所以，现在提倡越早开始母乳喂养越好。婴儿在最开始48小时内很快就能学会吸吮乳房，若延误了开始时间，则会增加宝宝吸吮乳房的困难。但这并不表示这样的婴儿学不会吸吮乳房，母亲必须有耐心坚持下去。早产儿通常出生后有一段危险期，需要住院观察和治疗，与母亲要暂时分开。母亲可以用挤出的乳汁来喂养早产儿，既能确保乳汁分泌，又有助于早产儿的生长发育。在早产儿度过危险期回到家中后，即可直接用乳房授乳。

有时候婴儿表现出很想吃奶，但是动来动去，烦躁不安，母亲需检查一下尿布，或整理一下宝宝的衣衫，并且将宝宝紧抱怀中，一边轻声说话予以抚慰，也可哼哼歌，待婴儿安静下来再喂哺，效果会好一些。

5. 乳头皲裂和疼痛

乳头皲裂会引起吸吮时疼痛，还会引起乳腺炎和乳腺脓肿。预防方法是哺乳前后用温开水擦洗乳头，以保持清洁。如果有擦伤的地方，可涂抹凡士林，并在哺乳前洗净。已经皲裂的乳头，可以用下列方法处理。

（1）在哺乳结束时，挤出几滴乳汁，涂在乳头与乳晕上。

（2）用羊毛脂涂抹乳头。

（3）水凝胶敷料　皮肤破裂时，使用水凝胶敷料可以保持乳头皮肤湿润，有助于伤口愈合。但是当存在感染时，不得使用水凝胶敷料。

（4）乳房护罩和乳头保护罩　可以缓解乳头疼痛。

（5）正确中断婴儿的吸吮　指导母亲通过将手指插入婴儿嘴角与牙床之间，来中断婴儿的吸吮，然后移开婴儿。不中断吸吮就将婴儿移开，容易造成乳头损伤。

（6）乳房休息　严重破裂、出水疱或出血的乳头可能需要其他措施来帮助愈合。若乳头非常疼痛，很难哺乳，应中断哺乳24～48小时，直到伤口开始愈合、疼痛减轻。但是母亲在这一期间需要使用吸乳器。在此期间使用奶瓶或小杯子来给婴儿喂奶。

（7）指导母亲掌握正确的哺乳姿势，避免乳头疼痛与皲裂问题的发生。

第四节　人工喂养及混合喂养方式

一、人工喂养的方法和技巧

当母亲由于各种原因不能亲自哺乳时，只能采取人工喂养，比如母乳不足、母亲患有不宜哺乳的疾病或母婴分离等。

1. 适宜及可应用于婴幼儿的奶制品

（1）婴幼儿配方奶　婴幼儿配方奶是除了母乳之外婴幼儿首选的奶制品。配方奶将母乳作为"金标准"，尽可能改变牛奶的营养成分，使之接近母乳，因此又称母乳化奶粉。它主要从5个方面进行了改造。

① 用乳清蛋白代替牛奶中大部分的酪蛋白。

② 去除牛奶中的动物脂肪，加入植物油，以提供必需脂肪酸。

③ 增加乳糖，以提高能量并有助于钙的吸收。

④ 强化了很多维生素与矿物质，如维生素A、维生素D、B族维生素、维生素C、维生素E和钙、铁、锌等。

⑤ 添加了一些特殊的物质，如核苷酸、双歧杆菌、乳铁蛋白、DHA、唾液酸、叶黄素等。

配方奶粉适合宝宝生长发育，是婴幼儿除母乳外的首选食品。通常宝宝吃到2岁就可以了。要按照奶粉包装上提示的方法来冲调，配制时应先加水，然后加奶粉。

（2）新鲜牛奶　新鲜牛奶是可应用于婴幼儿的奶制品，但是对小月龄婴儿要注意配制的方法。这是由于以下几点。

① 牛乳中酪蛋白较多，在胃内易结成较大凝块，不易消化。

② 牛乳中必需脂肪酸含量较少，无法满足婴儿生长发育的需要。

③ 牛乳的钙磷比例不恰当，影响钙的吸收。

④ 牛乳中无机盐含量高于母乳3倍，会增加肾脏负担。

在没有配方奶的地区，或客观情况不许可的情况下，也可采用新鲜牛奶喂养婴儿。但是要注意配制方法，详见表1-5。

表1-5　鲜牛奶喂养方法

月龄	每日所需牛奶量/毫升	加水量/毫升	兑水比例（奶：水）	喂哺次数	每次总量/毫升
第1周	140	280	1：2	7	60
第2周	280	280	1：1	7	80
1个月	350	350	1：1	6～7	100～120
3个月	540	270	2：1	6	135
4个月	600	300	2：1	5	180
6个月	750	0	—	5	150
8个月	600～800	0	—	3～4	150～200
12个月	450～600	0	—	2～3	150～200

新鲜牛奶所含能量不足，所以需要添加蔗糖，按每次总量的5%～8%比例加，例如100毫升牛奶中加5～8克蔗糖，并应在牛奶煮沸离火后再加糖。

（3）全脂奶粉　在无配方奶、也无新鲜牛奶的地区可使用全脂奶粉喂养，其质量与鲜牛奶相似。配制时要按照容积比进行配制，即1匙奶粉加4匙水；或按重量比为1：8配制，即30克奶粉加水240毫升。配制时需先加水，后加奶粉。按这样的比例冲调即为全牛奶。新生儿可按照1：10的浓度配制，然后从1：9的比例过渡到 1 ： 8。

2. 不适合婴幼儿的奶制品

（1）炼乳　炼乳含糖量高，蛋白质含量低，不适于喂养宝宝。

（2）麦乳精　麦乳精含糖量也很高，蛋白质含量低，常作为饮料，不适于喂养宝宝。

（3）原奶　未经加工过的原奶存在细菌，而且进入胃后容易形成较大的乳凝块，消化吸收慢，矿物质含量高，也不适于喂养宝宝。

（4）酸奶　因为其营养成分不及配方奶和新鲜牛奶，也不适宜喂养宝宝。

（5）脱脂奶粉　脂肪含量低，能量不足，不适于喂养宝宝。

3. 怎样选择婴儿奶粉

母乳是 0～6 个月婴儿最佳的天然营养品。联合国儿童基金会和世界卫生组织（WHO）推荐，婴儿出生后的头 4 个月要尽量确保用纯母乳喂养，但是若母乳量不足或母亲由于其他原因不能用母乳喂养时，就应考虑用奶粉喂养。

婴儿宜用母乳化配方奶来喂养，在选择配方奶时需注意乳清蛋白与酪蛋白之比以 7 ： 3 或 6 ： 4 为宜，钙磷比例宜在 2 ： 1 左右。有些配方奶粉还添加了其他成分，如核苷酸、牛磺酸、双歧杆菌等。核苷酸能增强婴儿免疫力；牛磺酸可以促进视网膜和大脑发育，提高免疫功能；双歧杆菌可以促进肠道有益菌的生长，这些成分对婴儿生长发育均有益，含这些成分的配方奶粉均可购买。

选择婴儿奶粉要掌握如下原则：一种适合婴儿的配方奶，甜度与口味应接近母乳，婴儿体重增加理想，食欲良好，睡眠安宁，大小便的次数和质地与母乳喂养时接近。若婴儿用配方奶喂养后出现大便少而干硬，排便困难，食欲减退，口臭，睡不安稳，脾气暴躁，则要考虑婴儿可能对此配方奶的吸收不良。首先要核对奶粉与水的配比是否合理，可以适当多加一些水，奶液配得稍微淡些。对腹泻或经常过敏的婴儿则可考虑使用无乳糖配方奶或蛋白水解配方奶来喂养。

4. 奶具的准备

人工喂养宝宝需准备的奶具包括奶瓶、奶嘴、奶瓶刷、消毒用蒸锅，如图 1-13 所示。

奶瓶有塑料奶瓶与玻璃奶瓶两种，可根据需要选择。现在用塑料奶瓶居多，塑料奶瓶轻便、耐高温、不易碎、容易清洁。但是应注意选择质量较好的品种，如聚丙烯材料制作的奶瓶。有些

图 1-13　人工喂养需准备的奶具

奶瓶设计的形状有助于宝宝抓握，可训练宝宝自理；也有些奶瓶设计了防胀气结构。奶瓶应该准备4～6套，以免来不及清洗和消毒。其中大小奶瓶各几个，用于不同需要。

奶嘴的选择也包括两种：一种是传统的圆形奶嘴；另一种是仿生化扁奶嘴。原来的奶嘴通常需要自己回家后扎孔，孔的大小不容易扎得合适。孔过大，出奶过猛过快会呛着宝宝；孔过小的话又会使得宝宝吸吮费力。现在市场上出售的奶嘴大多已经开好十字孔，解决了既往扎孔的难题，而且开孔比较科学，出奶量可以依据宝宝的吸吮力度变化而变化。准备进行混合喂养的婴儿最好选择模仿母乳形状的奶嘴，它们通常口径较宽、奶嘴较长。

奶瓶刷每次刷洗完奶瓶后应挂起晾干。消毒奶瓶时也需一起消毒，但这有可能使刷子加快老化。

消毒用的蒸锅应带蒸屉，容积大一些，方便放下所有奶具，一次完成消毒过程。

5. 人工喂养喂哺技巧

（1）奶液的调配　配方奶成分应接近母乳，以适宜母乳宝宝喂养。奶液要新鲜配制，一顿吃不完的奶原则上不应再给宝宝吃。冲奶时不能用沸水，通常用50～60℃的温开水冲调为宜，以免破坏配方奶中的营养成分。

（2）奶量的掌握　通常情况下可按配方奶说明书介绍的量来调配奶液，配方奶喂养的宝宝比母乳喂养的宝宝喂食次数要少些，这是由于调配的奶液所需消化时间要长些，宝宝不会那么快就饥饿。人工喂养宝宝在两三天以后，一般采用3小时制，每天要喂养6次，比母乳喂养可能少几次。宝宝刚出生时，每次吃奶量可能不超过50毫升，但随着宝宝慢慢长大，胃容量增加，就可以减少哺喂次数，增加每次喂奶量，详见表1-6。

表1-6　配方奶喂哺量

年龄	喂哺次数	每次奶量/毫升	一日奶量/毫升
1周	7	30～60	200～300
2周	6～7	60～90	350～500
3周	6	90～110	500～650
4周	6	110～120	650～750
1～3个月	6	120～150	750～900
4～6个月	5	150～180	750～900
6～12个月	2～4	180～210	500～900

宝宝越小，奶粉越淡，通常从9%开始，以后慢慢递增至15%。应记住任何时候配方奶的浓度不宜超过15%。若配制浓度太高，不但宝宝不易消化吸收，使大便干结甚至便秘，而且会增加肝肾负担，严重时会损伤宝宝健康。出生15天内，在3匙奶粉（约9克）中加水至100毫升；出生15天到2个月，在4匙奶粉（约12克）中加水至100毫升。若配制奶液不足或超过100毫升，可以按上述比例来计算。在喂养中发现宝宝大便干

图1-14　喂奶的姿势

结时，可适当减少奶粉的量，或适当多加一点水。如果发现宝宝体重偏轻，则可以增加喂哺一次，半量或全量均可。如果宝宝已经停止吸吮奶瓶中的配方奶，就不要强迫宝宝吃完瓶中剩奶。

（3）奶液要试温　喂奶前需要试温，可以倒几滴奶在手背上，感觉温度合适就可以喂哺；也可以将奶液滴在手腕内侧，感到滴下的奶滴不冷不热或是略微偏温，说明奶液温度与体温相近，可以喂宝宝。成人不能直接吸奶头来尝试温度，以免宝宝受到成人口腔内细菌的污染。

（4）喂奶的姿势（图1-14）　喂养者必须洗净双手后喂奶。在安静的环境中，让宝宝斜坐在喂养者怀里，喂养者扶好奶瓶，慢慢喂哺。喂奶时将奶瓶倾斜45°，使奶瓶奶头与瓶颈中充满乳汁，以免吸进空气，并防止奶液冲力太大。奶嘴应轻轻接触婴儿的嘴唇，当婴儿张口时将奶嘴塞入嘴中。喂奶后需将宝宝抱起，轻拍背部2～3分钟，让宝宝打嗝，将胃里的空气排出，以免吐奶。喂哺时喂养者应避免用手直接接触奶头。

（5）适量补充水　母乳中水分充足，纯母乳喂养宝宝在6个月内通常不必喂水，而人工喂养宝宝必须在两顿奶之间补充适量的水，一方面有助于宝宝对脂肪的消化吸收，另一方面有助于宝宝大便通畅，防止消化功能紊乱。有时宝宝的啼哭不是因为饿，而是因为渴，特别在炎热的夏天。有关宝宝哺乳与喂水时间安排见表1-7，每次喂水量见表1-8。

表1-7　配方奶宝宝哺乳与喂水时间

时间	6:00	8:00	10:00	12:00	14:00
内容	配方奶	水	配方奶	水	配方奶
时间	16:00	18:00	20:00	22:00	2:00
内容	水	配方奶	水	配方奶	配方奶

注：6个月后，开始逐步减去宝宝午夜2:00的夜奶，也就是说6月龄后可逐步不提供夜奶，通常在萌出第一颗乳牙后。将早上一次提前半小时喂哺，晚上10:00喂哺推后半小时。

表1-8　年龄与每次喂水量

年龄	第1周	第2周	1个月	3个月	4个月	6个月	8个月以上
每次喂水量/毫升	30	45	60	75	90	105	120

二、混合喂养的方法和技巧

1. 混合喂养的方法

有一部分妈妈，因为乳汁分泌量不能满足宝宝的需要，在喂哺母乳的同时还需要给宝宝增添配方奶或其他乳品，这种喂养方式称之为混合喂养。但有些妈妈只凭自己感觉母乳不足，就在母乳喂养同时擅自添加配方奶，结果导致宝宝过度增重。母乳是否不足要有客观依据，除了测量奶量外，最重要的是要依据宝宝体重增长情况来决定。只有在纯母乳喂养时宝宝体重偏轻才考虑混合喂养。混合喂养通常采用两种方法：补授法和代授法。

（1）补授法　适用于母乳量不足时的喂养。每次喂奶时，先给宝宝喂母乳，将两侧乳房充分吸吮后，再补喂配方奶或其他乳品。每日母乳喂哺次数通常保持不变。先让宝宝吸吮母乳，要注意把乳房尽可能吸空，这样有助于刺激母乳分泌，不会使母乳量日益减少。

（2）代授法　适用于妈妈奶量充足，但妈妈无法亲自哺乳，不得不用配方奶或其他乳品代替1次或数次母乳喂养。在采取代授法时，妈妈全日喂哺母乳不应少于3次，在不能哺乳时，应按时将奶汁挤出或使用吸乳器吸空，以保持母乳分泌通畅，防止母乳分泌能力减退。吸出的母乳应放在专用母乳存放器中，并在冰箱内贮存。

2. 混合喂养应注意的问题

对6个月以内的宝宝，首先考虑纯母乳喂养，其次考虑补授法，千万不能轻易放弃母乳喂养，改为人工喂养。应根据宝宝月龄和母乳缺少的程度来决定每次补授量。通常先喂母乳，再用奶瓶加喂配方奶，让宝宝自由吸吮，直到宝宝满意为止。试喂几次后，如宝宝无呕吐，大便正常，就基本上能够确定每次应补充的奶量。有些妈妈的乳汁分泌量会日益增加，如果能满足宝宝所需，也可改为纯母乳喂养。

6个月以后的宝宝，如采用代授法，妈妈亲自哺乳次数不可少于每天3次，若这时母乳仍较多，则可采用补授法，以免影响乳汁分泌。

第二章

新生儿期喂养

 第一节 新生儿期生长发育情况

（1）外貌 健康的新生儿出生时平均身高50厘米，头约为身体的1/4。新生儿出生时平均体重为3千克，正常体重范围是2.5～4千克。男宝宝头围平均值是34.3±1.2厘米，女宝宝则是33.9±1.2厘米。男宝宝胸围均值是32.7±1.5厘米，女宝宝则是32.6±1.4厘米。新生儿耳郭软骨发育好，可以保持直立状。胸廓呈桶状，相对狭窄，乳头显著可见。腹部微胀，但通常不超过胸廓高度。四肢相对较短，呈屈曲外展状（即像"W"形状）。指甲超过指端，足跖有较多较深纹理。男婴睾丸已经降入阴囊，女婴大阴唇已经遮盖小阴唇。

（2）皮肤 新生儿皮肤角化层较薄，表面缺乏溶菌素，皮下血管丰富，汗腺分泌旺盛。大小便次数多，特别是母乳喂养的宝宝大便次数更多。要注意经常帮宝宝洗澡护肤，尤其是颈部、耳后、腋下、腹股沟、臀部等皮肤褶皱处，不让代谢产物刺激皮肤，以免发生皮肤感染或者溃烂。

（3）体温 因为新生儿的体温调节中枢尚未发育完善，体表面积相对大，皮下脂肪层薄，皮下血管丰富，保温能力比较差，易于散热。当吃奶不足、外界温度偏低或有疾病时，即可表现为体温偏低。特别是早产儿、低出生体重儿以及有其他异常的高危新生儿，更容易发生体温偏低，测体温常在35℃以下，称为低体温（正常腋下体温36～37℃，肛温36.2～37.8℃）。

（4）呼吸 因为新生儿的鼻腔、咽、气管、支气管都比较狭小，胸部肌肉尚不够发达，肺部弹力组织的发育也不完全，所以，新生儿呼吸主要靠膈肌的升降，以腹式呼吸为主，胸廓运动较浅，呼吸时肚子一鼓一瘪，看起来如同用肚子在呼吸。新生儿呼吸时，每次吸入或呼出的气量较少，呼吸频率较高。正常新生儿每分钟呼吸35～45次。新生儿呼吸节律不规则，有深浅交替或快慢不均的现象。

（5）循环 宝宝出生后心率仍然很快，140次/分左右，波动在120～160次/分之间，因为末梢血流缓慢，血红蛋白偏高，哭泣或遇冷可出现口周发绀及四肢末端偏凉。随着月龄的增长，末梢血液循环逐渐改善。

（6）排便 新生儿通常在出生10～12小时后开始排胎便。胎便呈黑绿色或黑色黏稠糊状，这是胎儿在母体内吞入羊水中胎毛、胎脂、肠道分泌物而形成的大便。3～4天胎便就能排尽。宝宝吃奶之后，大便慢慢转成黄色。人工喂养的宝宝每天大便1～2次，母乳喂养的宝宝大便次数略微多些，每天4～5次。

（7）尿量　新生儿第一天的尿量很少，为10～30毫升。在出生后36小时之内排尿都属正常。随着哺乳摄入水分，宝宝的尿量慢慢增加，每天可达10次以上，日总量可达100～300毫升，满月前后可达250～450毫升。

（8）新生儿成长速查表（0～28天）见表2-1。

表2-1　新生儿成长速查表（0～28天）

项目	内容
大动作能力	全身动作无规律，有完整的无条件反射，趴在床上，双肩摆开，前面摇铃逗引时能够自行抬头1～2秒
精细动作能力	手握拳，当大人用手指触摸手心时，会紧握，此为握持反射，这时甚至可将宝宝提起
认知能力	最佳视距为20厘米左右；偏爱红色、运动的物体以及人脸；具有初步的听觉定位能力，但不准确；可以进行视觉追踪，但不连续
语言能力	会发an、e、a等音
情感与社交能力	弥散性激动，分愉快与不愉快两个方向；产生兴趣、痛苦、厌恶；出现诱发性微笑；有先天的情绪感染能力

第二节　新生儿期对营养的需求

（1）新生儿的营养需求量　新生儿在出生后的2～4周长得最快，所以这一时期的饮食必须确保充足的营养，避免新生儿出现生理性体重下降，影响其生长发育。新生儿需要的营养主要从下列几个方面来补充。

① 热量　新生儿每天每千克体重大约需要热量420千焦。家长可依据新生儿的体重进行相应的补充。如新生儿的体重为4千克，则每天需要的热量是1680千焦。

② 蛋白质　新生儿对于蛋白质的需求量非常高，每天每千克体重需要2～3克蛋白质。

③ 脂肪　新生儿同样需要各种脂肪酸及脂类，其中必需脂肪酸的含量应占摄入总热量的1%～3%，每天需要的脂肪为15～18克。

④ 碳水化合物　用母乳喂养的新生儿，每日每千克体重需摄入碳水化合物约为15克，应占热量的50%，如4千克的新生儿每天应摄入的碳水化合物约为60克。

⑤ 其他营养素　新生儿每天需摄取钙300毫克，铁10毫克，锌10毫克，维生素C 40～50毫克，维生素D 400～800国际单位。

（2）新生儿需要的乳量　母亲在喂养新生儿时，应对新生儿所需要的乳量做到心中有数。通常情况下新生儿需要的乳量为每450克体重每天需要乳汁50～80毫升。例如一个4千克重的新生儿，每天则需要乳汁440～710毫升。母亲的乳房可在每次哺乳后的3小时内分泌乳汁90～120毫升，每天分泌720～960毫升乳汁，完全可以满足新生儿的需要。

 # 第三节　新生儿期喂养方式

一、母乳喂养

1. 母乳的颜色

乳汁的颜色是由其所含的营养物质决定的。宝宝出生后头几天的母乳量较少，乳汁浓稠，颜色发黄，含有丰富的营养素与抗感染物质；喂养一段时间之后的成熟期乳，奶水变得清淡且泛白，这是蛋白质和碳水化合物增多的表现；每次喂奶临近结束时的后奶，因为含有大量的脂肪使奶色白且浓稠。

每次喂奶的前4～6分钟宝宝吃到的为前奶，前奶的成分为水、蛋白质、碳水化合物、矿物质，颜色是灰白色。随后吃到的是后奶，后奶里含有较多脂肪，宝宝吃到含有较多脂肪的后奶才能让体重增长。

有时奶水会呈其他颜色，大部分与妈妈的饮食或药物中的色素有关，宝宝的尿液也可能随之变化。比如，饮用含有黄色及红色素的饮料，可使母乳变成淡橘红色；绿色饮料、海藻以及一些天然维生素胶丸也可能影响奶水色泽。这些与食物有关的颜色改变一般无害。

2. 妈妈什么时候该挤奶

（1）乳房太胀　妈妈乳房太胀会影响宝宝含接，妈妈可以先挤出一些奶，使得乳晕变软，便于宝宝正确地含到乳晕上。

（2）乳头疼痛　妈妈乳头疼痛，暂时无法喂奶时，需要将奶水挤出来，这样既可以缓解疼痛，又不会断了宝宝的口粮。

（3）乳头凹陷　宝宝刚出生不久，吮吸力不是太强，若妈妈的乳头凹陷，就需要挤奶喂宝宝，以利于乳汁的分泌。

（4）乳汁过多　新生儿因为食量比较小，而妈妈的乳汁又很多，此时就需要将吃不完的奶水挤出来，以便正常分泌。

（5）其他情况　当宝宝是早产儿、体重过轻或吮吸力较低时，应将乳汁吸出喂养宝宝。

3. 母乳喂养的姿势

（1）宝宝的姿势

① 将宝宝抱到妈妈胸前，让宝宝的鼻子与妈妈的乳头处于同一高度。

② 当把宝宝抱到胸前时，宝宝的小嘴应张得足够大。当宝宝微仰起下巴时，下唇与舌头首先能触及妈妈的乳头，但是鼻子并未贴着乳头。

③ 让宝宝的头稍微后仰，妈妈应用手而不是前臂撑住宝宝的脑袋。

④ 吮吸时，宝宝会将乳头和乳晕都含在嘴里，一般宝宝应该含住2/3的乳晕，这样哺乳时乳头才不会被压倒。

（2）妈妈的姿势（图2-1）

① 半躺式　让宝宝横倚着妈妈的腹部，脸朝着妈妈的乳房；妈妈用枕头垫高上身，斜倚躺卧；妈妈用手臂托起宝宝的背部，有利于宝宝的嘴巴衔住妈妈的乳头。

优点：哺乳中方便妈妈休息；在分娩后的头几天，妈妈坐起来仍有困难，最好以半躺式的姿势喂哺宝宝。

② 侧卧式　妈妈在床上侧卧，背后用枕头垫高上身，斜靠躺卧；让宝宝横倚在腹部，宝宝的脸朝向乳房；使宝宝的嘴和乳头保持在同一水平线上。

优点：哺乳中方便妈妈休息；会阴切开或撕裂疼痛或痔疮疼痛的女性最适于采用此姿势。

③ 橄榄球式　宝宝躺卧在妈妈的臂弯里，有需要时可使用软垫支撑妈妈的手臂以托着宝宝的背部，身子应略微前倾，让宝宝靠近乳房；开始喂哺后，便放松并将身体后倾。

优点：这种姿势可让宝宝吸吮到下半部乳房的乳汁；在喂哺双胞胎时，或者同时有另一个宝宝想依偎着妈妈时，这种姿势就非常适合。

④ 摇篮式　宝宝的头部枕着妈妈的手臂，腹部向内；妈妈的手应托着宝宝的臀部，有利于身体接触；妈妈可用软垫或扶手支撑手臂，

（a）半躺式

（b）侧卧式

（c）橄榄球式

（d）摇篮式

图2-1　哺乳时妈妈的姿势

手臂的肌肉不会由于抬起过高而绷紧。

优点：使用手支撑颈背部，对宝宝的头部可形成很好的控制；喂养早产儿或衔住乳头有困难的宝宝时，这种姿势最为合适。

4. 妈妈如何在公共场所哺乳

（1）克服紧张　若妈妈觉得在公共场合哺乳太过紧张，可以与其他妈妈或者好朋友一起，这样有利于克服紧张，建立自信心。

（2）选择合适的衣物　选择一件不用暴露整个胸部就可以给宝宝喂奶的衣服；或者在出门的时候带件风衣或披肩，给宝宝喂奶的时候遮挡一下；还可以选择一些专门为乳母设计的侧边开口的衬衣。

（3）去母乳喂养室　很多公共场合设有专门的母乳喂养室，有条件的话，妈妈可以选择在这里给宝宝喂奶。

（4）自制喂奶场所"地图"　妈妈可以自制喂奶场所"地图"，将购物、乘车、游玩等过程中有助于喂奶的"隐蔽地点"进行分析和整理，以便于在出游过程中随时随地满足宝宝的需求。

二、人工喂养

产妇身体极其虚弱、营养不良或产时失血过多可能造成产妇乳汁较少或"缺奶"。其中有些产妇经过调养和加强营养，还是可以增加泌乳的，但若身体太虚，给宝宝哺乳也会造成产妇难以支撑，此时只好采用人工喂养。

三、混合喂养

当母乳不足或乳母因工作需要无法按时喂奶时，而宝宝尚未到添加辅食的月龄，这时，在母乳外必须添加配方奶、牛奶、羊奶或其他代乳品方可满足宝宝生长发育的需要。这种喂养方式称为混合喂养。

第四节　新生儿期喂养注意事项

一、早产儿的喂养

早产儿的喂养存在需求量大，但是消化吸收能力弱，容易发生吞咽困难或消化不良等的矛盾，喂养比正常足月儿要复杂和困难。早产儿喂养要注意下列几点。

（1）尽量做到母乳喂养　母乳是早产儿最理想的食品，目前已公认母乳喂养能比其他喂养方式显著提高早产儿的存活率和存活质量。较大的早产儿可直接吸吮母乳，较小者应挤出母乳喂养。

（2）不能实施母乳喂养者，可选择适合早产儿的配方奶喂养。

（3）喂养方法应根据早产儿的成熟度和吸吮能力区别对待　无法吸吮奶瓶，用小匙喂；吞咽不佳的，用滴管喂；不会吞咽的，应用经鼻胃管或肠管喂（要在医院进行）；重者要用静脉营养。

（4）喂奶的时间和次数　开奶时间要晚于正常足月儿，通常出生后先试喂糖水3～5毫升，以后每次给奶2～5毫升，如果能耐受，则每次增加1～2毫升，直到达到早产儿每日所需要的能量。喂奶次数为体重小于1500克者每1～2小时一次，体重超过1500克者每2～3小时一次。随着时间的延迟，早产儿逐渐趋于成熟，喂养方法就与正常新生儿一样了。

二、双胞胎喂养不再难

双胞胎新生儿绝大多数不是足月分娩，发育还不成熟。双胞胎新生儿胃容量小，消化能力差。因此，喂养时不同于单胎足月儿，应采用少量多餐的喂养方法。

双胞胎新生儿出生后12小时，可喂50%糖水20～30毫升。这是由于双胞胎儿体内不像单胎足月儿有那么多的糖原贮备，如果饥饿时间过长，可能会发生低血糖，影响大脑发育，甚至危及生命。若是足月分娩的双胞胎，在条件允许的情况下，可以及早吸吮母乳。第2个12小时内可喂1～3次母乳。此后，可根据新生儿需要适当增加喂哺次数。如果没有母乳或母乳不足，可加喂新生儿配方乳。对于缺乏吸吮能力的新生儿，可使用滴管喂哺。

双胞胎新生儿因为全身器官发育不够成熟，血浆丙种球蛋白含量低，对于各种感染的抵抗力较弱。所以，在喂养时要尤其注意卫生，奶嘴、奶瓶要保持清洁，每次用前要消毒，用后要清洗。

三、配方奶——人工喂养的金盾牌

配方奶是专门为婴儿生产的替代母乳的奶粉，是按照母乳成分组成、利用现代技术、将牛奶进行彻底改造，以便更适宜宝宝的生理特点与营养要求。比如加入脱盐乳清粉以增加其中乳清蛋白的含量，使乳清蛋白和酪蛋白的含量及比例接近母乳。采用不饱和脂肪酸及必需脂肪酸含量高的优质植物油替代牛乳中的脂肪，使其符合婴儿生理要求。添加乳糖，提高乳糖含量，使其接近母乳。通过这样的改造，使配方奶中蛋白质、脂肪与糖类提供的能量比例合适，

图2-2 看奶粉包装物上的产品说明

符合宝宝生理需要。同时还脱去牛乳中过高的钙、磷及钠盐，使钙与磷、钠与钾比例合适，更重要的是降低了牛奶中的矿物质含量，使之接近母乳，适宜于肾功能尚不健全的婴儿的生理特点。另外，还增加了母乳和牛奶中含量都不足的一些营养成分，如铁、锌、碘、维生素D及维生素A等多种矿物质和维生素。这样，使得吃配方奶的宝宝避免发生缺铁性贫血、佝偻病及缺锌症等多种营养缺乏症。

对于人工喂养或混合喂养的宝宝，不建议选择未经改造的动物乳品，首选配方奶粉。

为新生儿选择配方奶粉，应注意下列几点。

（1）看奶粉包装物上的产品说明（图2-2）通过浏览食品说明，可以判断该产品是否满足自己的购买要求。

（2）查奶粉的制造日期和保质期限 通过查对制造日期与保存期限可以判断该产品是否在安全食用期内，以免购进过期变质产品。

（3）挤压一下奶粉的包装，看是否漏气 不论是罐装奶粉或袋装奶粉，生产厂家为延长奶粉保质期，一般都会在包装物内充填一定量的氮气。因为包装材料的差别，罐装奶粉密封性能较好，氮气不易外泄，能够有效遏制细菌生长，而袋装奶粉相对密封性较差。在选购袋装奶粉时，双手挤压一下，若漏气、漏粉或袋内根本没气，表示该袋奶粉已潜伏质量问题，遇此情况，切记不要购买。

（4）检查奶粉中是否有块状物 可通过罐装奶粉上盖的透明胶片观察罐内奶粉，摇动罐体观察，奶粉中如果有结块，则证明奶粉已经变质，不能食用。袋装奶粉的鉴别方法则仅是用手去触捏，如手感松软平滑且内容物有流动感，则为合格产品；如果手感凹凸不平，并有不规则大小块状物则该产品为变质产品。

（5）比较同一品牌产品的市场销售价格 因为各零售单位规模不一，进货渠道不一，附加价值不一，导致同一商品在不同商店销售时存在价格差异。若认定要购买某品牌的奶粉，可到几家商店咨询价格，通过比较，择其廉而购之。记住必须购买正规厂家、有一定生产规模的品牌。

四、给宝宝寻找奶瓶的专业提示

奶瓶有玻璃与塑料两种类型。玻璃奶瓶内壁光滑，容易洗净，开水消毒不易变形，适合不会拿奶瓶的小婴儿。而塑料奶瓶时间久后易变黄而不透明，不容易看出奶瓶是否洗净，但是对能够自己抱奶瓶吃奶的婴儿则比较安全。

最好购买带帽奶瓶以免污染。奶瓶瓶口宜大不宜小，以利于装奶和清洗，最好买大奶瓶，可以一直用到断奶，不用更换。

奶瓶最好是直式的，可采用十字奶嘴，不用穿孔。这种奶嘴可根据婴儿吸力大小控制出奶量。但用久了，孔太大、出奶太急时，应及时更换。如使用橡皮奶嘴，要自己穿孔。方法：用在火上烧红的缝衣针或大头针扎穿孔2～3个，孔的大小要恰当。奶液流出的速度以奶瓶颠倒过来一滴一滴流出为标准。如果流奶呈直线，则针孔太大；如果要用力甩奶瓶时奶液才流出，则表明针孔太小。无论奶嘴的孔过大或过小，喂哺婴儿后都可能引起呕吐或呛咳。橡皮奶头不宜过硬，过硬婴儿不易吸吮，但也不可过软，过软会因为负压而使奶头变扁，奶不易吸出。

五、给奶具五星级的洁净

奶具消毒的具体方法如下。

（1）将奶瓶、奶嘴和瓶盖用清水刷洗干净后，先将奶瓶放入冷水锅内，锅内所盛的水量必须淹过奶瓶，煮沸10～20分钟后，把奶嘴和奶瓶盖放入再煮，等3～5分钟后将锅盖好并离火。需记住，奶瓶用冷水煮，但奶嘴要等水煮沸后才能放入。待沸水自动放凉后，用干净筷子或钳子将奶具夹出，放置在干净处备用，应注意防止苍蝇、蟑螂及其他脏物进入。

（2）孩子吃剩下的奶液，应立即处理，并洗净奶瓶待用。不得将剩下的奶液保留在奶瓶中到下次喂奶，以免因奶液被细菌污染，孩子吃后引起感染，损害健康。

为减少每天煮沸消毒次数，最好多准备几个奶瓶。

六、用奶瓶给宝宝喂奶需注意

用奶瓶给婴儿喂奶要注意下列几点。

（1）用奶瓶给婴儿喂奶，应让婴儿斜躺在妈妈怀里，感受到柔软温暖的母体。至于妈妈的坐姿，可以随意，只要坐得舒服就行。

（2）妈妈可以把奶瓶倒立，以每秒钟滴一滴为宜。

（3）喂奶前，必须试试奶的温度，妈妈在自己手腕内侧滴上两滴，微温为宜。

（4）喂奶时，倾斜奶瓶，使奶嘴充满奶水，以免婴儿吞入空气。若奶嘴瘪了，妈妈可以在婴儿嘴里转动一下奶瓶，或者松动一下奶瓶盖，让空气进去，注意不能堵住婴儿的鼻子，以免影响呼吸。

（5）出生7～15天的婴儿通常每次吃奶70～100毫升，每次喂奶以10～20

43

分钟吃完为宜。婴儿吃完奶以后，若不到30分钟又哭，可以把上次吃剩的奶拿来喂哺；若超过30分钟，奶就不能喂了。喂完奶以后，要将婴儿直立起来，把随奶一起吃到胃里的空气通过打嗝排出来。

七、开启剖宫产的母亲给新生儿哺乳之门

剖宫产的乳母由于腹部刀口疼痛，上肢又要输液，故通常不能像顺产的乳母那样自由，但医生仍要鼓励产妇多翻身，早下床，通常2～3天后即可下床。为了避免伤口疼痛，乳母哺乳宜采用侧卧方式。3天以后伤口疼痛缓解，哺乳姿势可根据自己的喜好选择。

剖宫产的乳母因为第1～2日要禁食，或只进食少量流食，加上伤口疼痛，泌乳量相对较少，但因静脉输液的补充，仍然会有乳汁分泌，而且出生前2天的新生儿需要量也较少，所以不必担忧。剖宫产的新生儿需坚持用母乳喂养，不必急于添加配方奶或其他代乳品。剖宫产的乳母在手术后通常需用些药物，如术后6小时为减轻伤口疼痛可肌肉注射哌替啶，静脉滴注催产素以利于子宫收缩；也可用一些抗感染药物，比如青霉素（预防性应用，量较小）以及能量合剂等。通常来说，这些药物对哺乳没有影响。

剖宫产后的母亲创口感染，凡有中毒症状的需停止给新生儿哺乳。因为细菌毒素可以通过乳汁进入新生儿体内，对新生儿产生不利影响。感染必须使用抗生素治疗，绝大部分的抗生素都能通过乳汁进入新生儿体内，使新生儿受到影响。故术后应尽可能避免感染的发生。

八、水，人工喂养宝宝最好的辅食

人工喂养婴儿要注意饮水，主要有下列几方面的原因。

（1）孩子年龄越小，体内水含量就越高。婴儿体内的水分占体重的70%～75%，因为婴儿生长发育旺盛，肾脏对水的保存功能又较差，所以需要的水分较多，每天消耗水分占体重的10%～15%。人工喂养的小儿更应注意喂水。

（2）人工喂养以奶粉或牛奶喂养为多。牛奶中的蛋白质80%以上是酪蛋白，分子量大，不易消化，牛奶中的乳糖含量比母乳少，这些均是容易导致便秘的原因，给宝宝补充水分有助于缓解便秘。此外，牛奶中含钙、磷等矿物盐较多，大约是母乳的2倍，大量的矿物盐和蛋白质的代谢产物从肾脏排出体外均需要水。

（3）新生儿期是身体生长最快速的时期，细胞增长时要蓄积水分。新生儿期也是体内新陈代谢旺盛的阶段，排出废物较多，而肾脏的浓缩能力差，因此尿量

和排泄次数都较多，需要水分也多。

因为婴儿之间存在个体差异，所以需水量不等。喂水时间在两次哺乳之间比较合适，否则会影响哺乳量。喂水次数也应根据宝宝的实际需要来决定。

九、夜间哺乳应注意的问题

因为新生儿没有区分昼夜的能力，且胃容量小，所以在夜间必须哺乳，以防新生儿因饥饿而哭闹不止。在夜间哺乳时，必须注意下列几个问题。

（1）要有规律地进行夜间哺乳，不要一听到新生儿哭闹就将乳头塞入新生儿的嘴里，以致新生儿在不知不觉中睡着后无法将乳头取出。这样不利于睡眠，也不利于新生儿养成良好的睡眠习惯。

（2）母亲最好坐着抱起新生儿哺乳，母亲切不可在这时睡着，以防乳房压住新生儿的鼻子，造成其窒息死亡。

十、怎样调配奶粉

调配奶粉时应严格按照奶粉包装上标示的方法和比例进行调配，而最关键的问题就是避免污染。调配的具体步骤如下。

（1）在调制奶粉前必须把手用香皂洗干净，用干净的毛巾进行擦拭，以免造成污染。

（2）将开水冷却到50～60℃时，向消过毒的奶瓶中加入规定量的温水。

（3）将规定量的奶粉慢慢加入，可一边加入一边轻摇使其溶解。

（4）盖上奶嘴和奶嘴罩，冷却到接近体温的温度。可将奶汁滴在手腕内侧，以感到温热为宜。

十一、防止鼻部受压

妈妈不论采用哪种姿势喂奶，都要防止宝宝鼻部受压，影响呼吸和吸吮。同时要避免婴儿头部与颈部过度伸展造成吞咽困难。

（1）手的正确姿势（图2-3）　妈妈应将拇指与其他四指分别放在乳房上、下方，托起整个乳房喂哺。

为了确保婴儿在吃奶时能够自如地呼吸，防止母亲乳房压住婴儿鼻子而影响呼吸，母亲应该用手指将自己的乳房上部与婴儿的脸颊拉开一点。但也

图2-3　手的正确姿势

45

要避免婴儿头部与颈部过度伸展造成吞咽困难。

若发觉乳汁释放反射强烈，奶水喷涌而出，导致宝宝呛咳，可先挤出一点奶水，或者用手指按压乳晕的上方和下方，呈剪刀式夹托乳房，以减慢乳汁流出的速度。

若喂哺时感觉乳汁从对侧乳房内喷涌而出，可用手掌或接近腕部的部位按压对侧乳晕，这样就可以阻止乳汁溢出。

（2）婴儿含接的姿势　每次喂哺时，应尽可能将乳头正确地放入宝宝的口内，婴儿只有将大部分乳晕含在口内，方能顺利地吸吮乳汁。

婴儿有很强的吸吮能力，若没有含着乳晕而只将乳头含在口内，会切断输乳管的通道，此时就几乎没有乳汁流出了。这样不仅使乳头就变得酸痛异常，还会导致乳汁分泌减少。

十二、喂乳的时间安排

（1）需要哺乳的信号　通常宝宝饿了时会有如下表现：睡醒后神色机敏、用手挠嘴、嘴巴做吸吮的动作、低声哼哼的同时手舞足蹈、想啃自己的小拳头（图2-4）、比平时更加活跃以及用鼻子蹭妈妈的乳房（甚至能够透过妈妈的衣服嗅到乳房的位置）。最好在宝宝开始哭闹前就喂奶，哭闹是宝宝饿得有些不耐烦的表现。尽量通过识别宝宝发出的饥饿信号喂哺，而不是根据闹钟设定的钟点来决定何时喂奶。

图2-4　需要哺乳的信号

（2）夜间哺乳很重要　因为新生儿食量不大，要满足新生儿对营养的需求，就必须增加哺乳次数。新生儿越小，越需要夜间哺乳，有的新生儿夜间哺乳甚至要达到4～5次。

夜间哺乳时，最好采用坐姿哺乳，千万不可因为夜间哺乳，让新生儿含着乳头睡觉。

十三、从宝宝口中抽出乳头

通常宝宝吃饱后会主动松开乳头，但有时候宝宝即使吃饱了也会咬住乳头不放，此时妈妈又不能硬拉，否则会弄伤乳头。下面介绍几种方法可从宝宝口中抽出乳头。

（1）当宝宝吸饱乳汁后，妈妈可用手指轻轻压一下宝宝的下巴或下唇，这样就会使宝宝松开乳头。

（2）当宝宝吸饱乳汁后，妈妈可将宝宝的头轻轻地扣向乳房，堵住他的鼻子，宝宝就会本能地松开嘴。

（3）当宝宝吸饱乳汁后，妈妈可将手指伸进宝宝的嘴角，慢慢地让他将嘴松开，这样再抽出乳头就比较容易了。

十四、喂乳后帮宝宝排气

不论是母乳喂养还是人工喂养，当吃完奶后，都应该给宝宝一个打嗝的机会，排出吞咽气体，这些吞入腹中的气体会使他感到腹胀或者吐奶。若过5～10分钟后宝宝仍未打嗝，可以放下宝宝休息一会儿。

帮助宝宝排气的方法（图2-5）有以下3种。

（1）让宝宝横躺在膝上或手臂上，脸朝下，用一只手轻轻地、有节奏地拍打或搓他的背部。

（2）可将宝宝抱在膝上，让他稍向前倾，用一只手拍击他的后背。

（3）采用竖抱姿势，在肩上放一块尿布或围兜，让宝宝趴在肩上，轻轻拍击或抚摩他的后背。

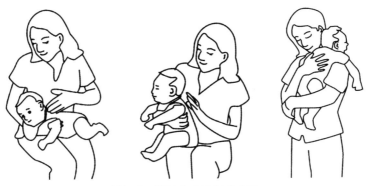

图2-5　帮助宝宝排气的方法

十五、哺乳后的正确卧姿

因为新生儿的胃入口松，出口紧，入口位于腹部左上侧，出口位于腹部右下侧。所以喂奶后先取右侧卧1小时，然后仰卧1小时，再左侧卧1小时。这样每喂一次奶是一个周期，变换宝宝的躺卧姿势，既可预防溢奶，又有助于宝宝的生长，还可预防头脸变形。

注意事项如下。

（1）哺乳后尽可能不要逗引宝宝，在宝宝躺下后，不要随意翻动他的身体。

（2）如果宝宝平躺时发生呕吐，应快速将宝宝的脸侧向一边，以免吐出物流入咽喉及气管；还可使用手帕、毛巾卷在手指上伸入口腔内甚至咽喉处，将吐、溢出的奶水迅速清理，以保护呼吸道顺畅。

（3）宝宝睡觉时候常会蹬腿，通常蹬腿后容易吐奶，因此尽可能多注意在宝宝蹬腿时按住他的腿，然后从胸到肚子轻轻抚摩，这样就能安抚宝宝了。

第三章

婴儿期喂养

 第一节 1～2个月婴儿

发育特征

宝宝1个月时，已经会用哭声和微笑来表达内心的情感了。此时宝宝各方面均发育得非常快，身体的各项指标跟刚出生时相比，都有了很大的改变。

1. 1～2个月婴儿身体发育指标

（1）体重 男婴约5.03千克；女婴约4.68千克。

（2）身长 男婴约57.06厘米；女婴约56.17厘米。

（3）头围 男婴约38.43厘米；女婴约37.56厘米。

（4）胸围 男婴约37.88厘米；女婴约37.00厘米。

（5）坐高（头顶至臀的长度） 男婴约37.94厘米；女婴约37.00厘米。

2. 1～2个月婴儿身心状态

（1）体格发育状况

① 脸部：面部比较扁平，脸颊圆圆胖胖。

② 胸部：胸部呈圆鼓状。

③ 手脚：小手总爱握着拳，胳膊、腿总是呈屈曲状。

刚出生1个月的宝宝大多数时间处于睡眠状态，一天有18～20小时在梦乡中度过。

（2）运动发育状况 宝宝俯卧在床上时，下巴离床的角度可达45°，母亲应注意避免宝宝在俯卧时因呼吸不畅而引起窒息。宝宝可以做出很多种动作，面部表情也渐渐丰富起来。

（3）感觉发育状况

① 视觉：宝宝的眼部运动还不够协调，但是对光明和黑暗的环境都有反应。

② 听觉：经过母亲1个月的哺育，宝宝对妈妈的说话声音已经非常熟悉了；对陌生的声音或响声过大的事物会感到吃惊或害怕。

③ 嗅觉：宝宝的嗅觉比较发达，当他闻到刺激性较强的气味时会皱眉。宝宝还能够辨别出母亲身上的气味。

④ 味觉：此时宝宝会对他不喜欢的苦味和酸味食物表示抗议，如果硬要给他吃，他会拒绝。

⑤ 触觉：宝宝的皮肤感觉能力较强，如果父母不小心把头发或其他小东西掉

进了宝宝的衣服里，他会因为不舒服而晃动手脚或哭闹。

⑥ 温度觉：宝宝细嫩的皮肤对过冷或过热都非常敏感，会用哭闹来表达不满。

（4）心理发育状况　此时宝宝已经从心理上懂得了母爱，母亲应通过和宝宝多接触、多交谈、多抚摩等方式加强与宝宝的沟通。

饮食喂养

1. 婴儿的饮食特点

1～2个月的婴儿和新生儿相比，所需的乳量有所增加。婴儿通常在出生15天后，就开始服用鱼肝油与钙剂。

2. 母乳喂养次数

若母乳一直分泌得很好，这一时期哺乳的次数会根据婴儿的需求而慢慢稳定。不过在这一时期，夜间不用哺乳的婴儿是很少的。

3. 预防宝宝吐奶的措施

（1）掌握好喂奶的时间间隔　通常来说，乳汁在胃内排空时间为2～3小时，因此每隔3小时左右喂1次奶比较合理。如喂奶太过频繁，上一餐吃进的乳汁还有部分存留在胃里，必然影响下一餐的进奶量，或者引起胃部饱胀，导致吐奶。

（2）采用合适的喂奶姿势　应当抱起宝宝喂奶，让宝宝的身体处于45°左右的倾斜状态，胃里的奶液自然流入小肠，这样会比躺着喂奶减少出现吐奶的机会。

（3）让宝宝的嘴裹住乳晕　在喂奶时，应让宝宝的嘴裹住乳晕，不要留有空隙，以防空气乘虚而入。用奶瓶喂养时，应让奶汁完全充满奶嘴，不要怕奶太冲而只到奶嘴的一半，这样容易吸入空气。

（4）喂奶后排气　对经常吐奶的孩子要少喂一些，喂奶以后要多抱一会儿，抱的姿势是使婴儿上半身直立，趴在大人肩上，然后用手轻轻拍打孩子背部，直至孩子打嗝将胃内所含空气排出为止。

（5）喂饱后右侧卧（图3-1）　在宝宝排气以后，可以轻轻将孩子放在床上，枕部高一些。放宝宝躺下时，应先让宝宝右侧卧一段时间，无吐奶现象再仰卧。

4. 母乳不足的表现

"没有奶"的乳母并不是真正母乳不足，应及时查明原因，排除障碍，并采取积极的催奶办法，千万不能轻易放弃母乳喂养。

图3-1　喂饱后右侧卧

母乳不足的宝宝主要表现如下。

（1）含住乳头　在哺乳时，宝宝含住乳头久久不放，若执意拉开，宝宝会哭个不停。

（2）哺乳次数　通常出生1～2个月的婴儿，每天哺乳可达8～12次，婴儿到3个月后，24小时哺乳次数仍保持在8次左右。若宝宝1天内吃奶10次以上还有饥饿的表示，就说明母乳不足。

（3）排泄情况　通常婴儿每天可替换5～6块或更多的尿布，并且有少量多次或大量1次的软质大便，多在哺乳中或哺乳后出现。若母乳不足，婴儿大小便次数减少，排绿色大便或排便次数减少。

（4）睡眠情况　婴儿每天睡眠的时间很长，甚至长达21～22小时。婴儿在2～3个月内，两次哺乳之间均睡得很甜，常在吸吮中衔着乳头进入梦乡，直到不自觉地放开。

（5）婴儿体重　婴儿在2～3个月内每周体重应增加200克左右。若婴儿体重增长过低，就表示妈妈的乳汁分泌不足。

5. 母乳喂养应注意的问题

（1）若母乳分泌不足，则必须为宝宝增加配方奶或其他代乳品。

（2）一般母乳喂养的婴儿在此时不会有真正的病。若有"稀便"现象，一天大便7～8次，有时还会出现吐奶、湿疹，但只要宝宝能精神饱满地吃奶，就无需担心。

（3）此时宝宝的力气也大了，在吮吸乳房时可能会咬伤或挤伤母亲的乳头，因此母亲应注意保护乳头，以防引起乳腺炎。每侧乳房不要连续吮吸15分钟以上。

6. 配方奶的喂养疗法

喂奶之前首先查看婴儿是否有尿湿或解便现象。如果有，建议换尿片后再喂奶。找一个安静、舒适的地方，抱着宝宝坐下，让他半坐着，这样宝宝能够安全地呼吸和吞咽。为了防止婴儿吸吮时吞入太多空气，应将奶瓶倾斜45°，使奶嘴充满奶水。

奶嘴置入婴儿口中时，应注意奶嘴要在舌头之上，不要插得太深。婴儿用力吸吮奶瓶的时候，奶瓶中应有气泡规律地冒出；当发现奶瓶中没有气泡冒出时，必须检查奶嘴的洞口是否阻塞，或是奶嘴放在婴儿的舌头下面。当婴儿的吸吮变慢且间断，可先将奶嘴从他嘴里拿出来，数分钟后再塞入婴儿口中，以确定婴儿是否还要继续吸奶。有时候由于胃内充满了大量气泡，婴儿好像是吃饱了，但是一旦他打嗝以后，又开始有兴趣吸吮奶汁了。

喂完奶后，将婴儿抱立起来，婴儿身体倚靠在妈妈身上，下巴靠在妈妈的肩膀，使头部侧向一边，轻拍婴儿背部，当气体排出时，会有打嗝声音。若拍了10分钟后停止打嗝，即可将婴儿放回床上。

日常养护

1. 给宝宝洗脸要轻柔

婴儿在1～2个月期间由于分泌物很多，因此每天都要洗脸。每天洗脸，既可保持清洁卫生，又可让宝宝感觉舒爽。洗脸时应清洗颈部、手等部位。婴儿皮肤娇嫩，洗脸时动作必须轻柔。

（1）用纱布或小毛巾由鼻外侧、眼内侧开始擦。

（2）擦耳朵外部和耳后。

（3）用较湿的小毛巾擦嘴的四周。

（4）擦下巴和颈部。

（5）用湿毛巾擦腋下。

（6）张开婴儿的小手，用较湿的毛巾将手背、手指间、手掌擦干净。

2. 经常按摩

经常给宝宝按摩，不仅可以培养父母与宝宝间的感情，还有助于宝宝健康。按摩时，力度必须轻，以免伤害其幼嫩的血管和淋巴管。应从头按摩到躯体，然后从躯体向外按摩到四肢。

（1）头部按摩　用手掌轻轻按摩宝宝头部，再用食指与中指由中心向两侧抚摩前额；顺着鼻梁向鼻尖滑行，慢慢滑至鼻子两侧；最后用拇指在宝宝上唇画一个笑容，再用同样方法按摩下唇。

（2）胸部按摩　双手放在宝宝两侧肋线，向上滑向颈部，再复原。

（3）腹部按摩　用手掌按顺时针方向按摩宝宝腹部40次。对于经常腹痛或便秘的宝宝，这种按摩方法非常有效。注意在脐痂未脱落前不能按摩。

（4）背部按摩　双手平放在宝宝背部，从颈部向下按摩，然后用指尖轻轻按摩脊柱两边的肌肉。

（5）上肢按摩　将宝宝双手下垂，从右臂至手腕轻轻按捏，然后按摩手腕。用相同的方法按摩另一上肢。

（6）下肢按摩　按摩宝宝的大腿、膝部、小腿，从大腿到踝部轻轻挤捏，然后按摩脚踝及足部。在保证脚踝不受伤害的前提下，从脚后跟按摩至脚趾。

注意：不能在宝宝饥饿或过饱的时候进行按摩。对于新生儿，每次按摩15分钟即可，稍大一点的宝宝，可延长至20分钟，最多不超过30分钟。

3. 观察婴儿的囟门

通过观察囟门，可以及时发现婴儿的一些病情。例如吐泻严重、脱水时，婴儿的囟门就会出现凹陷；如果得了脑膜炎，颅内压升高，囟门则会凸起。囟门完全闭合在1岁半左右。囟门如果出现闭合过早，则可能是脑发育不良、小头畸形；如果闭合过晚，则可能患有佝偻病或甲状腺功能低下（呆小病）。

4. 摩擦红斑的护理

宝宝的皮肤娇嫩，极其容易发生摩擦红斑，特别是长得较胖的宝宝。摩擦红斑主要由皮肤皱褶处的湿热刺激和互相摩擦造成的，一般发生在宝宝的颈部、腋窝、腹股沟、关节屈侧、股部与阴囊的皱褶处。初发时，局部出现潮红充血性红斑，范围大小和互相摩擦的皮肤皲裂面积相吻合，表面湿软，边缘比较明显，较四周皮肤肿胀。若继续发展，会使表皮糜烂，出现浆液性或化脓性渗出物，造成皮肤浅表性溃疡。但糜烂面通常不再扩大至暴露的皮肤。宝宝常出现哭闹不止，吃奶不香。

预防宝宝摩擦红斑，首先应保持宝宝皮肤皱褶处的清洁和干燥。宝宝娇嫩的皮肤发生摩擦红斑后，需先用4%硼酸液冲洗，然后敷上婴儿专用爽身粉，要尽可能让宝宝的皮肤皱褶处分开，使皮肤不再摩擦。若摩擦红斑发生感染，可先用生理盐水清洗，再涂以1%～2%甲紫使其干燥。

5. 红臀的护理

"红臀"即尿布疹，是因为潮湿的尿布更换不及时，长期刺激宝宝柔嫩的皮肤所致。刺激宝宝皮肤的罪魁祸首就是尿液中含的尿酸盐，长期刺激加上潮湿环境易导致红臀。患红臀时局部皮肤发红，会出现一片片小丘疹，甚至溃烂流脓。

（1）红臀的预防 红臀关键在于预防，勤换尿布很重要，尿布尿湿了必须及时更换。若宝宝睡在湿尿布上，不但易发生皮炎，而且睡得也很不舒服。

（2）红臀的护理 若宝宝臀部有轻微的发红或皮疹，除了及时更换尿布外，还应保持局部清洁干燥，每次大小便后应清洗臀部，用软布将水擦干，再涂以3%鞣酸软膏或烧开后保存待用的植物油。

6. 婴儿发热的护理

发热是婴儿最常见的病症之一。它既是疾病的一种症状，又是机体和疾病做斗争的结果。一些身体非常虚弱的婴儿或早产儿即使存在严重感染也可能不发热，甚至体温低于正常。因此，不能单纯以发热程度判断病情轻重。

（1）表现　发热时除体温升高外可能伴有四肢发凉、面红、呼吸急促、心跳加快、烦躁不安、消化功能紊乱（如腹泻、呕吐、腹胀、便秘）等症状。少数婴儿可出现高热惊厥。

（2）护理方法　发热时，患儿食欲显著减退，应少食多餐。

婴儿发热，应注意预防高热惊厥，及时采取退热措施。

物理降温方法：降低环境温度，利用风扇、空调进行通风换气；利用冰块、冷湿毛巾置于大血管处，例如颈部两侧、腋窝、腹股沟，并置于头部、前额降低颅内温度；或用稀释后的酒精进行擦浴，加快散热。

禁用部位为胸前区、腹部、颈后，因为可引起反射性的心率减慢、腹泻等不适。

药物退热：如阿司匹林、对乙酰氨基酚片等，应在医生的指导下使用。有些婴儿对某些退热药过敏，用药后出现皮疹、哮喘等。退热药都有一定不良反应，因此切勿滥用。

7. 婴儿出现湿疹时的注意事项

（1）洗澡时不要用肥皂，应勤换枕巾，以保持清洁。

（2）湿疹部位不要用肥皂或热水清洗，并要防止强光曝晒。

（3）婴儿的衣被不要过厚，贴身不要穿毛衣或化纤衣服。

（4）为避免婴儿抓破皮肤，应及时剪短婴儿的指甲。

（5）用母乳喂养的婴儿，母亲应尽可能避免吃容易引起过敏的食物，如蛋、虾、蟹等。可多吃些含植物油丰富的食物，由于不饱和脂肪酸可通过乳汁到达婴儿体内，可起到防止毛细血管脆性和通透性增高的作用，对治疗婴儿湿疹有一定的益处。

8. 满月头要不要剃

刚出生的婴儿头发通常长得慢，脑袋后面的头发好像被磨掉似的，显得光秃秃的；但有的孩子头发长得很快，显得乱蓬蓬的，此时就要将长得过长的部分剪掉。

很多父母在孩子满月的时候会给宝宝剃个大光头，即"满月头"。为的是能够让孩子的头发长得更黑亮、更浓密。其实，这种做法并不科学，而且对宝宝的健康有害无益。在剃头的过程中，刀片会对婴儿的头皮造成很多肉眼看不到的损伤。婴儿皮肤娇嫩，处于功能尚不完善之时。皮肤作为人体的第一道防线，还不能很好抵御病菌的入侵，剃头为病菌打开了无数的缺口。所以，若宝宝头发过长、过乱，用剪刀剪短就行，以免积聚灰尘、汗垢和溢脂。

9. 日光浴的注意事项

（1）不要让阳光直接照在宝宝的头部或脸部，要给宝宝戴上帽子，尤其要注意保护宝宝的眼睛。

（2）在室内进行日光浴时，不能隔着玻璃窗，应把窗户打开，因为玻璃窗会挡住大部分的紫外线，无法起到应有的作用。

（3）夏天紫外线强烈，应防止让宝宝直接受到阳光照射。在寒冷的冬季进行日光浴，要注意避免宝宝受寒感冒。

（4）给宝宝进行日光浴后，应用干毛巾或纱布仔细擦干汗迹，给他换上新内衣，也可喂些白开水来补充水分。

（5）若宝宝身体不舒服或生病时，应停止日光浴。如果是只出现感冒，不发热，情绪较好也可照常进行日光浴。如果存在结核菌素反应阳性转化等情况，则1年左右不得进行日光浴。

（6）当宝宝得了湿疹且病情比较严重的时候，注意不要让阳光直接照射患部。

10. 别用电风扇直吹婴儿

因为婴儿自身的温度调节系统还不完善，所以对于温度过冷或过热都无法自行调节。如果用电风扇降温，严禁直吹婴儿，也不可离得太近，更不要朝一个方向吹，以免婴儿出现消化不良、感冒、腹泻等不适。

用电风扇最好是将风量调到最小，用柔和的风旋转，使形成的风尽可能自然。要注意的是，当婴儿在吃饭、睡觉、大小便、生病以及出汗较多的时候不得用电风扇，以免影响婴儿的健康。

爱心提示

奶胀了怎么办？

奶胀主要是因为不恰当和不经常哺乳，使乳房内血液、体液和乳汁积聚而发生的现象。通常在1～2天内进行有效处理即可减轻病症。

（1）奶胀时，可在哺乳前用热毛巾敷乳房3～5分钟，然后轻轻地按摩，用手或吸奶器挤出乳汁，使乳晕变软，以便婴儿可以顺利地含住乳头及大部分乳晕。

（2）每次哺乳后都要将乳汁排空，以保持乳腺管通畅。

（3）喂哺后如果有余奶，可采用人工挤奶的方式排空乳汁，然后戴上乳罩，使局部血液循环得到改善。

第二节 2～3个月婴儿

发育特征

2～3个月的宝宝已经能够看清东西，双手的活动更加频繁，双脚蹬动也非常有力了。

1. 2～3个月婴儿身体发育指标

（1）体重　男婴约6.03千克；女婴约5.48千克。

（2）身长　男婴约60.30厘米；女婴约58.99厘米。

（3）头围　男婴约39.84厘米；女婴约38.67厘米。

（4）胸围　男婴约40.10厘米；女婴约38.76厘米。

（5）坐高　男婴约40.00厘米；女婴约38.70厘米。

2. 2～3个月婴儿身心状态

（1）体格发育状况

① 上部量　指自头顶到耻骨联合上缘的长度，表示躯干的长度，与脊柱的发育有关。随着年龄的增长，宝宝上部量增长的速度应低于下部量。到2岁时两者的比例接近1∶1。

② 下部量　指自耻骨联合至足底的长度，表示下肢的长度，和下肢长骨的发育有关。在小儿的整个发育过程中，下部量发育要比上部量快。

③ 前囟　出生时前囟直径通常不超过2.5厘米，随着年龄的增长，在6个月后慢慢骨化变小，一般在18个月左右闭合。后囟出生时很小，1～2个月时有的已经闭合。

④ 皮下脂肪　较出生时丰满，一般超过1厘米。

⑤ 体型　这时的体型也比较丰满，皮肤红润，肌张力渐渐正常。

此时宝宝睡觉的时间与第一个月比起来要少些，通常在18小时左右。白天可睡3～4次，每次1.5～2.0小时，睡醒后可活动1.5小时左右。晚上睡10～12小时。

（2）运动发育状况　当宝宝仰卧时，父母轻轻地拉他的手，头能够在自己的控制下不至完全向后仰。小手也从握拳的姿态慢慢松开，可以把玩具握在手里很长时间。腿部力气也增大了，如果把宝宝放在母亲的腿上，就有跃跃欲试要跳起的感觉。

（3）感觉发育状况

① 视觉　通常宝宝在此时能慢慢看见活动的物体和人的笑脸，若将手慢慢逼近眼前，就会眨眼。这是宝宝能看到一些物体的证明，这种眨眼称为"眨眼反射"。通常婴儿在一个半月到两个月之间就会有眨眼反射，而未成熟的婴儿则需要到3个月左右才会出现眨眼反射。有些斜视的宝宝通常在此时都能自动矫正。比较显著的斜视要在1岁左右进行治疗，轻度的在3岁左右再进行治疗也不迟。

② 听觉　宝宝可从母亲的话语中体会母亲的心情。当母亲高兴、语调亲切时，宝宝就会表现出精神愉快、两眼有神的状态；如果母亲情绪低落、话语低沉，宝宝则会烦躁不安、哭闹不止。

③ 感觉　当与宝宝说话时，宝宝会认真地听，并且发出咕咕的声音，眼睛还会看着来回走动的人。如果宝宝在满两个月时还不会哭，或是目光呆滞，对周围的声音没有反应，则应立即去医院进行检查。

（4）语言发育状况　当家人逗宝宝时，宝宝会发出"啊""呀"的声音，如果不高兴，哭声也会比平时大。这些是特殊的语言，父母应注意与宝宝及时进行沟通。

（5）心理发育状况　此时宝宝对周围的事物越来越关心，对外界的好奇心与反应也越来越显著。宝宝的笑容变多了，情绪好时，独自发出某种声音的时候也多起来。此时的宝宝最需要有人陪着说话、玩耍，这会让他产生安全、愉快的感觉。

饮食喂养

1. 母乳喂养应注意的问题

当婴儿长到两个月后，母乳分泌量一般不会降低。当发现授乳30分钟后宝宝仍在吮吸乳房，且没有其他原因，宝宝会经常啼哭，体重增加不足20克/天，则证明母乳量不足，此时应及时添加配方奶。

当婴儿夜里醒来吃奶，此时最好让婴儿吮吸母乳。因为晚上调制奶粉如果比较匆忙，可能会因消毒不严格而影响婴儿的健康。母乳则食用方便，不会长时间影响婴儿的睡眠。

2. 喂养不宜过饱

宝宝2～3个月大的时候，因为身体快速发育，各方面的营养需求也逐步增多，很多宝宝食欲大增，吃得比前两个月多很多。很多妈妈只要宝宝想吃，就高高兴兴地去满足他，其实，这非常不利宝宝健康。

（1）易导致宝宝肥胖　喂养过饱持续一段时间就会造成肥胖，发生脂肪堆积，其结果是心、肝、肾同时受累。

（2）易导致宝宝厌食　通常来说，较长时间过量喂食，必然造成宝宝肝、肾不堪重负，最终导致厌食。所以，当宝宝吃饱或不想再吃时，应尊重宝宝的意愿，不得强迫宝宝进食。

（3）掌握宝宝每天的需求量　2～3个月的婴儿通常喂配方奶的标准在120～150毫升/次，最好不要超过150毫升/次。婴儿期平均每千克体重每天需要418～460焦耳热量，若每千克体重每天摄取热量超过500焦耳就会导致肥胖。母亲可以根据孩子的体重、配方奶产生的热量来计算婴儿每天所需要量。

3. 不要过早给婴儿添加米粉类食品

米粉是以大米作为主料的食品，含糖量极高，所含的蛋白质、脂肪、维生素却很少，不符合婴儿生长发育的营养需要；此外，因为此时婴儿的唾液分泌量较少，其中的淀粉酶量很少，胰淀粉酶也要到4个月后才开始逐渐分泌，过早喂食米粉会使婴儿的免疫力下降，容易生病。所以，家长不宜过早在婴儿饮食中添加米粉类食品。

4. 婴儿厌食的护理

母亲在了解到婴儿厌食的真正原因后，应立即调整婴儿的饮食。首先就是要让婴儿的肝、肾得到休息，不得继续喂婴儿不爱喝的配方奶，可喂些水，也可试着换其他奶粉，看看婴儿的反应，也可把奶粉的浓度调稀些或者把奶液晾凉些再给婴儿喝。

切不可急于求成，也许婴儿一开始只能喝100毫升左右的配方奶，但10～15天后，婴儿就会重新喜欢喝配方奶了。这时要注意，应尽量满足婴儿对水的需要。

5. 人工喂养要注意补水

婴儿的新陈代谢比成人旺盛，需水量也就相对要多。尤其是3个月以内的婴儿肾脏浓缩尿的能力差，需水量相对更多。

母乳中含盐量较低，但奶粉中含蛋白质和盐较多，因此人工喂养的宝宝需要多喂一些水，来补充代谢的需要。

若宝宝出现排尿量及次数减少、烦躁不安、睡眠不好、晚上爱哭闹等现象就应当考虑给宝宝额外喝水了。

（1）选择合适的水　白开水是最佳选择。白开水是天然状态的水，含有对身体有益的钙、镁等元素，煮沸后冷却到20～25℃的白开水，具有特异的生物活性，它与人体内细胞液的特性非常接近，因此与体内细胞有良好的亲和性，比较容易穿透细胞膜，进入到细胞内，并能够促进新陈代谢，增强免疫功能。

（2）宝宝的饮水量　父母应科学地给宝宝补水。每天除了奶中含有的水分外，还要补充适量的水。给宝宝喂水时，若宝宝不愿意喝的话，妈妈也不要勉强，这表明宝宝体内的水分已足够了。

只要宝宝的小便正常，就可根据实际情况让宝宝少量多次饮水，若宝宝出汗多，应给宝宝增加饮水次数，而不是单次饮水量。

开始时每次可以给予10～20毫升，慢慢增加到每次50毫升左右，在2次喂养间隔给1次水。

日常养护

1. 合理安排宝宝睡眠

有规律地安排作息时间，是养成良好睡眠习惯的基本方法。要让宝宝睡得踏实，就要为他创造良好的睡眠环境和条件。

（1）睡眠时间　通常2～3个月的宝宝白天睡觉3～4次，每次睡1.5～2小时，晚上睡10～12小时，一昼夜18小时左右。每个宝宝所需睡眠时间的差异较大。只要宝宝睡得踏实，醒后精神饱满，食欲正常，体重规律增长，妈妈就无需担心。

（2）睡眠环境　室内应保持安静，光线昏暗，空气新鲜，温度不要过高；被褥轻软、干燥；睡前应该先让宝宝排尿，入睡前可播放固定的音乐，例如节奏舒缓的小夜曲或摇篮曲，音量由大到小。要让宝宝睡得香，还应注意白天睡觉时可放下窗帘，一旦建立条件反射，宝宝就能快速入睡。

（3）睡眠规律　宝宝如果作息时间颠倒，白天睡、晚上闹，可能是白天睡觉时间过长的缘故。纠正方法：白天睡觉满4小时就应该把宝宝叫醒，慢慢改为合理的作息时间。这样，方能建立正常的生物钟。

2. 掌握正确的换衣方法

随着婴儿的慢慢长大，运动较以前更为活跃，容易出汗，所以，最好经常更换婴儿的内衣，让孩子习惯穿得单薄些、舒服些。

给婴儿换衣服时父母要有耐心，动作要轻柔，不能伤着婴儿。换衣服最好在床上进行，垫上一块垫子，这样既便捷、宽敞，又使婴儿感到温暖。在给婴儿换衣服时因为需要搬动，宝宝会感到很反感而哭闹。所以，在给宝宝换衣服时要一边不时地亲亲他，一边和宝宝闲聊以此分散注意力，使宝宝愉快地配合。

脱衣裤同穿衣裤方法相同，只是反着做。在给婴儿换衣换裤时，若婴儿穿的不是连衣裤，应先换衣，后换裤，不要上下全部脱光，以免着凉。不论婴儿穿的是不是连衣裤，当婴儿脱下衣服后，在没来得及穿上衣服的间隙，均应用一块温暖的毛巾包住宝宝，以免婴儿的皮肤接触冷空气感到不安或是受凉，要时时刻刻以婴儿的身体健康为重。

（1）在给婴儿换衣服前，要把所有衣服的纽带及纽扣解开，但不晾开，然后脱去衣服。

（2）在穿内衣或外衣时，要轻轻地托起宝宝的头部和背部，从背后往胸前穿，穿时先穿两只衣袖。

（3）在穿袖子时，先将一只手的手指从袖口穿过去，然后轻轻握住婴儿的手，将衣袖套挂宝宝的手上，再把衣袖往下拉。

（4）穿好两只衣袖后，将背面的衣服向下拉，合拢衣服，打好结扣。

3. 腹股沟疝的护理

一般在婴儿出生后不久，腹股沟就会闭合。如果闭合不好，当婴儿到了 2～3 个月后，就会因为大声哭闹或因便秘用力，而使一小段肠子经由这个通道进入腹股沟，此时就会发生腹股沟疝。腹股沟疝多发于男婴，可双侧同时发病。

婴儿如果患有腹股沟疝，原则上应采取手术修补，但1岁以下的婴儿因为其腹肌可随身体生长慢慢强壮，腹股沟疝有自行消失的可能，因此可暂时不进行手术。与婴儿期相比，到了幼儿期因为腹股沟疝较大，手术也较容易进行。

4. 婴儿鹅口疮的护理

若家长发现宝宝的口腔内有白色凝乳状物附着在两侧颊唇黏膜、舌或上腭上面，不易擦掉，擦掉后其下面呈红色浅表溃疡，这就是鹅口疮，发展下去会向深处蔓延到咽喉甚至呼吸道。

鹅口疮是由白色念珠菌感染引起的，多见于使用抗生素后体弱或营养不良的婴儿。预防此病的关键在于严格消毒，护理婴儿时注意卫生，不得滥用或长期使用抗生素。

发现鹅口疮后，可用2%～5%小苏打溶液清洁口腔，口腔黏膜涂以1%甲紫或制霉菌素液，并口服B族维生素与维生素C，以增强黏膜的抵抗力。

5. 婴儿耳屎的护理

一般情况下，婴儿的耳屎会自动移到外耳，所以无需专门用掏耳勺给婴儿掏耳朵，以免损伤到正在发育中的鼓膜，对听力造成影响。通常在洗澡后用洁净的棉签在耳道口处抹去残留的水迹即可，绝不可把棉签伸到里面。

6. 婴儿斜视的预防

当婴儿出生后，眼睛就开始发育。此时父母如果挂玩具的位置不当，则可能会引起斜视。例如把所有的玩具都系在同一根线上，会使婴儿在长期注视中发生双眼内侧肌肉持续收缩，从而出现内斜视。若婴儿长时间注视距离很近的物体，也可能出现斜视。

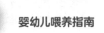

要预防婴儿出现斜视，应把玩具分散地挂在床的四周，用玩具逗婴儿时不能只在一侧。可经常将婴儿抱到室外或隔窗远眺，使婴儿的视力良好地发育。

7. 婴儿腹泻的喂养

对婴儿腹泻，除了药物治疗外，饮食也十分重要。

（1）婴儿腹泻的喂养原则　原则上是首先减轻胃肠道负担，轻者无需禁食或补液，重者可禁食6～8小时，静脉补液纠正脱水和电解质紊乱。脱水纠正后，先服用口服补液，进食易消化的食物，由少到多，从稀到稠。

① 原为母乳喂养的，每次吃奶时间应缩短。

② 原为混合喂养的，可停喂配方奶或其他代乳品，仅喂母乳。

③ 原为人工喂养者，配方奶量应减少，适当加水。

患儿腹泻经治疗，病情慢慢好转，大便每日2～3次，水分减少，身体基本恢复正常时，再慢慢恢复饮食，以免再次发生腹泻。腹泻停止后的2周内，每天加餐至少1次，补充液体可服用口服补液盐、糖盐水、白开水等。

（2）妈妈也要注意饮食　母乳的营养成分和母亲的饮食密切相关，当婴儿腹泻时，母亲应少食用脂肪类食物，以防止乳汁中脂肪量增加。每次喂奶前，母亲应增加饮水量以稀释母乳，有助于减轻婴儿腹泻症状。

有些家长因为婴儿腹泻，停用母乳，换喂米汤，这是不恰当的。单吃米汤无法满足婴儿对蛋白质的需要。

8. 婴儿腹泻的护理

出现下列情况之一时，要及时带孩子到医院诊治。

腹泻次数较多，3天内病情未见好转，频繁排稀水样便，频繁呕吐，显著口渴，饮食不正常，发热及大便带血，或婴儿两眼凹陷有脱水现象。按照医生的安排，合理掌握母乳喂哺，有时也需要暂停母乳。

（1）不随地大小便，孩子便后立刻清洗便盆。

（2）饭前、便后要洗手，不食不洁食物，不喝生水。

（3）勤换尿布，保持臀部清洁干燥，每次便后清洗臀部，局部涂鞣酸软膏，可避免臀部皮肤糜烂。

（4）继续喂母乳或给予液体及清淡易消化食物。止泻后每日可加1餐，促进健康。

9. 维生素D缺乏的表现

婴儿如果阳光照射不足，或饮食不当都会造成体内缺乏维生素D，从而使钙、磷代谢失常，影响钙盐正常附在骨骼的生长部位，使得骨骼发生病变，从而患上佝偻病。如果在3个月时缺乏维生素D，会导致颅骨软化（乒乓头），出现凹陷现象，继续发展下去可引起方颅、前囟晚闭、肋骨串珠等症状。在学走路时还会出现O形腿或X形腿。

此外，维生素D缺乏时，婴儿还会表现出爱哭、多汗、神情呆滞、出牙晚，在10个月以上才开始萌发乳牙。

要避免婴儿缺乏维生素D，应及时补充，多吃些含维生素D、钙丰富的食物，例如鸡蛋黄、动物肝脏以及绿叶蔬菜等，并多晒太阳。

 爱心提示

及时服用小儿麻痹糖丸

当婴儿满2个月的时候，就应第一次进行脊髓灰质炎免疫。小儿麻痹糖丸，即脊髓灰质炎三价混合疫苗，主要用于预防小儿麻痹症。婴儿满2个月时服用第一次，3个月、4个月时分别服用第二次和第三次，4岁时再服一次，就可获取较强的抵抗脊髓灰质炎病毒的能力。

当拿到糖丸时，应立即将糖丸研碎，并用凉开水溶开给宝宝食用，不要用热水，以防使疫苗失活。服药后1小时内不要给宝宝饮热水。

值得注意的是，如果婴儿正在发热，或患有先天性免疫缺陷或其他严重疾病应忌服糖丸。

第三节 3～4个月婴儿

发育特征

3个月大的宝宝身体不但更加活跃，而且眼睛和耳朵的功能逐渐增强，手脚的运动也开始协调起来。宝宝清纯的眼睛开始探寻这个越来越丰富的世界，但更关注的还是妈妈的身影。而且，小家伙还会用丰富的表情展露自己的情绪。

1.3～4个月婴儿身体发育指标

（1）体重　男婴约6.93千克；女婴约6.24千克。

（2）身长　男婴约63.35厘米；女婴约61.53厘米。

（3）头围　男婴约41.25厘米；女婴约39.90厘米。

（4）胸围　男婴约41.75厘米；女婴约40.05厘米。

（5）坐高　男婴约41.69厘米；女婴约40.10厘米。

2. 3～4个月婴儿身心状态

（1）体格发育状况　前囟基本上没有太大的变化，这时是颅缝闭合的重要时期，骨缝和后囟已经闭合。要注意更换体位，为宝宝选择适宜的枕头。

宝宝睡觉的时间通常在18小时左右。白天可睡3次，每次1.5～2.0小时。晚上睡眠时间10～12小时。

（2）运动发育状况　宝宝的头能够自由转动了。当父母扶着宝宝的腋下和髋部时，可以坐在床上。此时让宝宝趴在床上，不但能抬起头，下颌和肩部也能够离开床面，上半身可由两臂支起。当扶着宝宝站立起来时，他会举起一条腿向前迈步，再举起另一条腿迈步，这是一种原始反射。

（3）感觉发育状况

① 视觉　此时，宝宝对颜色有了一定的分辨能力，对黄色最为敏感，其次是红色。见到这两种颜色能很快产生反应。此外，这一时期也是宝宝眼睛聚焦系统的伸缩性达到全面发展的时期。在3个半月大时，他已经可以任意调节双眼的焦距，可以随意观看周围的物体，俨然变成了对一切都好奇的小观察家。

② 听觉　宝宝的听力在此时有了显著的发展，已具有一定的辨别方向的能力，当有人说话时，他可以顺着声音的方向转头。

此时他已经认识奶瓶了，一看到有人拿奶瓶就知道是要给自己喂奶或喝水，就会耐心地等待。

（4）语言发育状况　宝宝在语言方面也有了进一步的发展。逗他笑时，他会非常高兴并且发出笑声。如果看见自己喜欢的人则会咿呀说话，好像在表达自己的感情。

（5）心理发育状况　宝宝喜欢摇晃、注视自己的小手，喜欢用手摸玩具，更喜欢用口来"探索"物体；能用咿咿呀呀的语言与父母交谈，并会听自己的声音，对母亲会表示出明显的偏爱。此时要多与宝宝进行交谈，例如温柔地对他说话或微笑，为宝宝轻声地唱歌，或是用玩具逗宝宝玩，以此来引导宝宝主动发音。在这一过程中应轻柔地抚摸宝宝，鼓励宝宝。

饮食喂养

1. 继续坚持母乳喂养

宝宝3～4个月是身体各方面生长发育的高峰期。这个时期，母乳对于宝宝来说太重要了。所以，要尽量给宝宝多吃母乳。白天可以每3小时喂奶1次，晚上适当延长喂奶时间，并可减少1次喂奶。

2. 上班妈妈的哺乳方法

如果母亲要去上班，则可进行混合喂养。母亲可在上班前喂哺一次，也可将乳汁挤出或用吸乳器将乳房吸空，这样可保证正常泌乳。挤出的乳汁可放在冰箱里，必须保持清洁，在给婴儿喂哺前加热即可。应注意乳汁在室温下存放时间不宜超过30分钟。

如果母亲刚下班或劳动后刚出完汗，正碰上婴儿饥饿急需哺乳时，则在喂哺前，母亲应将乳汁先挤出几滴，然后再让婴儿吮吸。这是由于乳腺管开口处常与外界相通，容易被细菌侵入而成为微生物孳生场所。挤出几滴乳汁不但对乳腺管起到清洗作用，还能减少不清洁的乳汁使婴儿患肠道感染性疾患的机会。

3. 人工喂养方案

（1）配方奶喂养量与次数　这个月的婴儿日需奶量750～900毫升，喂奶次数可由每日6次改为5次，慢慢养成婴儿夜间睡长觉的习惯。减少喂奶次数，可增加每次喂奶量，每次喂180毫升左右。

（2）奶量有增有减很正常　这个阶段，宝宝口腔分泌的唾液慢慢增多，唾液淀粉酶含量增加，肠道黏膜与肌肉发育越来越成熟，对乳类的消化吸收达到了很好的状态。所以，宝宝每次吃奶量会大大增多，别担心他吃不饱而急于添加淀粉类辅食，喂养还是应以母乳或配方奶为主。

但有一些吃奶量很大的婴儿会忽然一下子减少很多，若宝宝精神饱满，情绪正常，无需担心。这可能是因为前一阵子奶量过大，导致一时的食欲减退。经过一段时间的调整后，宝宝就会恢复。所以，宝宝不太想吃的时候，不要硬塞硬喂，少吃一点，甚至饿一顿都没有关系。但若奶量减少的同时，还出现精神委靡、嗜睡等现象，应及时带宝宝去医院检查。

4. 妈妈要多吃健脑食品

宝宝从出生到1岁，脑发育是很快的。3～4个月是脑细胞生长的第2个高峰。因此为了宝宝更聪明，哺乳期妈妈应多吃一些健脑食品，提高母乳的质量。

有助于促进宝宝健脑益智的食品包括动物脑、肝、鱼肉、鸡蛋、牛奶、豆制品、苹果、橘子、香蕉、核桃、芝麻、花生、榛子、瓜子、胡萝卜、黄花菜、菠菜、小米、玉米等。

日常养护

1. 为宝宝选择合适的枕头

父母在为宝宝选择枕头的时候，需从枕头的长度、宽度、硬度及不易变形等方面来予以考虑。

宝宝的枕头，长度应和肩同宽或比肩稍宽即可，宽度要比头略长，高度以3～4厘米为佳。可用荞麦皮或晒干的茶叶来填枕芯。如果枕头太硬，易使宝宝的头部发生变形，影响颅骨的发育。如果枕头太软，则会使宝宝的头皮紧压着枕头，从而使血液循环受阻。因此，父母最好购买或制作适合宝宝的枕头。

2. 婴儿睡袋的使用

为避免宝宝因为踢掉被子而着凉，不少家长选用睡袋。睡袋必须宽松，睡袋的长度和宽度都要足够，不应妨碍宝宝的肢体发育。同时，最好选用棉质睡袋，这样透气性比较好。家长需注意睡袋缝线，如有线头可能缠绕宝宝的手指、脚趾，如果开线，宝宝的小手小脚插进去出不来也是不安全的。另外，宝宝睡在睡袋里面更要注意安全，千万不能让宝宝的头蒙在睡袋里面。

选择睡袋时，必须仔细检查睡袋的做工，闻闻睡袋的气味，若觉得刺鼻、有怪味（包括香味）都建议放弃购买。无论选择什么样的睡袋，买回家后先将睡袋洗1遍，充分晒干后再给宝宝使用。

宝宝进入幼儿阶段以后，即可盖被子了，这远比睡袋更能满足宝宝成长的需求。

3. 婴儿感冒的护理

感冒是一种传染性较强的常见病，特别是流行性感冒，而婴儿的抵抗力又较弱，所以，当家人感冒时，一两天后婴儿就可能被传染。不过，即使婴儿感冒了，一般也不会出现高热，体温上升到37.5℃左右。因为婴儿的鼻子不通气，吃奶变得困难，会出现流清鼻涕、打喷嚏、咳嗽等症状，食欲略有下降。可给孩子多喝点水，并适量给宝宝吃点儿小儿感冒冲剂。通常在2～3天内就开始转好。一般到了第三天，最初流出的水样清鼻涕就变成了黄色或绿色的浓鼻涕了。感冒开始时吃奶量有些下降的婴儿到了第三四天慢慢恢复正常。有的婴儿会在感冒的同时出现腹泻。

在婴儿感冒期间，若出现吃奶困难，可减少奶量。此外，还应控制洗澡的次数和时间，注意室内温度和通风，适当增减衣服，但也不宜给婴儿穿得过多。若穿得太多，而又不经常洗澡，反而对婴儿的健康不利。

4. 婴儿眼睛的保护

婴儿的眼睛非常娇嫩、敏感，极易受到各种物质侵袭，所以需小心保护。

（1）避免强烈阳光或灯光直射婴儿眼睛　婴儿降生于世，从黑暗的子宫环境到了明亮的世界，已经发生了巨大的变化，对光要有逐步适应的过程。所以，不要选择在中午太阳直射时带婴儿到户外活动，外出时应戴太阳帽以免阳光直射眼睛。室内的灯光也不宜过亮。平常还要注意不带婴儿到有电焊或气焊的地方，以免刺伤眼睛，引起炫目。

（2）避免锐利物刺伤眼睛及异物入眼　婴儿的玩具要做到没有尖锐棱角，不可给婴儿小棍类或带长把的玩具。要预防尘沙、小虫等进入眼睛。一旦发生异物入眼，不能用手揉，可滴几滴眼药水刺激眼睛流泪，将异物冲出来。婴儿在洗完澡后使用爽身粉时，要防止爽身粉进入眼睛。

（3）适当给予色彩刺激　多给婴儿看色彩鲜明（黄色、红色）的物品，常调换颜色，多到外界看大自然的风光，有利于提高婴儿的视力。

（4）讲究眼部清洁，避免疾患感染　婴儿的洗脸用品、毛巾和脸盆，应为婴儿专用并保持清洁。每次洗脸时，可先擦洗眼睛，若眼屎过多，应用棉签或毛巾蘸温开水轻轻擦掉。婴儿毛巾洗净后应放在太阳下晒干，不要随意用他人的毛巾或手帕擦拭婴儿眼睛。婴儿的手要保持清洁，不要让孩子用手揉眼睛。发现婴儿患眼病，应及时治疗。

（5）预防眼部感染　成人患急性结膜炎时，要避免接触婴儿。眼病流行期间，不要带婴儿去公共场所，以免感染。

5. 婴儿耳朵的保护

听觉功能是语言发展的前提。若婴儿听不到声音，就无法模仿语音而无法学会语言，这对婴儿的智力发展极为不利。所以要保护婴儿的听力，应注意下列几方面。

（1）慎用药物　例如链霉素、万古霉素、卡那霉素、庆大霉素等能够引起听觉神经中毒的抗生素，这些药物可以造成耳聋。

（2）预防疾病　麻疹、流行性乙型脑炎（乙脑）等疾病都可能损伤婴儿的听觉器官，造成听力障碍。所以，要为婴儿按时接种疫苗，积极治疗急性呼吸道疾病。

（3）避免噪声　婴儿的听觉器官还未发育完全，外耳道短、窄，鼓膜很薄，不宜接受过强的声音刺激。各种噪声均可能损伤婴儿的听觉器官，降低听力，甚至引起噪声性耳聋。

（4）避免进水　不要让婴儿的耳朵进水，也不能给婴儿掏耳朵，以免引起耳部疾病。

（5）防止细小物品入耳　家长应时刻注意，避免婴儿将豆类、小珠子等塞入耳内，这些异物容易造成外耳道黏膜损伤。如果出现此类问题，应立即去医院诊治，千万不能自行处理，以防伤到婴儿的鼓膜，引起感染。

6. 为宝宝选择合适的玩具

3～4个月的宝宝手部动作逐渐发育，开始出现抓握的动作。此时他会抓住眼前的东西往嘴里放。所以，要为宝宝选择适宜的玩具，并保持玩具的干净。

（1）不同玩具的益智作用。

① 发展视觉的玩具　选择色彩艳丽的脸谱、镜子、洗澡玩具、图片、动物造型之类的玩具，这些玩具能够刺激宝宝的视觉，积累相关视觉信息，有助于大脑发育。

② 发展听觉的玩具　选择小摇铃、拨浪鼓、八音盒、风铃等能够发出悦耳动听声音的玩具，这些玩具能够刺激宝宝的听觉反应，并刺激大脑相关区域的发育。

③ 发展触觉能力的玩具　选择不同质地的玩具，例如毛绒娃娃、丝织品做的小玩具、床头玩具、积木等。这些玩具可以吸引宝宝的注意力，感受不同质地玩具的区别，刺激触觉发育。

（2）适宜3～4个月宝宝的玩具　为宝宝选择玩具，宜选带有木柄、容易抓握、色彩艳丽、能发出响声的玩具。

摇棒、铃串、捏一捏发响的塑胶小动物等，均为宝宝的玩乐佳品。还可以选择彩色的小手镯，戴在宝宝的小手腕上，吸引宝宝注意自己的双手，从无意识动作变成有意识地利用自己的肢体，锻炼手部动作能力。而带有木柄的小玩具，适宜宝宝的小手抓握，练习抓握能力，有利于手部精细动作的发展。

（3）把玩具放在宝宝能触及的地方　小宝宝已经可以熟练地伸手去触摸或者抓紧自己感兴趣的东西。让他匍匐前进时，他就会抬起头寻找目标，想去碰自己附近的东西。父母可以在他能触及的范围内摆放玩具，然后在旁边观察。

爱心提示

及时注射百白破混合疫苗（即三联针）

当婴儿到了第3个月时，应及时注射百白破混合疫苗（百日咳、白喉、破伤风类毒素混合制剂）。百白破疫苗需要注射三次，每次间隔30天，在3个月内连续注射，方能达到预防效果。

一般注射百白破疫苗后，大部分孩子会有轻度的发热反应，如果体温超过38.5℃，可服一次退热药，1～2天后体温可恢复正常。

必须注意的是，在婴儿出现发热等不适的情况下应暂时停止注射，可在身体康复后再注射。过敏体质的婴儿、脑神经系统发育不正常的婴儿、患有脑炎后遗症或癫痫的婴儿不得接种，以免发生意外情况。

第四节　4～5个月婴儿

发育特征

此时的宝宝已经能够表达自己的喜怒哀乐。不顺心时会哇哇大哭，高兴时会咯咯地笑出声来。当妈妈逗他时，他不再只是好奇地盯着看，而是用他丰富的表情开始回应了。

1. 4～5个月婴儿身体发育指标

（1）体重　男婴约7.52千克；女婴约6.87千克。

（2）身长　男婴约65.46厘米；女婴约63.88厘米。

（3）头围　男婴约42.30厘米；女婴约41.20厘米。

（4）胸围　男婴约42.68厘米；女婴约41.10厘米。

（5）坐高　男婴约42.72厘米；女婴约41.20厘米。

（6）牙齿　少部分宝宝在这一时期萌发第一颗乳牙。

2. 4～5个月婴儿身心状态

（1）体格发育状况　前囟仍未闭合，后囟与骨缝已经闭合。宝宝的唾液腺逐渐发育，常有口水流出嘴外。

皮下脂肪比较丰满。脸色红润光滑，肌肉力量慢慢增强。

宝宝睡觉的时间通常在16～17小时。白天可睡3次，每次2.0～2.5小时。晚上睡眠时间约10小时。

（2）运动发育状况　宝宝做各种动作的姿势更为熟练，手臂比较灵巧，两侧动作呈对称性。俯卧时能将头抬起，并与肩胛成90°角。拿东西时，拇指较以前更为灵活。把宝宝抱在怀里，他的头可以完全挺起，可以竖抱了。扶立时宝宝的两腿能够支撑身体。

（3）感觉发育状况

① 视觉　宝宝不但能看清东西，而且对看到的东西也有记忆了。首先记住的就是妈妈的面容。有的宝宝看到妈妈就会手舞足蹈，看见妈妈离去就会哇哇大哭。

② 听觉　宝宝已经能够集中精力听音乐了，对柔和的声音会表现出愉快的神情，对强烈的声音会表示不满。听到声音能够较快找到声源，能区分爸爸和妈妈的声音，听见妈妈说话会非常高兴，并咿呀说话。

宝宝对周围的事物有了更大的兴趣，喜欢别人同他一起玩；能识别母亲和面庞熟悉的人以及常玩的玩具。

（4）语言发育状况　此时宝宝在语言发育和感情交流上都有较大的进步。当有人和他讲话时，会发出咿呀的声音来应答。

（5）心理发育状况　喜欢爸爸妈妈逗他玩，高兴的时候会笑出声来，也会咿呀说话，像在背书。会听儿歌，而且知道自己的名字。能用小手主动拍打放在眼前的玩具，看到妈妈或是喜欢的人，知道主动伸手让抱。对周围的玩具或物品均会表现出强烈的兴趣。

饮食喂养

1. 婴儿的饮食特点

4～5个月的婴儿食量差别较大，最好仍以纯母乳喂养。若是人工喂养，在一般情况下，婴儿每餐吃150～180毫升即可，但一些食欲好的婴儿一顿也可吃到200毫升。

此时可试着给婴儿喂些半流质食物，为婴儿今后食用固体食物打基础。先喂些淀粉类半流质食物，如果婴儿不喜欢也不要勉强。婴儿首先添加的辅食为米粉，量由少到多，稠度由稀到稠，逐渐过渡让宝宝的肠胃适应添加的辅食后再添加下一种食物。

除了给婴儿加入水果汁与蔬菜汁外，也可以给婴儿适当做些蔬菜泥和水果泥。在添加辅食的过程中，每次添加的量不要过多，必须注意观察婴儿的大便是否正常，是否适应所加的辅食。

2. 上班妈妈要坚持母乳喂养

纯母乳喂养的宝宝很少患腹泻，不易患呼吸道传染病，也不易患过敏性疾病，这对生长发育快速而消化能力较弱、免疫功能还未健全的宝宝是至关重要的。所以，妈妈应想尽一切办法坚持母乳喂养，尽可能减少配方奶或其他代乳品的喂养次数。

（1）母乳喂养巧安排　上班后，如果母亲必须离开宝宝8小时以上，则可早晨喂奶1次，下班时及晚上各喂1次，必要时即使弄醒宝宝喂奶也是值得的。还可以挤出一些乳汁储存在冰箱里，这样，宝宝白天也能吃母乳了。母乳在4℃环境下，保持48小时以内，营养不会遭到太大的破坏，同样可以增强宝宝的体质。

（2）每天排空乳房3次以上　为保持乳汁分泌，以免胀奶、漏奶，每天最少泌乳3次（包括挤奶）。若只喂一两次，乳房得不到充分的刺激，母乳分泌量就会越来越少，对孩子健康成长非常不利。可在工作的间歇每3小时挤一次奶，并且存放在消过毒的杯子中，加盖后放入冰箱，下班后带回家，或喂宝宝，或存入冰箱，留给宝宝第2天吃。

3. 添加辅食的原则

辅食是乳类过渡到固体食物的"桥梁",是整个婴幼儿时期营养的基础,打好这个基础很重要。为宝宝添加辅食,千万不可盲目。

(1)由一种到多种　开始时仅添加一种新食物,让宝宝从口感到胃肠功能都慢慢适应,隔几天之后再添加另一种。如果宝宝拒绝食入就不要勉强,可隔一天再试,三五次后婴儿通常就接受了。

(2)由稀到稠　辅食应从汁到泥,由果蔬类到肉类。例如从果蔬汁到果蔬泥,再到碎菜、碎果;由米汤到稀粥,再到稠粥。刚开始添加辅食时稀稠程度应以盛在碗中用勺子画线,划痕立刻消失为宜。

(3)量由少到多　添加辅食应从少量开始,等到婴儿愿意接受,大便也正常后,才能逐渐增加量。若婴儿出现大便异常,应暂停辅食,等到大便正常后,再以原量或小量开始试喂。

(4)由细到粗　开始添加辅食时,为了避免宝宝发生吞咽困难或其他问题,应选择颗粒细腻的辅食,随着宝宝咀嚼能力的完善,可慢慢增大辅食的颗粒。

(5)由软到硬　在宝宝出牙期,食物要软硬合适,千万不要过早给孩子吃硬食。婴儿期辅食软硬度可以豆腐为标准,达到能够轻易碎开的程度即可。等孩子可以吃硬食的时候再添加一些粗纤维的蔬菜、瓜果,但是花生等坚果类食物不要喂给孩子。

4. 适时为宝宝添加辅食

为了生长发育的需要所添加的食物,称为辅助食品,简称辅食。宝宝4～6个月时,母乳或配方奶已不能满足宝宝生长发育的需要了,为了确保婴儿的营养,可增加一些辅助食品。

当宝宝满4个月后,胃肠道消化酶的分泌日趋完善,牙齿慢慢萌出,宝宝开始具有接受半固体及固体食物的能力。大部分宝宝能通过抿住下嘴唇而将食物留在口中,并协调地将口腔前部的食物转送到口腔后部,然后吞咽下去。

此时,宝宝已经能控制自己的头颈部,靠着靠垫或在大人怀抱中坐直身体,接受大人用小匙喂给的流质或半固体食物。

这么大的宝宝看到别人吃东西时,通常会张嘴表示要吃东西的样子。

5. 给婴儿添加辅食的方法

添加辅食的目的是为了让婴儿逐渐适应从流体食物过渡到半流体、固体食物,所以,在添加辅食时不要让婴儿吃得太多,应该让婴儿慢慢习惯,再逐渐增加。

(1)时间　开始时可每天喂一次,可在上午10时喂,如果这时婴儿未醒,也可改在下午或傍晚进行。

（2）食物量由少到多　只要婴儿不拒食，而且大便正常，就可以每天增加一定量。如果大便出现异常，应停止喂辅食，当大便恢复正常后再以最小量开始喂食。

（3）种类由简到繁　当婴儿能吃五六匙（1匙约4克）时，可试着喂蛋黄与豆腐等蛋白质含量高的食物。开始也是喂一匙，也可混在米粉里喂，当婴儿适应后即可增加量。当米粉吃到一定程度时（一两周后），可恰当加入煮烂的蔬菜，然后再慢慢过渡到肉泥。

（4）可用小勺为婴儿添加辅食　不要将辅食放在奶瓶中让婴儿吮吸，要尽可能用勺子喂辅食，为婴儿断奶后的进食打好基础。

（5）婴儿的饮食应专门制作　应认真对待婴儿的饮食，不要简单地认为将成人吃的饭菜做得软烂些就可以让婴儿食用。由于婴儿的胃肠功能还没有发育完全，咀嚼功能也不够完善，应食用符合其胃肠需求的饮食，才有利于健康。

（6）食物应不放盐　所制作的食物应以不放盐为原则，这样可以减轻婴儿肝、肾的负担。同时制作的食物颗粒要小，以免卡在婴儿咽喉处，发生危险。

6. 本月添加辅食的种类

4～5个月的宝宝只能添加流质和半流质状的、细嫩光滑的辅食，比如鲜果汁、蔬菜水、米粉糊、水果泥、菜泥、蛋黄泥等，其主要目的除了方便进食外，还可以让宝宝习惯用勺子进食。

这时期，要看宝宝的状态适度喂辅食，不必规定每天吃几次，主要是让宝宝逐渐适应辅食。

（1）添加蛋黄泥　4～5个月的宝宝添加蛋黄可以从1/4个开始，若宝宝消化得很好，大便正常，无过敏现象，可以逐渐加喂到1/2个、3/4个蛋黄，直到能吃整个蛋黄。

将鸡蛋煮熟后，取出蛋黄碾碎，加入米粉中，或加少量牛奶或米汤拌匀，用小勺喂给宝宝。

（2）添加营养米粉　婴儿添加的第一种辅食应为米粉，米粉通常不会引起过敏反应，大部分宝宝可以接受，而且蛋白质含量低，适宜喂小婴儿。米粉是以大米为主料制作而成的，其主要成分有碳水化合物、蛋白质、脂肪。米粉还含有丰富的免疫活性蛋白。若宝宝食欲很好，妈妈可以从第4个月开始给宝宝试着食用米粉。从第6个月起，米粉应该成为宝宝每天食用的食品，这对婴儿胰淀粉酶的分泌有促进作用，还可促进唾液淀粉酶的利用，有助于宝宝的健康成长。

7. 可适当添加固体食物

有些父母认为在婴儿还没有长牙的时候，不需给他喂固体食物，实际上并非如此。在婴儿4～5个月时，可以尝试喂给固体食物。因为此时婴儿的牙齿即将萌出，婴儿开始有了咀嚼动作。此时让婴儿咀嚼固体食物可促进牙齿的萌出。例如可适当喂些香蕉、苹果等食物，让婴儿练习咀嚼。如果总是给婴儿喂食流质食物，会影响婴儿牙齿的萌出，也会阻碍婴儿咀嚼功能的提高。

8. 根据宝宝需要合理补钙

4～5个月的宝宝咀嚼与消化能力有限，食物比较单调，户外活动也比较少，可以恰当补充一定量的钙剂。宝宝每天大概需要600毫克的钙，可以从食物中取得400毫克。所以，每天需给宝宝补200毫克钙，可以通过钙剂补充。

因为宝宝的肠胃功能较弱，不要选择碱性较强的补钙剂，如碳酸钙等。应在医生的指导下合理补充钙剂。父母还应慎给宝宝服用大量添加维生素D的补钙剂，特别是同时在服用鱼肝油的宝宝，因为服用维生素D过量，会出现积蓄中毒现象。

9. 婴儿营养食谱

早晨6:00　母乳喂15分钟（或配方奶150毫升）

上午8:00　1小碗粥（30克）或米粉（20克）

上午10:00　母乳喂15分钟（或配方奶150毫升）；食用小儿鱼肝油滴剂（用量遵医嘱）

中午12:00　蛋黄泥1/4～1/2个

下午2:00　母乳喂15分钟（或配方奶150毫升）

下午4:00　水果泥或蔬菜泥20克

晚间6:00　母乳喂15分钟（或配方奶150毫升）

晚间8:00　新鲜果汁50毫升或豆腐泥2小匙（5～10克）

晚间10:00　母乳喂15分钟（或配方奶150毫升）

10. 营养辅食制作

（1）蔬菜泥

【原料】嫩叶小白菜1棵，配方奶半杯、玉米粉各适量。

【做法】将小白菜的嫩叶部分煮熟或蒸熟后，磨碎、过滤。取碎菜加少量水至锅中，边搅边煮。当碎菜软烂如泥时，加入适量牛奶与玉米粉，继续搅拌成泥状即可。

【功效】可补充各类维生素，包括胡萝卜素、维生素A、维生素C等，维生素A能够促进骨髓与牙齿的发育。

（2）香蕉泥

【原料】香蕉1根。

【做法】香蕉外皮剥除，利用捣泥器或汤匙将香蕉捣成泥状即成。

【功效】香蕉不论从口感上还是营养上都很适合宝宝。香蕉含有丰富的钾、蛋白质、钙和磷，可以维持钠钾平衡，维护心功能，并且具有清热润肠的功效。

日常养护

1. 宝宝吃手的护理（图3-2）

图3-2　宝宝吃手

妈妈常会抱怨宝宝"怎么又吃手了，脏死了"，或"什么东西都往嘴里放，真不讲卫生"。然而，不论妈妈怎么干涉都不起作用，宝宝照样会将手指或能抓到的物品塞进嘴里有滋有味地吃，小小的手指也会经常在嘴里被泡得皱巴巴的。

宝宝开始出现吃手的现象，父母应当感到高兴，因为学会了吃手，表示宝宝又增加了新的能力。吃手的出现，说明宝宝支配自己行动的能力有了极大的提高。宝宝要用自己的力量，把物体送到嘴里，已经非常了不起了！就这么一个简单的动作，它代表着宝宝手、眼、口动作互相协调能力的发育水平，而且对于稳定宝宝自身情绪也有一定的作用。父母只要注意保持宝宝小手的洁净，避免引起口腔炎或胃肠炎，大可无需强迫宝宝不去吸吮手指。否则，会妨碍宝宝手眼协调能力和抓握能力的发展，打击宝宝正在萌生的自信心。

吃手指以及见什么都往嘴里放的行为，在整个婴儿时期是一个重要的阶段。通常到8～9个月以后，宝宝就不再吃手指或见什么吃什么了，若宝宝长到1岁左右还爱吃手指，需注意帮助宝宝纠正。

这时的宝宝，喜欢将小手放到嘴里吸吮，再加上流出大量唾液，容易发生口周炎症或腹泻。所以，要经常给宝宝洗手，勤修剪指甲。玩具也要常清洗和消毒，保持干净。注意过硬的、锐利的东西或小物件，例如纽扣、别针、豆粒之类的东西，不能让宝宝有机会抓到放进嘴里，以免发生意外。

2. 宝宝流口水的护理

婴儿到4～5个月的时候，中枢神经系统与唾液腺都趋向于成熟，唾液分泌慢慢增多，再加上有的婴儿已开始长牙，对口腔神经产生刺激，使得唾液分泌增加。婴儿的口腔较浅，吞咽功能又差，无法将分泌的口水吞咽下去或贮存在口腔中，口水就不断流出来。这是一种生理现象，不是病态。通常到2～3岁流口水的现象会自然消失。

口水溢出，皮肤受罪，因此不能对宝宝流口水掉以轻心哦！

（1）给宝宝戴上围嘴　唾液偏酸性，因为里面含有消化酶和其他物质，而口腔内有黏膜保护，不致侵犯到深层。当口水外流到皮肤时，容易腐蚀皮肤的角质层，导致皮肤发炎，引发湿疹等皮肤病。此时要注意给宝宝戴围嘴，并常洗换，保持干燥。柔软、略厚、吸水性较强的布料是围嘴的首选。

（2）保持口周干燥　宝宝口水流得较多时，妈妈应护理好宝宝口腔周围的皮肤，每天最少用清水清洗两遍。让宝宝的脸部、颈部保持干爽，防止患上湿疹。

注意：不能用较粗糙的手帕或硬毛巾给宝宝擦嘴、擦脸，最好用柔软干净的小毛巾或餐巾纸一点点蘸去流在嘴巴外面的口水，让口周保持干燥。

（3）给予口咬胶　宝宝在乳牙萌出期牙龈发痒、胀痛，口水增加，可给宝宝使用软硬适度的口咬胶，或给6个月以上的宝宝吃磨牙饼干，都能降低萌牙时牙龈的不适，还能刺激乳牙尽快萌出，减少流口水。

（4）涂婴儿护肤膏　唾液中含有口腔中的一些杂菌和淀粉酶等物质，对皮肤有一定的刺激作用，若不精心护理，口周皮肤就会发红，起丘疹，此时需涂上一些婴儿护肤膏。

若皮肤已经出疹子或糜烂，最好去医院诊治。在皮肤发炎期间，更应保持皮肤的清洁，并根据症状治疗。若局部需要涂抹抗生素或止痒的药膏，擦药的时间应在宝宝睡前，以免宝宝不慎吃入口中，影响健康。

3. 宝宝便秘的护理

宝宝出现便秘，每次排便都非常困难，总是又哭又闹，此时妈妈不必着急，可以用下面的方法试试效果。

（1）可在奶中加些糖，比例为10：1。

（2）适当给宝宝喂些白糖水。

（3）给宝宝多补充鲜果汁、蔬菜汁和香蕉泥等维生素丰富的辅食，以促进宝宝的消化和吸收。

如果是经常便秘的宝宝，除了在饮食上予以注意外，还应坚持给宝宝做体操，以锻炼宝宝的腹肌，有利于排便。

4. 调整宝宝的睡眠节律

对于4～5个月大的宝宝来说，良好的睡眠习惯是非常重要的，因此要尽可能保证每天的日间小睡和夜晚就寝的时间和方式都相同。父母应帮助宝宝形成一种固定的睡眠习惯，使其在白天和晚上都能够安然入睡。父母不一定严格要求，不要强迫，只要尽量坚持就可以了。

（1）培养良好睡眠的方式　4～5个月的宝宝大多数能够一夜睡到天亮，小部分有入睡困难或夜间醒后哭闹的现象。睡眠好坏直接影响宝宝的健康和智力发育。

① 尽可能严格实行入睡、起床的时间，加强生理周期的培养。

② 睡觉时应防止饥饿。上床时或夜间不宜饮水过多，以免扰乱睡眠。

③ 宝宝最好单独睡小床。研究表明，单独睡比和母亲同床睡能睡得更好。

④ 睡前1～2小时不要让宝宝剧烈活动或玩得太兴奋。

⑤ 白天睡眠时间不宜过多。

（2）让宝宝白天多玩晚上多睡　睡眠既然是个生活习惯，就能够调节，这需要母亲有意识地训练孩子，养成良好的睡眠习惯。

白天让孩子尽可能多玩少睡，在夜间除了喂奶、换尿布以外，不要打扰孩子。在后半夜，若孩子睡得很香也不哭闹，可以不喂奶。随着孩子月龄的增长，慢慢过渡到夜间不换尿布、不喂奶。

若妈妈总是不分昼夜地照护孩子，那么孩子也会养成不分昼夜的生活习惯。

（3）带宝宝进行户外睡眠　春秋季节，天气晴朗，可以让宝宝躺在婴儿车里到室外或阳台午睡。冬季在日光较充足时，可以到背风暖和的室外或是朝阳的室内午睡。夏季只在早晨或下午凉快时进行。

注意不要让日光直射宝宝的脸。注意天气变化，随时将手伸进宝宝包被中检查体温，不可太冷或太热，避免宝宝感冒或中暑。

5. 预防呼吸道传染病

婴儿的抵抗力较差，对寒冷气候的适应能力较差，很容易在冬季患流感、流行性腮腺炎等呼吸道传染病，如果治疗不及时，可能引发肺炎。为了婴儿的健康，应注意预防呼吸道传染病。

（1）让婴儿多锻炼身体，经常在户外进行运动，注意补充营养。多晒太阳，让婴儿呼吸新鲜空气，以增加婴儿的抵抗力和对寒冷天气的适应力。

（2）在疾病流行期间，不得带宝宝去公共场所，外出应戴口罩，减少病菌的侵袭。

（3）室内需注意通风，保持室内卫生。

（4）要为婴儿及时接种流感、麻疹等疫苗，增强免疫力。

如果婴儿得了呼吸道疾病，在家里进行护理时，家长应注意保持室内空气新鲜，室温应保持在22～24℃，湿度保持在55%左右，否则干燥的空气会导致婴儿的气管黏膜受到刺激，引起呼吸困难并加重咳嗽。当婴儿鼻腔和咽喉的分泌物过多时应及时清理，如果发现婴儿有口唇发绀、出汗、四肢发凉的症状，应立即到医院诊治。

6. 脓疱疮

在婴儿的皮肤皱褶处，如颈部、腋下和会阴部出现脓疱，大小不等。脓疱周围皮肤微红，疱内有透明或混浊的液体，脓疱破溃后液体流出，留下如同灼伤一样的痕迹，就是脓疱疮。

常见致病菌是金黄色葡萄球菌或溶血性链球菌，这些细菌在正常人身上都存在，但不发病。因为婴儿皮肤柔嫩、角质层薄、抗病力弱、皮脂腺分泌较多，若不注意及时清洁皮肤，皱褶处通风不好容易患脓疱疮。加上孩子哭闹时经常摩擦脓疱，引起化脓，严重时还会引起败血症。

对婴儿脓疱疮重在预防。应勤洗澡、更衣，衣服应柔软、吸湿性强、透气良好，注意皮肤护理。一旦发生脓疱，立即以酒精消毒局部，再以消毒棉签擦去脓汁，不久会干燥自愈。若脓疱较多，婴儿出现发热、精神欠佳，则应请医生诊治，必要时使用抗生素进行全身治疗。

7. 婴儿肠套叠的护理

肠套叠是指一段肠管套入相连接的另一段肠腔中，是婴儿期常见的急性症。一般发病于4个月以上的婴儿，男婴多于女婴。

发生肠套叠的原因如下。

（1）婴儿对添加的辅食不适应。

（2）夏季食用冷食多，引起肠道病毒、细菌感染的机会较多。

（3）环境温度的改变，而婴儿本身的抵抗力较差。

（4）婴儿的肠系膜较大，回盲活动度较大，也是引起肠套叠的因素。

发生肠套叠后，婴儿会出现因腹痛引起的阵发性哭闹，四肢乱动，片刻后腹痛缓解，婴儿安静下来，但是间隔一段时间，再次哭闹，继而又转为安静，如此反复发生。也有个别婴儿没有哭闹表现，仅有呻吟、烦躁和面色苍白等症状。发病后不久发生呕吐，6～12小时后开始便血，大便呈暗红色果酱样。此时千万不要忽视患儿的病情，应立即把患儿送往医院就诊。

8. 宝宝输液时的护理

宝宝进行静脉输液时难免哭闹，妈妈应协助医务人员完成治疗。

（1）输液时婴儿应保持头高足低位，这样有利于输液的顺利进行。

（2）开始输液时，孩子经常哭闹不停，此时妈妈应注意不要让孩子乱动，以避免针头脱落或针头移动到血管外，将液体漏入皮下。

（3）输液过程中液体如不滴，应注意输液器下端管内是否有回血，如果有，可能为压力低，应提高吊瓶的高度；也可调节输液夹增加滴速；无效时请护士处理。

（4）观察输液速度，通常每分钟不超过20滴，肺炎、心力衰竭、营养不良者每分钟8～10滴为宜。

（5）输液过程中，应观察是否有输液反应。在输液过程中，如果宝宝出现发抖、怕冷、面色苍白、四肢发凉、皮肤有花纹，继之发热等症状时，应立即报告医护人员，及时进行处理。

（6）输液完毕，不论针眼处有无血肿，都不应用手揉，应用无菌棉球或棉签按压几分钟以免针眼处出血。

9. 判断婴儿视觉是否异常

婴儿视觉异常主要包括两大类，一类是功能性障碍异常，另一类是疾病引起的异常。功能性障碍异常，如低常视力，是发育问题，通常是在内因或外因的作用下，过早地停止了发育，从而引起永久性损害。若早期发现，早期干预，绝大多数会随着年龄的增长，不断发育完善。疾病引起的异常是指发生于眼睛的疾病，其种类很多，影响较大的主要有先天性和遗传性眼病、屈光异常和急性眼病（包括眼外伤和感染性眼病）。

那么，父母怎样才能发现婴儿视觉异常呢？注意下列情况，可初步确定宝宝的视觉有无问题。

（1）眼睛能否凝神注视，捕捉目标是否准确。若不能凝神注视，表明眼睛看不见，即没有视力，通常为严重眼病（如视神经萎缩、某些先天性疾病）。若不能准确捕捉目标，或者只看大的而不看小的物品，则表明视力较差。

（2）看东西是否歪头、眯眼。头位端正、睁大眼睛视物，是正常现象。如果看东西歪着头、眯起眼，则表示可能有斜视或散光等问题。

（3）白天和晚上视物有无区别。若一到夜晚，或进入暗的环境中，就看不清东西、无法注视目标，则可能患有夜盲症。

（4）双眼眼裂大小是否相等，多数小儿双眼眼裂大小相同或相近，如果差别过大，表明可能有先天性眼病。

（5）有无固定的或暂时的斜视。正常情况下，婴儿平视时，双侧眼珠居中，运动时则对称地转动。如果双侧或单侧眼珠过于向内或向外，即表示有斜视。斜视可能时有时无，可以是单眼，也可以是双眼。

（6）是否有多泪或多眼屎的现象。正常婴儿平常可稍有眼泪或眼屎，若不哭时亦有很多眼泪，或有很多眼屎，多表明泪道疾病，或眼部炎症，如急性结膜炎等。此外，还应考虑是否存在倒睫。

（7）有无突然闭眼现象。突然闭眼，不能睁开，多表示眼部有刺激，如有炎症或异物。

（8）有无眼白发红或黑眼珠发白。眼白发红，表明结膜充血，这是有炎症的表现。黑眼珠发白，即角膜生"星"，表示存在炎症或其他眼病。

（9）瞳孔对光反射情况。正常眼睛正对强光时，瞳孔可显著缩小，如果无反应，或缩小不明显，就说明眼内有病。如果瞳孔区不是黑色或深棕色，而是带有白色、红色或黄色等情况，均表明眼内有问题，如白内障、眼内出血、炎症或肿瘤等。

当宝宝眼睛出现问题时，上述状况可能显著，也可能不显著，要确定是否患病，可以做多种观察与检查。有一点非常重要，也是很简单的方法便是注意双眼是否对称，若两侧眼睛表现不一样，则应考虑眼部疾病。

10. 正确使用婴儿车

4～5个月的宝宝，可以使用婴儿车。宝宝坐在小车里，还可以去户外晒太阳、呼吸新鲜空气，接触和观察大自然，促进宝宝身心健康发展。

（1）选购婴儿车

① 在购买婴儿车时，无需一味追求高档，价格并不是衡量产品质量的唯一标准。购买时，应查看产品有无说明书，购买后，应严格按照产品说明书进行使用和保养，保证使用过程的安全。

② 尽可能选购功能单一的推车，因为功能单一的推车，相对而言结构设计科学且合理。相比之下，合二为一或合几为一的产品有时难免顾此失彼。

③ 婴儿车除了整车的结构牢固外，还应注意推车的锁紧和保险装置是否齐全和可靠。若只有锁紧装置而无保险装置，一旦锁紧装置失灵，有可能导致严重伤害事故。

④ 购买时应注意推车上围离坐垫的高度是否合适，肩带、叉带、胯带、带扣、安全带等装置是否牢固可靠。

（2）使用注意事项

① 尽可能不在高低不平的路上推，车子不断颠簸摇摆，宝宝不舒服，甚至可能对宝宝造成伤害。

② 不得在楼梯、电梯或有高低差异过大的地方使用婴儿车。

③ 不应推车到马路边等车多、灰尘多的地方，宝宝坐在小车里位置低，离地面近，会吸入更多的灰尘。

④ 任何时候都不能把宝宝一个人留在婴儿车上，宝宝在车内乘坐的时间以每次30分钟至1小时为宜。

⑤ 不要过度使用婴儿车，让宝宝多自我锻炼。过多使用婴儿车会降低宝宝运动的积极性，使宝宝的运动量减少，不利于运动能力的发育，并可能引起宝宝在婴幼儿时期过度肥胖。

爱心提示

添加辅食应注意哪些问题？

添加辅食标志着婴儿由单一的饮食向成人化饮食踏出了第一步。此时婴儿的胃肠系统、神经系统等发育相对比较成熟，而且舌头的排外反应也逐渐消失，可以掌握吞咽动作。不过有些问题仍需要注意，以便于更好地为婴儿添加辅食。

（1）不要勉强　刚开始，若婴儿一碰到勺子就扭过头，则不要勉强他硬吃。可选择在婴儿饥饿时喂辅食，或将宝宝抱出去转一转，晒晒太阳再回来喂。

（2）喂养灵活　虽然有根据月龄、体重开始喂辅食的一般基准，但具体情况还应具体对待。特别是在刚开始时，应以婴儿的食欲及爱好来决定具体的饮食方式。

（3）注意卫生　婴儿各系统发育还不成熟，对于细菌的抵抗能力较差，制作辅食时必须注意卫生。要将手洗净，原料要选择新鲜的。制作后应尽快喂给婴儿，若婴儿不吃，不要放到第二天再喂。

（4）注意观察消化系统　若婴儿的大便正常，则无需过于担心，可继续喂辅食。如果一天之内排便 3～4 次，则可不增加辅食的数量。如果排便 5～6 次，且婴儿肛门发红，情绪不佳，则要去医院进行检查。

（5）出现湿疹　有的婴儿一吃鸡蛋，就出现湿疹。这种食用动物蛋白导致湿疹的现象时常发生。可先查一下出现湿疹的原因，若是食用某种食物后导致的，则应暂时停止进食这种食物。

（6）食物不可过细、过烂　有些父母过于谨慎，给婴儿的食物太过精细，结果导致婴儿的咀嚼功能得不到应有的锻炼，不利于婴儿牙齿的发育。食物不用咀嚼即可咽下去，无法刺激婴儿的食欲，会影响婴儿味觉的发育，同时面部发育也会受到影响。食物不宜过烂，不得给婴儿任意添加辅食，让婴儿想吃什么就吃什么，这样会造成消化不良或肥胖，又可能养成婴儿偏食、挑食的不良习惯。

第五节 5 ～ 6个月婴儿

 发育特征

这个时期，宝宝会揣测对方的想法，动作也发达起来了。发育早的宝宝已经开始认人了，从宝宝眼中流露出见到爸爸妈妈时的亲密神情可以判断。若给宝宝做鬼脸，他就会哭；逗他、跟他讲话，他不但会高兴得笑出声来，而且会等待着下一个动作。

1. 5 ～ 6个月婴儿身体发育指标

（1）体重　男婴约7.97千克；女婴约7.35千克。

（2）身长　男婴约66.76厘米；女婴约65.90厘米。

（3）头围　男婴约43.10厘米；女婴约41.90厘米。

（4）胸围　男婴约43.40厘米；女婴约42.05厘米。

（5）坐高　男婴约43.57厘米；女婴约42.10厘米。

（6）牙齿　少数的婴儿已经开始长出乳牙。

2. 5 ～ 6个月婴儿身心状态

（1）体格发育状况　前囟还没有闭合。正常婴儿的腹部脂肪厚度在1厘米以上。此时宝宝的口水流得更厉害了。婴儿已经展露出活泼可爱的体态，头部在全身所占的比例有所下降，上部量与下部量的比例增加趋于缓和。

宝宝睡眠时间通常在15 ～ 16小时。白天可睡2 ～ 3次，每次2 ～ 2.5小时。晚上睡眠时间约10小时。

（2）运动发育状况　当宝宝处于仰卧状态的时候，他能够自由地变成俯卧式。父母扶着宝宝站立时，能够直立起来。宝宝在床上处于俯卧位时，便很想往前爬，但因为腹部还不能抬高，爬行会受到限制。

（3）感觉发育状况

① 视觉　目光能够追随着物体沿水平或垂直方向转动90°。

② 听觉　宝宝的听觉已经非常发达了，对悦耳的声音和嘈杂的刺激已经能做出不同的反应。妈妈轻声和他讲话，会显出高兴的神态。

③ 触觉　到了5个月时，婴儿通常会将一件东西来回摆弄，甚至放在嘴里咬咬，想通过皮肤及口腔黏膜的感触来体会、认识这件东西的性质。把他抱起来靠近自己的脸时，他会睁大眼睛看，甚至会用手来摸、抓人脸。5 ～ 6个月的宝宝还

会抓摸自己的身体，特别是自己的手脚。

（4）心理发育状况　此时的宝宝能用表情来表达自己内心的想法，能够识别出亲人的声音，能分辨熟人和陌生人，对陌生人会做出躲闪的姿态。宝宝对周围事物的关心和兴趣也急剧增长。只要一见到喜欢的东西，眼睛及头就会跟着转，并能够顺利地伸手抓住。宝宝喜欢和人玩躲猫猫、摇铃铛，还喜欢看电视、照镜子，对着镜子里的人笑。

此时父母可陪着宝宝看丰富多彩的事物。发现宝宝在看什么，就立即告诉他那是什么。他在做什么，就讲什么。告诉宝宝各种玩具的名称，并让他摸摸，感受一下。这样坚持下去，每天5～6次，开始宝宝认一样东西可能要15～20天，但学第二样可能只要12～15天，以后就会越来越快了。父母不要着急，应一样一样教，还要教宝宝感兴趣的。这样，宝宝慢慢就能认识越来越多的东西了。

饮食喂养

1. 母乳不足时该怎么添加代乳品

在宝宝5～6个月的时候，可能母乳就不会那么充足了，此时需要给宝宝及时添加代乳品，至于具体的量可依据宝宝体重的增长来决定。在这一时期，宝宝体重的增加应为每天15克左右。若宝宝每10天增重不到150克，则需每天加喂1次配方奶（约180毫升）。若宝宝每10天增重不到100克，则应每天加喂2次配方奶。

若宝宝只喝配方奶而不吃其他食品，则应为他选择含铁的奶粉，以及时补充铁质。

2. 辅食的制作要点

制作辅食除了要讲究烹调方法，色香味俱全外，还要确保安全卫生，避免病从口入。为此，在为宝宝准备辅助食品时，要做到下列几点。

（1）清洁卫生　准备辅食所用的案板、锅、铲、碗、勺等用具需用清洁剂洗净，充分漂洗，用沸水或消毒柜消毒后再使用。最好能够为宝宝单独准备一套烹饪用具，防止交叉感染。

（2）单独制作　宝宝的辅食通常要求细烂、清淡，因此，不要将辅食与成人食品混在一起制作，更不要只是简单地将大人的饭菜做得软烂一些给宝宝食用。

（3）原料新鲜　制作辅食原料最好是没有污染的绿色食品，尽量新鲜，并精心选择和清洗。有的宝宝虽然已经长牙，但还不能充分咀嚼食物，因此应当选择柔软的，可以用舌头和牙床碾碎的食物。

（4）烹饪方法　制作辅食时，不要长时间烧炖、油炸、烧烤，最好用蒸、煮的方式，尽量减少与光、空气、热和水接触，以减少维生素的流失。食物的调味也应根据宝宝需要来调整，不要以成人的喜好来决定。

（5）现做现吃　隔顿食物味道及营养都大打折扣，还容易被细菌污染，所以，上顿吃剩下的不要再给宝宝吃。

（6）口味清淡　婴儿辅食的口味要以清淡为主。辅食以不加盐为原则，以免增加宝宝肝、肾的负担，尤其是初期的辅食。

3. 添加辅食注意事项

（1）宝宝今后要吃的食物基本上为半固体或固体，因此，应该开始让宝宝练习用勺子吃东西，而不能放在奶瓶中吸吮。慢慢宝宝就会对勺子里的食物感兴趣，并开始用勺子吃东西，为以后自己独立吃饭打下基础。

（2）婴儿吃惯了奶，对新的食物不接受。遇到这种情况不应勉强，不吃就换一种食物再喂。

（3）宝宝吃了新添的食品后，妈妈应密切观察宝宝的消化情况，若出现腹泻，或大便里有较多黏液的情况，就要立即停止添加的食品，等宝宝恢复正常后再重新少量添加。

（4）添加一种新食物后，头几天宝宝可能将新食物从大便中原样排出，这时不可加量，待宝宝大便正常后，再慢慢增量。宝宝吃西红柿、西瓜、胡萝卜后大便可能会呈红色，或吃青菜后呈绿色，这是正常的。做辅食时可做得细腻些。

（5）宝宝患病时应暂缓添加，以免增加其胃肠道负担。

（6）很多宝宝在开始添加辅食时，还没有长出牙齿，所以，流质或泥状食品非常适合。但不能长时间给宝宝吃这样的食品，这样会使宝宝错过发展咀嚼能力的关键期，可能造成宝宝产生咀嚼障碍。

4. 少喂容易导致过敏的食物

在宝宝不到1岁的时候，应少吃容易导致过敏的食物，如鱼、虾、蟹等，葱、蒜、蘑菇等，以减少这些食物所引起的过敏反应。

在给宝宝添加新辅食时，必须一样一样地加。若发现宝宝有呕吐、腹泻、皮疹等过敏现象，应停止喂这种食物一段时间，然后少量试喂。不能同时加入几种辅食，否则出现过敏现象后，无法确定过敏原，从而带来困扰。

5. 不要嘴对嘴喂食

成人口腔里有很多细菌，通过嘴对嘴喂食，就会把细菌传染给孩子。特别是患肺结核、肝炎、伤寒、痢疾、口疮、龋齿、咽喉炎的人，更容易将病菌带给孩子。小儿的身体抵抗力弱，很容易患病。此外，嚼过的食物，势必妨碍孩子唾液和胃液的分泌，降低食欲及消化能力，导致消化能力不能进一步完善，阻碍生长和发育。此外，常嘴对嘴喂小儿，会使小儿形成依赖性，并习惯成自然，不利于锻炼其咀嚼能力及使用餐具的能力，也不利于培养其独立生活的能力。

6. 不要忽视婴儿对断乳食物的主动性

当婴儿在半断乳期时，不得忽视婴儿对断乳食品的主动性。

在给婴儿练习使用勺子喂饭之前，应让婴儿先学会坐。若婴儿不能靠着靠垫坐10分钟，就无法用勺子稳当地吃辅食。若婴儿不愿意吃配方奶以外的食物，就不要勉强他吃。若把勺子放进婴儿嘴里，婴儿用舌头把颗粒状或块状的代乳食品吐出来，就表示添加断乳食物为时尚早。

当婴儿伸手要盛有辅食的勺子时，此时半断乳成功性大增。若只单纯地凭婴儿长到5个月或婴儿已经6千克等外部因素，却忽略了婴儿的这种主动性，即使断乳食物做得再好，断乳也不会成功。若强行添加断乳食品，还会影响宝宝对辅食的积极性，从而给之后的完全断乳带来困难。

7. 婴儿营养食谱

早晨6:00　母乳喂20分钟（或配方奶200毫升）

上午8:00　鲜橙汁或西红柿汁80毫升

上午10:00　米粉10克，鸡蛋黄1/4或1/2个调匀，加到米粉中；小儿鱼肝油滴剂（用量遵医嘱）

中午12:00　新鲜蔬菜汁80毫升或水果泥50克

下午2:00　母乳喂20分钟（或配方奶200毫升）

下午6:00　母乳喂20分钟（或配方奶200毫升）

晚间8:00　新鲜蔬菜汁80毫升或水果泥50克

晚间10:00　母乳喂20分钟（或配方奶200毫升）

凌晨1:00　母乳喂20分钟（或配方奶200毫升）

8. 营养辅食制作

（1）鱼泥

【原料】活鱼1条，葱、姜、料酒、淀粉各适量。

【做法】将活鱼清理干净，用刀片下鱼肉。将鱼肉放入锅内，加水适量，加少量葱、姜、料酒，用微火煨30分钟后取出，去刺。剩下的鱼肉用勺碾成泥状；锅里放入少量水，煮开后下入鱼泥，用淀粉勾芡即可。

【功效】鱼类中含有丰富的蛋白质，所含的氨基酸比较完善，而且与婴儿的需求接近，是符合婴儿生长发育需要的动物性蛋白。

（2）营养粥

【原料】大米、肉汤或鱼汤各适量。

【做法】取适量大米洗净，用水泡30分钟，放入锅中，添加适量的肉汤或鱼汤，用小火煮约50分钟即可。

【功效】大米有健脾养胃、解烦止渴的功效，和营养丰富的肉汤或鱼汤做成粥后，荤素搭配，不但可以补充婴儿所需的多种营养，还有助于婴儿的消化和吸收。

（3）豆腐泥

【原料】嫩豆腐1小块，鸡蛋半个，胡萝卜少许，扁豆半根，高汤适量，酱油少许。

【做法】将去皮的胡萝卜和扁豆分别汆烫过后，切成极小的块；嫩豆腐捣碎。将高汤与胡萝卜、扁豆一起放入锅里，再加入嫩豆腐。锅中加少许酱油调味，也可不加，煮到汤汁变少，淋入半个打散的鸡蛋即可。

【功效】豆腐、鸡蛋含有丰富的钙、铁及蛋白质，对宝宝的骨骼及视力发育有极好的帮助。豆腐、鸡蛋和胡萝卜、扁豆搭配，营养全面均衡，更利于宝宝的生长发育。

（4）红枣泥

【原料】红枣、白糖各适量。

【做法】将红枣洗净放入锅中，加入清水，煮20分钟左右，等到其烂熟后取出。把红枣去皮、核，加入适量的白糖调匀即可。

【功效】红枣的维生素含量高，并且富含钙、铁，对于防治婴幼儿贫血有非常重要的功效。

日常养护

1. 逐渐培养孩子规律起居

宝宝5～6个月时，睡眠时间显著缩短，玩耍的时间更多了。一些生性活泼的宝宝，对什么都感觉好奇，不但白天贪玩，晚上也不肯上床睡觉，精神出奇的好，让父母很烦恼。

专家指出，刚出生不久的小宝宝，一天中的大部分时间都在睡眠中度过，无需拘泥于生活规律的培养。但是从5个月开始，要逐渐培养宝宝规律的起居习惯。

（1）晚上8点哄睡　根据宝宝的身体状况，主动调节生活节律。晚上8点准时哄睡。到了晚上该睡觉的时候，若宝宝还睁大着眼睛，妈妈不妨陪着宝宝一同睡，或者放一些摇篮曲，并将窗帘拉上，关上大灯，开一盏小灯，使房间暗下来，营造睡眠气氛。

（2）早晨9点唤醒宝宝　宝宝若无法区分昼夜，在此时决定起床时间，是一件很勉强的事。唤醒并不是要将熟睡中的宝宝强行唤起，而是在每天早晨定时打开窗帘，在这个时间段里，即使不叫醒宝宝，也营造了起床的气氛。

这样多次重复，慢慢地早睡早起的生活规律就会被培养起来。

2. 婴儿出牙的护理

宝宝出牙期会有一些不适，让宝宝很难受。妈妈虽然知道这些是正常现象，但心里也非常不是滋味。那么，有什么方法可以减轻宝宝出牙期的痛苦呢？

（1）按摩牙龈　妈妈洗净双手，用手指轻柔地摩擦宝宝的牙龈，这样有利于缓解宝宝出牙时的疼痛。但是，等到宝宝力气长足、乳牙萌出后，妈妈应注意别让宝宝咬伤自己。

（2）冷敷牙龈　让宝宝嚼些清凉的东西，如冰香蕉或胡萝卜，有利于舒缓肿胀的牙龈。

（3）巧用奶瓶　在奶瓶中注入水或果汁，然后倒置奶瓶，使得液体流入奶嘴，将奶瓶放入冰箱，保持倒置方式，直到液体冻结。宝宝会非常高兴地咬冻奶嘴，妈妈记得要随时查看奶嘴，以保证其完好无损。

（4）让宝宝咀嚼　咀嚼可以帮助牙齿萌出。任何干净、无毒、可以咀嚼、万一吞咽也不会因为过大或过小而堵住气管的东西均能给宝宝用来咀嚼。磨牙饼干是很好的选择（虽然会让宝宝身上脏兮兮的），有点硬的面包也是宝宝锻炼咀嚼能力的绝佳食品。

（5）转移宝宝的注意力　最佳方法是让宝宝不再注意自己的牙龈，试着与宝宝一起玩他最爱的玩具或者用双手抱着宝宝摇晃或跳舞，让宝宝忘记不适感。

（6）出牙期保持口腔卫生　这个时期的口腔保健主要由母亲来完成。在喂奶以后以及晚上睡觉以前，母亲用纱布蘸温水轻轻地擦洗孩子的口腔黏膜、牙龈及舌面，除去附着在这些部位的乳凝块，达到清洁口腔的目的。当然，母亲在为孩子做口腔擦洗前需认真洗手，指甲应剪短。擦洗的时候动作应轻柔，不能损伤婴儿的口腔黏膜。

3. 出牙早晚与智力的关系

5～6个月的婴儿，有的宝宝已开始出牙了。有的妈妈也许有些着急，看着别的宝宝已经长出牙来了，而自己的宝宝仍是口中空空，甚至联想到会不会因此影响宝宝的智力。

其实，出牙早晚和智力根本没有关系。出牙是一个自然的过程，牙齿的萌发与遗传和环境等因素有关，每个宝宝的出牙时间都有所差异，并不意味着出牙早，宝宝就聪明，出牙晚，宝宝就会迟钝。只要宝宝是在健康成长，出牙的时间就不需太在意。

当然，如果患有某些全身性疾病，如佝偻病、甲状腺功能低下等疾病时，会影响牙齿的萌发，这就需要进一步查明原因并进行治疗了。

4. 婴儿乳牙的保护

乳牙会陪伴宝宝度过6～10年的时光，而这一时期，正是宝宝生长发育的高峰时期，所以保护好乳牙，对于充分发挥咀嚼功能，促进儿童口腔与面部的发育及恒牙的萌出都有着重要意义。父母应注意下列几点。

（1）确保营养　牙齿的生长与婴儿的营养密切相关。所以在婴幼儿时期要注意补充营养，特别要摄入含有丰富钙质和维生素D的食物，并可经常去室外晒太阳，促进牙齿的发育，减少口腔疾病发生的概率。

（2）保持口腔清洁　在每次进食后喂些温开水，以起到清洁口腔、保护牙齿的作用。

（3）养成正确的喝奶姿势　婴儿会因为喝奶时姿势不正确或奶瓶位置不当而影响牙齿与颌骨的发育。正确的喝奶姿势应使婴儿处于半卧式，奶瓶与婴儿的口唇成90°，不要让奶嘴压迫上、下唇。同时不能让婴儿吮吸空奶嘴，这样会使婴儿的上腭变得拱起，以后萌出的牙齿明显向前。

（4）纠正婴儿的不良习惯　如吸吮手指、咬嘴唇、睡前含奶嘴等，防止其影响牙齿的生长发育。

5. 宝宝感冒的防治

感冒是婴幼儿最常见的疾病，全年均可发生，冬季多见。感冒容易并发中耳炎、颈淋巴结炎、肺炎等，多数由病毒引起，也可继发细菌感染。

（1）主要症状　表现为发热、鼻塞、流涕、打喷嚏、干咳或是声音嘶哑，有的表现为呕吐、腹泻或食欲减退。婴幼儿感冒轻者可因为鼻塞而张口呼吸或拒乳，重者可因高热而发生惊厥。

（2）防治与护理　没有特效药可以治疗感冒，主要采用对症处理。

最重要的是调节室内温度、湿度和安排休息。温度应保持在22～24℃，湿度为60%最理想。特别是冬天较干燥，湿度容易下降，应以水蒸气提高湿度，空气

太干燥会刺激鼻黏膜。穿着要合适，太暖和孩子易出汗，反而易感冒。室内空气应通畅，但要避免穿堂风。

婴幼儿患病期间尽可能不去商场、公园等公共场合，以减少孩子继发感染的机会，并减少活动，注意休息。应给予易消化、少油腻、多维生素的饮食。人工喂养可将配方奶稀释，或少量多次，多饮开水，有利于排泄体内毒素。患病后孩子通常食欲减退，父母不要急躁，疾病痊愈后，食欲自然恢复。平常应养成日光浴及少穿衣服的习惯，使皮肤、黏膜具有抵抗力。发热时不应洗澡，退热时用物理降温或口服药物，效果不佳时可肌注退热药，不可滥用激素类药物。

6. 婴儿忌用的感冒药

因为婴儿的抵抗能力差，各器官功能发育还不完善，所以在患感冒后，吃药也要慎重，尤其是含有下列成分的药物千万要慎用。

（1）含有双氯芬酸钠的药物　如感冒通（商品名）等，因为双氯芬酸钠会破坏胃黏膜的脂蛋白层，导致胃黏膜损伤而引起出血。婴儿如果服用可引起血尿、肾小管功能受损等，所以婴儿最好不用或慎用。

（2）含有对乙酰氨基酚和咖啡因的药物　如速效伤风胶囊（商品名），对乙酰氨基酚具有很强的肝毒性，而服用含有大剂量咖啡因的药物可引起惊厥，因此3岁以下的婴幼儿应慎用。

（3）含有阿司匹林的药物　服用阿司匹林后，有可能会导致瑞氏综合征，使孩子的脑部及肝脏受损，引起恶心、呕吐和消化不良等症状。

（4）含有布洛芬的药物　如商品名为爱菲乐、臣功再欣等的感冒药，因为布洛芬的抗炎、镇痛、解热作用比阿司匹林、对乙酰氨基酚强，婴儿服用后会出现轻度消化不良、皮疹等症状。

（5）含有金刚烷胺的药物　如商品名为快克、新速效感冒片等的感冒药，金刚烷胺是一种抗病毒药物，能够影响脑内多巴胺的合成、释放与摄取，不良反应有多动、抑郁、失眠、幻觉等，所以，1岁以下婴儿禁用，儿童也应慎用。

中药因为其不良反应小，深受家长喜爱，在感冒症状轻时可选择中药治疗。如小儿感冒冲剂可清热解毒，主要用于风热感冒；小儿热速清口服液可清热、解毒、利咽，也可用于风热感冒；金银花露适用于小儿痱毒、暑热口渴；导赤丸可清热泻火、利尿通便。当小儿出现鼻塞、高热等严重感冒症状时，应及时到医院诊治，以免延误病情，增加患儿痛苦。所以，如何给婴儿用药，父母还应多加注意宝宝的症状，对症下药，严禁盲目用药。

7. 不要过早地让婴儿学爬、坐、走

有人认为，孩子爬、坐、走得越早，表示孩子发育越快。于是，有些父母希

望自己的孩子早早地就会爬、坐、走。实际上，若过早地让婴儿学习爬、坐、走，相当于拔苗助长，不但对婴儿的身体发育不利，还会损害婴儿的健康。

当婴儿刚出生时，脊柱完全是直的，经过几个月的发育，慢慢形成3个生理弯曲。3～4个月学会抬头时，出现颈椎前凸；6～9个月学会坐时，胸椎出现后凹；12～18个月，当婴儿开始学走路时，腰椎出现前凹。若不注意则有可能造成婴儿畸形，如头后倾、背部过度弯曲等。

因此家长不要盲目地为了和别的婴儿相比较而让自己的孩子过早地学习爬、坐、走，这对于婴儿以后的体形和生长发育都会带来不良影响。

第六节　6～7个月婴儿

发育特征

此时的宝宝已经显露出活泼、可爱的体态了，不但会翻身，还会在妈妈的膝盖上快乐跳跃，而宝宝更为丰富的心理活动会让他的面部表情更加多样。

1. 6～7个月婴儿身体发育指标

（1）体重　男婴约8.46千克；女婴约7.82千克。

（2）身长　男婴约68.88厘米；女婴约67.18厘米。

（3）头围　男婴约44.32厘米；女婴约43.20厘米。

（4）胸围　男婴约44.06厘米；女婴约42.86厘米。

（5）坐高　男婴约44.16厘米；女婴约43.17厘米。

（6）牙齿　部分宝宝开始萌出下门齿。

2. 6～7个月婴儿身心状态

（1）体格发育状况　宝宝的体格进一步发育，神经系统逐渐发育成熟。头部占身体的比例下降，下半身比上半身长得快。

宝宝睡眠时间通常在15～16小时。白天可睡2～3次，每次2.0～2.5小时。晚上睡眠时间约10小时。

（2）运动发育状况　会翻身，若把他扶起站立，可以站得很直，而且喜欢跳跃。会把自己身边的玩具拿起来，塞进嘴里。有些6个月的宝宝已经可以坐了，但还坐不好。

（3）感觉发育状况

① 视觉　宝宝对周围环境的兴趣进一步增加，只要是在他视线范围内的东

西，都会好奇地瞧一瞧，不会放过任何一个观察事物的机会。

② 听觉 宝宝的听觉更加灵敏了，能够分辨出不同的声音，并可听着声音学发声。

此时的宝宝看见照顾自己的亲人就会笑，看到镜子里的自己会微笑，会用手拍打镜中的自己。对捉迷藏的游戏非常感兴趣。

（4）心理发育状况 此时的宝宝看见熟人，会向熟人微笑，这是友好的表示。他已经能够听懂严厉或温柔的声音，看见亲人离开会露出失落的神情。会用手指向室外，表示内心想看到外面的世界，要家人带着到室外活动。6个月的宝宝内心世界已经非常丰富了，他那丰富的面部表情毫无遗漏地表现了他的心理活动。高兴时，会眉开眼笑，咿呀学语，不高兴时，又哭又叫，会用撅嘴、扔摔东西来表达内心的不满。

饮食喂养

1. 辅食添加

部分宝宝已经开始出牙，在膳食的类别上可以以谷物类作为主食，配上蛋黄、鱼肉或肝泥，以及碎菜或胡萝卜泥等做成的辅食。以此为原则，在做法上要经常变换花样，并搭配些碎水果。

6～7个月的孩子每天可吃2次粥，每次1/2～1小碗，可以吃少量烂面片，鸡蛋黄应确保每天1个，每天应喂些菜泥、鱼泥、肝泥等，但要从少到多，慢慢增加辅食种类和数量。

此时正是宝宝出牙的时期，应该给孩子一些固体食物，例如烤馒头片、面包干、磨牙饼干等练习咀嚼，促进牙齿生长。

在这个时候，宝宝辅食添加品种包括以下几种。

（1）添加固体食物 如稀粥、软面条、小馄饨、烤馒头片、饼干、瓜果片等，以促使牙齿的生长并锻炼咀嚼吞咽能力，可让宝宝自己拿着吃，以锻炼手的运动能力和手眼协调能力。

（2）添加杂粮 可让宝宝进食一些玉米面、小米等杂粮做的粥。杂粮的某些营养素含量高，有益于宝宝的健康生长。

（3）增加动物性食物的量和品种 可以尝试给宝宝吃整只鸡蛋，还可添加肉松、肉末等。

2. 帮助宝宝接受辅食

不少年轻父母经常为宝宝不肯吃辅食而烦恼。其实，只要合理运用些小技巧，就能让宝宝愉快地接受辅食。

（1）准备一套儿童餐具（图3-13） 用大碗盛满食物，会让宝宝产生压迫感而影响食欲；尖锐及易破的餐具容易发生意外，不适宜婴儿使用。儿童餐具有可爱的图案、艳丽的颜色，可以促进宝宝的食欲。

图3-3 准备一套儿童餐具

（2）示范如何咀嚼食物 有些宝宝由于不习惯咀嚼，会用舌头将食物往外推，父母在此时要给宝宝示范如何咀嚼食物并且吞咽下去。可以放慢速度多试几次，让他有更多的学习机会。

（3）勿喂太多或太快 按照宝宝的食量喂食，速度不要太快，喂完食物后，可让孩子休息一下，不得有剧烈活动，也不要马上喂奶。

（4）品尝各种新口味 饮食富于变化可以刺激宝宝的食欲。在宝宝原本喜欢的食物中添加新材料，分量和种类由少到多。宝宝不喜欢的食物可减少供应量，但应慢慢增加辅食的种类，让宝宝养成不挑食的好习惯。宝宝不喜欢某种食物，有时不在于味道，而在于烹调方式。所以，父母应在烹调方式上多换花样。此外，孩子长牙后喜欢吃有嚼感的食物，不妨在此时把水果泥改成水果片。食物也应注意色彩搭配，以激起宝宝的食欲，但口味不宜太浓。

（5）保持愉快的用餐情绪 如果宝宝到吃饭时间还不觉得饿的话，不要硬让他吃。经常逼迫宝宝进食，会让他觉得吃饭是件讨厌的事，长此以往会产生排斥心理。

（6）勿在孩子面前品评食物 宝宝会模仿大人的行为，因此父母不应在孩子面前挑食及品评食物的好坏，避免养成孩子偏食的习惯。

3. 食物搭配

有些宝宝在添加辅食后，对甜或咸的食物尤其感兴趣，会一下子吃得很多，但会拒绝喝奶及吃其他辅食。对于这种宝宝，父母可不能由着他。

不偏食、不挑食的良好饮食习惯最好从添加辅食时开始培养。这一阶段是宝宝学习咀嚼的敏感期，最好提供多种口味的食物让宝宝进行尝试，丰富宝宝的食谱，讲究食物的多样化。同时进行食物搭配，从各种食物中得到全面的营养，达到平衡膳食的目的。宝宝吃的每一餐，宜由淀粉、蔬菜、水果、油这几种不同类型的食物组成，以满足宝宝在口味及营养方面的需要。

另外，不加限制地让宝宝吃，还可能使宝宝吃得过多，导致胃肠功能紊乱，甚至破坏宝宝的味觉，以后反而不喜欢这种食物了。

4. 不宜给婴儿吃生冷食物

婴儿正处在生长发育阶段，如果这时给婴儿吃生冷食物，对婴儿的健康极为不利。

首先，生冷食物会损伤婴儿的脾胃功能。由于婴儿的消化系统还没有发育完全，而生冷食物又容易使消化功能受限，从而导致胃肠疾病。

其次，婴儿容易因风寒暑湿而发生疾病。常给婴儿吃生冷食物，可使本来就体弱的婴儿出现寒湿内生、泄泻、厌食等不适。因此为了婴儿健康成长，家长不宜给婴儿吃生冷食物。

5. 不宜给婴儿喝豆奶

豆奶含有丰富的营养成分，是一种较好的营养食品。成年人常饮用豆奶，可降低体内的胆固醇，维持体内激素平衡，避免或减少乳腺癌或前列腺癌的发生。可是婴儿饮用豆奶会产生完全相反的效果。据专家研究表明，喝豆奶长大的孩子，成年后引发甲状腺及生殖系统疾病的风险系数较高。这是由于婴儿对豆奶中高含量植物雌激素的反应和成人完全不同。成年人所摄入的植物雌激素可在血液中与雌激素受体结合，从而可避免乳腺癌的发生。而婴儿摄入体内的植物雌激素仅有5%能与雌激素受体结合，其他未能吸收的植物雌激素就会在体内沉积，这样有可能对婴儿的性发育造成危害。

另外，豆奶中的铝含量比较高，婴儿长期饮用豆奶，会使体内铝含量增加，影响大脑发育。而以牛奶为原料制成的配方奶中含有较多的钙、磷等矿物质以及其他营养成分，有益于婴儿的生长发育。所以，家长最好不要给婴儿喝豆奶，使用营养丰富的配方奶来喂养比较合适。

6. 不宜给婴儿食用蜂蜜

蜂蜜是滋补佳品，包含丰富的果糖、葡萄糖、维生素、多种有机酸和有益人体健康的微量元素等。所以，一些父母喜欢在婴儿的饮食中加入蜂蜜来增加营养，其实这样做是不科学的。由于土壤和灰尘中通常含有名为"肉毒杆菌"的细菌，蜜蜂在采集花粉酿蜜的过程中，有可能将带有"肉毒杆菌"的花粉和蜜带回蜂箱。成年人因为身体抵抗力强，不会出现不适，但婴儿的抗病能力差，微量的毒素就可能使婴儿中毒，出现持续1～3周的便秘，甚至出现弛缓性麻痹、吮乳无力、呼吸困难等症状。因此，为了婴儿的健康，不宜给1岁内的婴儿食用蜂蜜。

7. 慢慢添加固体食物

宝宝6个月内单靠母乳喂养还能满足其营养需求，但6个月之后已经无法从母乳里摄取足够的营养了，必须添加辅食，以达到宝宝旺盛的营养需求。

进入第6～7个月，宝宝的体格发育逐渐减慢，自主活动显著增多，每天的热量消耗不断增加，饮食结构也应进行调整。在这一阶段，宝宝在吃辅食方面有一个明显的变化，就是可以吃一点细小的颗粒状食物和小片状柔软的固体食物了。这是由于，大部分的宝宝在第6～7个月已经开始长牙，咀嚼能力增强，舌头也具有搅拌食物的功能，给他增加一些小片的、用舌头能够碾碎的柔软食物（如豆腐等），可以进一步锻炼宝宝的咀嚼能力，使宝宝加快完成由流质食物向吃固体食物的转变。

这一阶段辅食添加的原则为每天添加的次数基本不变，一天3次，添加的时间不变，但是应尝试着使辅食的种类更加丰富，并且要注意合理搭配，以确保能给宝宝提供充足而均衡的营养。

8. 断奶的方式

给宝宝断奶必须经过一段时间的适应，不得突然断奶，否则宝宝会因为一时无法接受而出现连续多天的哭闹、精神不振、食欲减退，甚至引起疾病。

断奶的准备可以从添加辅食开始。慢慢让宝宝从吃流质食品，如米汤、果汁等转换到吃固体食物，例如蛋黄、菜泥等。当宝宝长牙后可喂些饼干、烂面条等，并慢慢减少哺乳1～2次。到宝宝满1岁后，可用米面类食物代替主食，使奶类转为辅食。随着食物的改变，宝宝进食的方式也逐渐改变，从吮吸乳汁转为要咀嚼后方能吞咽的食物；通过吮吸乳头进食转为用杯、碗进食，进而用小勺送入口中。这样使宝宝在生理上和心理上均能适应才是正确的断奶方式。

9. 婴儿营养食谱

早晨6:00　母乳喂20分钟（或配方奶200毫升）

上午8:00　鲜橙汁或西红柿汁100毫升

上午10:00　米粉20克，蛋黄适量，加入米粉中；小儿鱼肝油滴剂（用量遵医嘱）

中午12:00　青菜肉末（或猪肝）粥1碗，约100克

下午2:00　母乳喂20分钟（或配方奶200毫升）

下午6:00　母乳喂20分钟（或配方奶200毫升）

晚间8:00　新鲜蔬菜泥或水果泥50克

晚间10:00　母乳喂20分钟（或配方奶200毫升）

10. 营养辅食制作

（1）炸香蕉

【原料】香蕉1根，鸡蛋1个，油适量。

【做法】鸡蛋打散；香蕉去皮，切块。锅内放油烧至温热，香蕉块裹上鸡蛋浆放入油锅略炸，捞出，装盘。

【功效】香蕉营养丰富，含有称为"智慧精盐"的磷，香蕉又是色氨酸与维生素B$_6$的来源。

（2）蛋黄粥

【原料】大米适量，蛋黄1个。

【做法】取适量大米，用水泡1～2小时后，放入锅中加入适量水，用小火煮45分钟左右，熬制成粥。将煮熟的蛋黄碾碎加入粥中，再煮10分钟左右即可。

【功效】蛋黄中含有丰富的钙、铁、磷等矿物质，蛋黄中所包含的维生素A、维生素D、维生素B₂更为丰富，对神经系统的发育具有重要作用，是婴儿的理想食品。

（3）牛奶蔬菜糊

【原料】西兰花、菜花、胡萝卜各适量，牛奶1大匙（约30毫升），红薯粉适量。

【做法】西兰花、菜花、胡萝卜洗净，氽烫，捣碎，与适量水一起放入锅里煮熟。用适量的清水稀释牛奶，然后加入煮熟的西兰花、菜花、胡萝卜，同煮3分钟后添加红薯粉，搅拌成糊状即可。

【功效】牛奶蔬菜糊营养全面均衡，对眼睛、皮肤等的发育很有益处，是婴幼儿补充营养的理想食品。

日常养护

1. 婴儿痒疹的护理

痒疹通常包括湿疹和婴儿苔藓，多发生在耳后、颈部、后脑、腋下等处。婴儿满5个月后，湿疹通常有所好转，但也有婴儿过了6个月后湿疹仍未消退。宝宝患了湿疹后是否能够洗澡，需分情况而定。若洗澡后湿疹不加重，则可以洗澡，否则，仅能用海绵浴或油浴的方式给宝宝清洁身体。当宝宝腹股沟、腋下等皮肤皱褶处脏了时，可以用肥皂清洗。注意，只有不出湿疹的地方才能够用肥皂。在饮食方面，若吃鸡蛋后湿疹不发痒，就可以让婴儿继续吃。

当婴儿感到非常痒时，每天可涂3次含少量肾上腺皮质激素的药膏。若稍能止痒，可慢慢减少涂抹次数，如一天2次、一天1次、隔天1次、每周2次等，应尽早停药。含肾上腺皮质激素的药物虽然很有效，但存在不良反应，不得连续使用4个月以上。

与湿疹不同的婴儿苔藓，大多发生在婴儿的手腕和脚踝附近。通常是从这些部位的皮肤长出2～3个一半米粒大小的浅红色疹子，使得婴儿刺痒难耐。这种疹子，有的一开始就起水疱。若是在脚掌上，可能会长出硬水疱。除了手脚之外，胸部和腹部也会出现。

若是吃了鸡蛋和鱼引起的婴儿苔藓，治疗时可停吃一个阶段观察。宝宝刺痒难忍时，也可用含肾上腺皮质激素的药膏涂抹。患了婴儿苔藓不妨碍洗澡，应注意常给宝宝修剪指甲。

2. 宝宝睡觉爱出汗的原因

有的宝宝晚上睡觉时爱出汗，夏天大汗淋漓似乎还能够理解，但有时在非常寒冷的冬天，也会看到入睡后宝宝的额头上布满一层小汗珠，这又是什么原因造成的呢？

通常来说，若宝宝只是出汗多，但精神、面色、食欲都很好，吃、喝、玩、睡都非常正常，就不是生病，可能是由于宝宝新陈代谢旺盛，产热多，体温调节中枢又不太健全，调节能力差，就只能通过出汗进行散热，这是正常的生理现象。妈妈只需常给宝宝擦汗就行了，无需过分担心。

但如果宝宝出汗频繁，且与周围环境温度不成比例，明明很冷还在入睡以后出汗，同时还伴有其他症状，如低热、食欲减退、睡眠不稳、易惊等，就表示宝宝有可能缺钙。如还有方颅、肋外翻、O形腿、X形腿病症，则表示宝宝缺钙非常严重，应及时补钙及鱼肝油。

另外，也有可能患有某些疾病，如结核病及其他神经血管疾病和慢性消耗性疾病等。总之，若出现不正常的出汗情况，妈妈应及时带宝宝去医院检查，找出病因，以便及时治疗。

3. 判断婴儿智力是否低下

婴儿智力低下是指患儿的智能低于同龄小儿的平均发育水平。婴儿智力低下的早期干预非常重要，父母若发现婴儿有以下情况时，就应想到婴儿的智力发育是否正常。

（1）不会笑或很晚才会笑　正常的婴儿2个月时就会笑，4个月时会大笑。若孩子3个月时还不会笑，6个月时很少笑，1岁时不会大笑，就是智力低下的一个早期信号。

（2）哭声少　正常婴儿一生下来就会哭，哭是婴儿最主要的表达方式。若孩子很少哭，或者只有尖叫，哭声无力，即使有外界刺激也很少哭，"乖"得出奇，则要考虑其大脑发育是不是有问题。

（3）眼功能发育不全　1个月的婴儿就会用眼睛观察周围的环境，从第2个月开始，就能协调地注视物体，3个月时能够追寻活动的玩具或人，4～5个月时开始认识母亲。智力低下的婴儿则对周围的人和事物不注视或无反应。

（4）对声音的反应能力差　一般婴儿出生两周后就可集中听力，3个月时即能够寻找声源的方向。若孩子常显得十分安静，对周围的一切听而不闻，父母应该警觉。

（5）吞咽困难　吃是人类的本能，但某些智力低下的孩子出生后，会产生进食障碍，稍有不慎就会呕吐。随着孩子的长大，添加固体食物时，孩子会很难咽下，并且常引起呕吐。

（6）动作发育迟缓　婴儿的动作发育受大脑神经和肌肉发育的制约。若孩子动作发育显著落后于同龄的孩子，则要考虑大脑发育不良的可能。

当然，有上述症状的孩子并不一定都属于智力低下，还需要进行全面观察以及进一步的智力检查，但出现这些情况时应引起父母的重视。

4. 注意宝宝的日常安全

这个月的宝宝已经可以在床上自由翻滚了，坐得也比较稳了，有的宝宝开始会爬了。孩子会爬、会翻身之后，危险就增多了。妈妈必须细心，处处呵护宝宝。

（1）不要让孩子一个人待在床上　婴儿床要有护栏，孩子在婴儿车里家长不得离开，有时事故就发生在一瞬间；孩子与父母睡一床时，孩子要睡里边，把孩子放在大床上，仅用枕头和被子是挡不住的。

（2）注意玩具安全　宝宝已经非常喜欢玩玩具了。宝宝在玩玩具的时候更应注意安全问题。给宝宝玩具前，每次均要仔细检查是否有破损，有无易脱落的螺丝及其他部件，还要注意玩具的清洁，最好定期对玩具进行消毒。

（3）不要给孩子颗粒食物　不能给孩子吃颗粒食物，也不要让孩子拿到这类食物。有时妈妈抱着孩子一边聊天一边吃花生，很容易让孩子拿到一颗放进嘴里，花生吸入气管造成婴儿死亡的事时有发生。

（4）不要让孩子玩塑料袋　塑料袋在家里到处都是，孩子若抓到塑料袋，有可能套在头上造成窒息。因此妈妈要把家里的塑料袋收好，不要让孩子拿到。

（5）让宝宝远离危险器具　不要把容易造成危险的器具当成玩具让宝宝玩，不论宝宝有多好奇、多想玩，也不能让宝宝玩打火机、笔、水壶、药瓶、热水瓶、加热器、电源开关等，类似的物品应作为禁止宝宝碰到的物品，统一收起来，放在宝宝拿不到的地方。

（6）避免孩子溺水　家里的水缸、水桶、鱼缸、澡盆都可能对孩子造成威胁。如果妈妈给孩子洗澡时离开，把孩子单独放在澡盆里，澡盆底是滑的，孩子一滑就可能发生危险。孩子扒着水桶往里看，脚底一滑就可能头朝下栽进水桶。

（7）预防婴儿烫伤　烫伤是婴儿最容易发生的意外事故之一。经常发生在给婴儿洗澡、喂奶、喂水、用热水袋取暖时，如果把婴儿放在大盆里洗澡时，把热水放在一边可能不注意碰翻，烫伤孩子；有的烫伤是由于热水袋塞子不紧，热水流出来把婴儿烫伤，或是热水袋不知不觉地触到婴儿而烫伤；喂奶、喂水时，若牛奶和水太热，会将口腔黏膜烫伤。

5. 婴儿"恋物"

恋物行为是指婴幼儿对某种特定物品的依恋，只有在这种特定物品的陪伴下，才能得到安全感和慰藉，一旦离开它，婴幼儿就会哭闹、焦躁不安，严重情况下会导致婴幼儿失眠、拒食。

恋物行为在婴幼儿中比较常见，婴儿通常依恋毯子比较多；而稍大些的孩子会依恋比较柔软的物品，例如毛巾、毛毯、布娃娃、长毛绒玩具等。这是孩子表达对依恋的需要。孩子对父母的依恋，是由于父母能保护他们不受外界环境中有害因素的影响。但是，当他们第一次离开父母时，无法找到安全并得到依恋。于是父母的替代品就在一定程度上帮助孩子稳定情绪，得到安全及快乐。这种依恋的替代同样可以使孩子产生自信、自控，从而拥有更好的情绪适应能力。

孩子对物品的依恋并没有什么害处。通常当孩子在2～5岁时的某一时期就可以改掉这一习惯（少数孩子可能会持续较长时间）。家长应在平常多观察，及时纠正孩子的恋物倾向。可为孩子准备一些更具吸引力的玩具或其他物品，来逐渐分散他的注意力。也可在孩子睡觉之前，借助舒缓的音乐使孩子获取平静或得到心灵的安抚，从而减少对某一特定物品的依恋。

6. 看孩子外观预知疾病

通过外观预知疾病是一种非常直观实用的方法。每位家长均应掌握这种方法，在孩子生病之前发现一些疾病的蛛丝马迹。

（1）面色　中医认为，脾胃的运化功能是非常重要的。孩子过食生冷寒凉的食物，可损伤脾胃的阳气，使脾胃运化功能失常，导致寒湿内生，出现腹胀、腹痛、腹泻等症状；而寒和痛都可以表现为面色发青，尤其是鼻梁两侧发青比较显著。

有的婴幼儿患病后皮肤会出现暗红色或紫红色的斑点状疹。

（2）手足　在正常情况下，孩子的手心脚心温和柔润、不凉不热。若发现孩子手心、脚心干热，则通常是孩子将要患病的一种先兆，爸爸妈妈要注意孩子的精神状态和饮食情况。

（3）口鼻　鼻是肺脏在体表的门口，口腔是消化道的上端，口鼻干燥发热，口唇鼻孔干红，或者鼻中有黏涕、黄涕，严重者气喘、口周发青，均为肺胃燥热的现象。肺热、胃热若不及时解除，孩子可能会出现高热。

 第七节 7~8个月婴儿

发育特征

这个月龄的宝宝活动能力更强了，只要醒着，就会一直进行着他的"探险"活动。偶尔发出的几声有意无意地"ma-ma""ba-ba"，会让辛苦的爸爸妈妈心里乐开了花。

1. 7~8个月婴儿身体发育指标

（1）体重　男婴约8.800千克；女婴约8.00千克。

（2）身长　男婴约70.00厘米；女婴约68.00厘米。

（3）头围　男婴约44.60厘米；女婴约43.50厘米。

（4）胸围　男婴约44.70厘米；女婴约43.80厘米。

（5）坐高　男婴约45.00厘米；女婴约43.70厘米。

（6）牙齿　没有长牙的婴儿此时会长出下面的两颗门牙，已经长出下面门牙的婴儿，上面的两颗门牙也会快速长出。

2. 7~8个月婴儿身心状态

（1）体格发育状况　前囟因为骨化面变小，还没有闭合。宝宝的体态匀称、健壮，更加可爱。

宝宝睡眠时间通常在15~16小时。白天可睡2~3次，每次2.0~2.5小时。晚上睡眠时间约10小时。

（2）运动发育状况　此时的宝宝对各种动作开始有意向性，可以用一只手拿玩具，并且在手中转动。可把玩具从一只手中放到另一只手中，或用玩具敲打身旁的东西。仰卧时会将自己的脚放在嘴里咬。

（3）语言发育状况　能发出各种单音节的音，有的宝宝已经能够发出双音节的"ma-ma""ba-ba"，不过，此时还是无意识的发音。

（4）感觉发育状况　宝宝可以注视远处活动的物体，视觉与听觉有了一定的细察能力和倾听的性质，这是观察力的最初形态。对于周围新鲜的及色彩明亮的物体都有非常强烈的兴趣，不过此时的观察是不准确的、也是不完整的。

宝宝虽然对声音有反应，但不明白具体是什么内涵。当这个月快要结束时，宝宝会对话语做出选择性的反应，此时宝宝喜欢自己玩弄口水所发出的各种声音，并且乐此不疲。

宝宝对周围的事物表现出极大的兴趣，对于不同的事物会有不同的反应，对他感兴趣的事物或色彩艳丽的玩具都会采取相应的行动。此时父母可带着孩子多看看各种动物、植物，增加婴儿认知事物的能力。

（5）心理发育状况　此时的宝宝已经习惯坐着玩了，特别是在浴盆里洗澡时，更是喜欢玩水，会用小手拍打水面，溅出很多水花。若扶他站立，会不停地蹦。嘴里咿咿呀呀地好像是叫着爸爸、妈妈，脸上常会显露出幸福的微笑。若你当着他的面把玩具藏起来，他会很快找出玩具。喜欢模仿大人的动作，也喜欢让家人陪他看书、看画、听"哗哗"的翻书声。

饮食喂养

1. 辅食添加

辅食方面，可以让宝宝尝试更多种类的食品。妈妈应尽可能改善辅食的制作方法，增加宝宝吃辅食的欲望。因为此阶段大多数婴儿在练习爬行，体力消耗也较多，所以，应该供给更多的碳水化合物、脂肪及蛋白质类食品。

对于食欲旺盛的婴儿，若每天吃了辅食和奶之后还觉得不够的话，可以再喂些婴儿饼干。此外，根据中国宝宝的生理特性，应注意给宝宝补充含碘量高的食物，例如紫菜、海带、海苔等。

2. 培养宝宝良好的饮食习惯

在这个月时，应开始培养宝宝良好的饮食习惯。父母可以有意识地在固定的时间和位置给宝宝喂饭，在吃饭前不能给宝宝吃零食，为他创造一个良好的就餐环境。

在给宝宝喂饭时，不得分散宝宝的注意力，不要逗他玩。可以让宝宝自己拿着饼干吃，若宝宝愿意，也可以给宝宝小勺让他自己用勺吃。即使宝宝因为不会用勺而把饭撒得到处都是，父母也一定不要把小勺拿回，改成自己喂宝宝吃饭，这会使宝宝失去锻炼的机会。若发现宝宝只是拿着小勺玩，并不想用它来吃饭，则应及时收回，让宝宝专心吃饭。

让餐桌洋溢着愉快的气氛，把宝宝的饭菜做得美味可口，有助于宝宝形成良好的饮食习惯。

3. 蛋类与肉类应平衡食用

鸡蛋的营养价值高，且易被婴儿所吸收，是一种很好的食品。在给婴儿制作辅食时，蛋黄是首选食品。蛋黄的营养价值高，特别是钙、铁、磷含量丰富。不过蛋类虽好，也不能代替肉类。肉类含有丰富的蛋白质和铁，可以满足婴儿生长发育的营养需要，而且肉类中的铁更容易被婴儿吸收。两者应平衡食用，以达到为宝宝补充营养的最佳效果。

4. 婴儿辅食不可多盐

宝宝的味觉、嗅觉发育还不完全，虽然有些食品的天然口味很淡，但是对宝宝来说很可口；口味太重会给宝宝带来不良影响。

（1）重口味对宝宝的不良影响

① 口水增多　宝宝的消化系统发育还未健全，吃盐过量，易使唾液分泌减少，导致口腔内的溶菌酶相应减少，病菌在口腔里就有了滋生的机会，使宝宝患病的概率增加。

② 损害肾脏　宝宝的肾脏还没有能力充分排出血液中的钠（盐的化学名称是氯化钠），吃太多盐，会损害肾脏，更严重的是会因为过多的钾流失，造成心肌收缩性减弱而发生危险。

（2）让宝宝习惯吃淡味辅食。尽可能给宝宝吃接近天然味道的食物，做到最初就建立健康的饮食习惯，让宝宝受益一生。

① 婴幼儿食品不宜添加香精、防腐剂及过量的糖、盐，以天然口味为宜。

② 口味或香味很浓的市售成品辅食，可能加入了调味品或香精，不宜给宝宝吃。

③ 罐装食品由于含有大量的盐与糖，不能用来作为婴儿食品。

④ 所有加糖或加人工甘味的食物，宝宝都不能吃。"糖"是指再制、过度加工过的糖类，不含维生素、矿物质或蛋白质，又会引起肥胖，影响宝宝的一生。同时，糖使宝宝的胃口受抑，影响吃健康的食物。

即使宝宝不喜欢吃某种口味淡的辅食，妈妈也不能放弃，宝宝接受种新食物可能要尝试10次以上。

5. 鼓励宝宝手抓食物吃（图3-4）

婴儿到了7～8个月大时，手的动作会变得更加灵活，已经能够用手抓起东西往嘴里放，也许他要显示自己的能力，不论什么东西，只要能抓到手就往嘴里送。

有些父母因为担心婴儿吃进不干净的东西，阻止婴儿这样做，这是不科学的，会妨碍孩子的动作发展，打击他们日后学习自己吃饭的积极性。所以，父母应该从积极的方面采取措施。可以将婴儿的手洗干净，让他抓些饼干、水果片等"指捏食品"，不但可以训练手的技能，还能摩擦牙龈，以减轻长牙时牙龈的刺痛。

饼干、水果片一般是这个月龄婴儿最先用手捏起来吃的食物，他会将这些东西放在嘴里吸，也会

图3-4　鼓励宝宝手抓食物吃

用牙床咬，经过一番辛苦，能吃进去一部分，另一部分会黏在手上、脸上、头发上和周围的物品上，父母最好不要计较这些细节，重要的是让婴儿体会到自食的乐趣。

6. 婴儿营养食谱

早晨6:00　母乳喂15～20分钟（或配方奶200毫升）

上午9:00　母乳喂10～15分钟（或配方奶150毫升）；馒头半个（20克）；炒鸡蛋半个（25克）；给予小儿鱼肝油滴剂（用量遵医嘱）

上午10:30　水果泥（苹果1/4个）

中午12:00　小馄饨1小碗（面粉20克，猪瘦肉、青菜各15克）

下午3:30　母乳喂10～15分钟（或配方奶150毫升）；糕点1小块（20克）

下午6:30　烂粥1小碗（大米25克，猪瘦肉、豆腐各25克）

晚间9:30　母乳喂15～20分钟（或配方奶200毫升）

7. 婴儿营养食品制作

（1）香蕉萝卜糊

【原料】胡萝卜、香蕉、牛奶各适量。

【做法】胡萝卜煮软取30克，香蕉取1/6根，用勺将香蕉碾成糊状，一同放入锅中再倒入牛奶，边煮边搅。

【功效】香蕉含有大量的糖类和多种维生素，有清脾滑肠的功效，胡萝卜能够增强婴幼儿的抗病能力，与营养丰富的牛奶同食，非常有益于婴幼儿的生长发育。

（2）麦片粥

【原料】麦片100克，牛奶50毫升，水果（香蕉或苹果）50克。

【做法】将麦片用清水泡软；水果洗净切碎。将泡好的麦片连同水倒入锅内，置火上烧开，煮2～3分钟后，加入牛奶，再煮5～6分钟。等麦片酥烂，稀稠适度，加入切碎的水果略煮一下，盛入碗内即可。

【功效】此粥软烂适中，果香味浓，含有宝宝发育所需的蛋白质、脂肪、碳水化合物、钙、磷、铁、锌和维生素A、维生素B_1、维生素B_2、维生素C等多种营养。

日常养护

1. 培养宝宝懂道理

7～8个月的婴儿已经知道控制自己的行为。此时，凡是宝宝的合理要求，家长都应该满足，而对于宝宝的不合理要求，无论如何哭闹，也不能答应。例如，宝宝要按动电视机的按键，要玩一玩电灯的开关等，家长就应板起面孔，向他摆手，严肃地告诉他"不行"。关键是要使婴儿节制自己的行为，知道有些事可以去做，而有些事不可以去做，家长要使婴儿从小养成讲道理的习惯，避免长大后成为无法无天的小霸王。

2. 给宝宝创造一个安全的活动环境

在保护宝宝自身的安全性以外，周围环境的安全性也不容忽视，家长应从多方面避免宝宝可能受到的伤害。

（1）此时的宝宝喜欢把各种东西放在嘴里，因此必须将家中细小物品或药品放在他拿不到的地方，以防误食而造成意外事故。

（2）这个月龄的宝宝只要2分钟便可能在50厘米深的水中淹死。因此父母必须把家中的储水容器放在稳妥的地方，避免宝宝出现溺水的危险。

（3）宝宝虽然已经学会坐、爬或扶着床沿站起来，但是姿势还不稳，容易因摔倒、磕碰而受伤。因此，在宝宝活动的房间，必须将所有带棱角的东西收起或包好，以防宝宝摔伤。

（4）各种刀具、剪刀、锋利的物体、玻璃等都有可能造成宝宝遭受严重的意外伤害，应把这些物品放置在宝宝拿不到的地方。

（5）此时的宝宝喜欢到处爬，因此要保证楼梯、阳台、屋顶、窗户等场所安全，避免宝宝跌落。

3. 让宝宝尽快学会爬行

爬能促进宝宝平衡能力的发育，开发智力潜能，并且对大脑控制眼、手、脚协调能力的神经发育有很大的促进作用。爬行是目前国际公认的预防感觉统和失调的最佳手段。所以，为了宝宝健康成长，必须在婴儿期及早训练爬行。

（1）爬行装备　7～8个月大的小宝宝体重较轻，爬行时可能还不会磨破皮肤，而大一些的宝宝因为体重的增长，用肘、膝爬行很容易磨破皮肤。所以，宝宝爬行时可以穿上护肘、护膝。所穿的衣服应宽松、舒适、柔软，又不致妨碍运动。

（2）爬行场地　家中的床和地面是宝宝爬行的有利地点。在地面上爬时，应考虑地面的材质，有些地面过凉、过硬，对宝宝而言都不舒服，有效的补救方法是在地面上铺一块毯子，让宝宝在毯子上爬；也可以使用巧拼地板铺出一块小天地，供宝宝在上面爬，最好在上面铺一块地板革，光滑的地板革可减少爬行阻力。

（3）先练手和膝爬　7～8个月时，宝宝趴着时小肚子离床面非常近。妈妈可将宝宝的小肚子托起，把两条小腿交替性的在腹部下一推一出，每天练习数次。

当宝宝的两条小腿具备了一定的交替运动能力后，在前面放置一个吸引他的玩具。为了拿到玩具，宝宝很可能会使出全身的劲向前匍匐爬行。妈妈可用双手稍稍用力顶住宝宝的双脚，使宝宝得到一定支持力而向前爬，这样宝宝慢慢就学会了用手和膝往前爬。

（4）再练手和脚爬行　学会用手及膝爬行后，让宝宝趴在床上，妈妈用双手抱住宝宝的腰，将宝宝的屁股抬高，使得宝宝的两个小膝盖离开床面，小腿蹬直，两条小胳膊支撑着，妈妈轻轻用力将宝宝的身体向前后晃动几十秒，然后放下来。每天练习3～4次为宜，会大大提高宝宝的小胳膊、小腿的支撑力。

一段时间后，可根据情况试着松开手，用玩具逗引宝宝向前爬，并同时用"快爬！快爬！"的语言鼓励宝宝，慢慢宝宝就完全会真正地爬了。

（5）爬坐交替益处多　大多数宝宝是在爬行与站立的中间完成坐姿的。爬为坐奠定了基础，爬和坐是相互促进的。爬坐交替能够满足宝宝不愿安静地坐着的习惯，又锻炼了胸、腹、腰、背以及四肢的肌肉，并可促进骨骼的生长，为以后站立与行走打下良好的基础。爬坐交替的活动量大，消耗能量多，有利于增进食欲、帮助睡眠，从而促进身体良好地发育。

4. 婴儿摔坠的护理

此时的宝宝好动好玩，难免出现摔坠的事情。最常见的就是宝宝从小床上坠落。

若宝宝坠落后没有出现其他症状，只是在头部起了个包，就无需担心，这只是头骨外部血管受伤引起的出血，会自然痊愈。如果是蹭破了头皮，可擦些红药水，但不可忽视其他部位的伤痛。如脾出血的话，宝宝会出现脸色发灰，腹部肿胀，情绪不良，不爱吃东西，应立即送往医院进行检查。一般容易被忽视的是锁骨骨折，在宝宝摔伤后的1～2天，用手抱宝宝的腋下，宝宝就会因疼痛而哭泣；如果让宝宝举双手，受伤的那只手举不起来。如果是锁骨骨折，只要到医院进行正骨治疗就会愈合。

若宝宝跌落后只是哇哇地哭，哭上10～15分钟后就不哭了，又照样很精神地玩，通常就没有什么问题。但是，若过后又无缘无故地哭起来，并且呕吐，不愿吃东西，则应送往医院。若宝宝跌落后失去知觉，不哭、昏睡不醒，则应立刻送到医院救治。

不论是从床上还是楼梯上跌落，只要宝宝立刻哭出声来，通常不会出现大问题。但当天也要让宝宝保持安静，不要洗澡。若宝宝愿意，可以让他枕冰枕。第二天早上若宝宝一切恢复正常，可以无需介意。

5. 训练宝宝坐便盆要注意

图3-5　宝宝坐便盆

为了培养孩子良好的卫生习惯，会独坐以后，可以慢慢培养婴儿坐便盆。最好定时、定点坐盆，并教他用力。

（1）为宝宝选择适宜的便盆　宝宝最好使用塑料的小便盆，可以选用宝宝喜欢的小动物式便盆，如小鸭便盆、马头便盆等，激发孩子坐便盆的兴趣；盆边要宽而且光滑。这样的便盆不论夏天还是冬天均适用。在天气比较冷的时候，可以用柔软的布缝制一个套围在便盆上，防止因冰冷刺激导致孩子抵制坐便盆。

（2）训练坐便盆的时间　开始坐便盆时，可每次2～3分钟，然后逐渐延长到5～10分钟。如果宝宝不解便，可过一会儿再坐，但不要将宝宝长时间放在便盆上。开始只是培养习惯，通常孩子不习惯，一坐便盆就排斥，此时不要太勉强，但每天都要坚持让孩子坐，这样多训练几次即可。

（3）宝宝坐便盆（图3-5）的禁忌

① 刚开始坐便盆的时间不宜太长。

② 切忌养成在便盆上喂食和玩耍的不良习惯。

③ 防止养成在吃饭过程中大便的习惯。

④ 不能用便盆、便椅代替座椅，更不得把坐便盆作为惩罚宝宝的手段。

⑤ 冬天注意便盆不宜太凉，以免宝宝受到刺激引起大小便失禁。

⑥ 大便后应由前向后擦拭，女孩子更要注意如此，以免引起感染。

⑦ 给宝宝擦过大便后，成人应用肥皂洗手后再接触宝宝。

⑧ 每次大便后必须清洗便盆。如果宝宝大便不正常，要用开水泡洗便盆，或用1%含氯石灰澄清液浸泡1小时再使用。

6. 不要盲目给婴儿吃中药

很多家长常在婴儿就诊时，要求医生加开一点中药，比如至宝锭、妙灵丹等，理由是怕婴儿生病，常给婴儿吃点中药预防。这种做法既不妥当又不科学。

这是由于人体摄入的任何药物都要在肝脏解毒，由肾脏排泄。婴儿的身体处在生长发育过程中，很多脏器功能还未成熟，肝脏解毒功能差，肾脏排泄功能不完全，应尽可能少用药。很多婴儿中药制剂中都含有朱砂，用来镇惊，但是朱砂是炼汞的原料，长期服用，可蓄积中毒，影响婴儿的生长发育。

爱心提示

不要给宝宝穿得太多盖得太厚

由于宝宝的神经系统还未发育成熟，体温调节能力较差，在活动或哭闹时容易出汗，因此不宜给宝宝穿得太多，这样既方便宝宝活动，也可防止因穿得过多而出汗，一遇冷空气就容易伤风感冒。若宝宝手、脚发凉，则说明穿得有些少，可再加些衣服。

此外，在宝宝睡觉时不宜给宝宝盖得太厚，由于盖得太厚会使宝宝感到燥热而蹬掉被子，反倒容易着凉而感冒。给宝宝盖得稍薄些，既不会把宝宝冻着，又可以使宝宝易于入睡。

第八节　8～9个月婴儿

发育特征

经过八个多月的辛苦喂养，终于可以听到宝宝清脆地叫"爸爸""妈妈"的声音了。宝宝见到爸爸妈妈对这一称呼的反应，也乐得叫个不停。偶尔当妈妈正在忙碌的时候，会听到一连串的咿咿呀呀，原来，小家伙正对着玩具自言自语呢。

1.8～9个月婴儿身体发育指标

（1）体重　男婴约9.12千克；女婴约8.49千克。

（2）身长　男婴约71.51厘米；女婴约69.99厘米。

（3）头围　男婴约45.13厘米；女婴约43.98厘米。

（4）胸围　男婴约45.28厘米；女婴约44.40厘米。

（5）坐高　男婴约45.74厘米；女婴约44.65厘米。

（6）牙齿　大部分孩子已经长牙，有的孩子已经长出了2～4颗牙，即上门齿和下门齿。

2.8～9个月婴儿身心状态

（1）体格发育状况　前囟因骨化而慢慢变小，通常到12～18个月时闭合。体形丰满匀称，显得更加可爱。

宝宝睡眠时间通常在14～16小时。白天可以睡2次，每次约2小时。晚上睡眠时间10～12小时。

（2）运动发育状况　宝宝此时通常已学会爬行，并可在爬行的过程中自由变换方向。宝宝能够独坐，并可由坐位躺下，扶着床沿能站立，处于俯卧时可用手与膝趴着挺起身子。双手更加灵活了，会拍手，会用手选择自己喜欢的玩具，但是常咬玩具，能够独自吃饼干。坐着玩的时候，可用小手传递玩具，并可用玩具互相敲打，能够用拇指和食指捏起小玩具。玩具掉落后知道低头寻找。

（3）语言发育状况　能熟练地叫爸爸妈妈了。当他慢慢了解语言的时候，对于说话就更感兴趣了。宝宝会非常配合父母说话，喊他的名字会有反应，让他不要动某个东西或是不可以做某件事，也能明白并照做。

（4）感觉发育状况　在宝宝8个月的时候，他会花很多时间来观察周围的事物，也许他对照顾自己的亲人观察得并不多，但是对于周围的一切似乎总是了解不够。宝宝对窗外的事物有很强烈的兴趣，任何事物都会引起他的关注。

（5）心理发育状况　8个月的宝宝若看到熟悉的人会笑，以表示认识，同时会要求他们抱抱自己。若自己喜欢的玩具被拿走，会以哭闹表示不满。任何新鲜的事物均会引起他的注意，看见镜子里的自己，会到镜子后面去寻找。

宝宝已经会观察大人的行为，经常会笑着去亲吻镜中的自己。

8个月的宝宝常有一种怯生感，害怕与父母分开，特别是母亲。这种心理是孩子的正常表现，表明宝宝对周围的人已经有了准确和敏锐的分辨能力。同时怯生标志着父母和宝宝之间依恋的开始，也说明宝宝需要在依恋的基础上，建立起非常复杂的情感、性格和能力。

饮食喂养

1. 喂养指导

（1）母乳喂养　喂奶次数应慢慢从4次减少到3次，每天哺乳600～800毫升就足够了。因为宝宝慢慢变得爱吃饭菜了，辅食量要慢慢增加。

（2）配方奶喂养　每日3～4次，每次200ml右右，如给婴儿增加豆浆、豆腐脑，可减少配方奶用量。果汁、菜水等每次135ml。

（3）辅食添加　可以增加一些粗纤维的食物，例如茎秆类蔬菜，但要把粗的、老的部分去掉。辅食量应根据宝宝的食量而定，通常情况下每次100克左右。每日两顿，第一顿中午12点左右，第二顿下午6点左右，每天可以穿插两次点心。

辅食的种类可以是多种多样的。主食包括面条、粥、馄饨、饺子、面包。有的宝宝能吃米饭及馒头等固体食物。只要宝宝能吃、喜欢吃，就可以给宝宝吃，但记住米饭必须蒸熟。

副食包括各种蔬菜、鱼、蛋、肉类，肉制食品必须剁成肉末，至少要剁成肉馅样大小。

2. 多给婴儿添加新鲜水果和高钙食物

在婴儿的饮食中可以添加一些以新鲜的水果，如苹果、香蕉和桃，使婴儿得到更充分的营养。这时为了给婴儿断奶做准备，可适当减少1 ～ 2次母乳或配方奶。因为婴儿所食用的米粥中含有的脂肪较低，所以在做米粥时可加入5 ～ 10毫升植物油或肉汤。

为了补充宝宝体内的铁、钙等营养素，可以在宝宝的饮食中加入骨肉汤或骨肉粉等铁、钙含量较高的食物，以确保婴儿在这一时期的生长发育需要。

注意在添加辅食时，每次添加一种即可，当宝宝没有任何不良反应时再加入下一种。新增加的辅食应在吃奶前食用，这样更有助于宝宝的吸收。

3. 米、面食品搭配喂养

（1）米的营养优势　米、面的糖含量以及所产生的能量上几乎相同，但米中脂肪含量显著高于面。此外，米中常量元素钾、镁与微量元素锌以及烟酸含量高于面。有些种类的大米含铁较丰富，宝宝常食可补血。

（2）面的营养优势　与大米相比，小麦的蛋白质含量高3%，面中维生素B_1、维生素B_2、维生素E以及钙、磷、钠等无机盐的含量都高于大米，微量元素硒的含量显著超过大米。另外，小麦含膳食纤维比大米高10倍，而且面粉的淀粉颗粒比大米大，可帮助宝宝肠蠕动，避免发生便秘。

（3）宝宝应米、面食品搭配喂养　8 ～ 9个月的宝宝可以选择的米面食品包括米糊、面糊、稀饭、面条、面包、馒头等。面食的做法比较多，可以经常变换。用米、面搭配使膳食多样化，能够引起宝宝对食物的兴趣，从而增加宝宝的食欲，而且不同粮食的营养成分也不完全相同，如果几种粮食混合食用，可以收到取长补短的效果。因此，每天的主食最好用米、面搭配，或不同的品种搭配。

妈妈在给宝宝准备食物的时候应该注意巧妙搭配，例如宝宝早餐可以进食一碗稀饭，加一片面包或一两个小馒头；午餐可以吃一碗米糊或是面糊；晚餐则可喂食一碗面条或青菜瘦肉粥等。

4. 不宜把鸡蛋作为主食

鸡蛋营养丰富，含有多种矿物质和维生素，容易被婴儿消化和吸收，是一种理想的婴儿食品。但不能因鸡蛋有益处，就让婴儿顿顿饮食都不离鸡蛋。由于婴儿的消化系统还没有发育完全，如果食用鸡蛋过多，会增加婴儿的胃肠负担，引起消化不良，出现烦躁、呕吐、腹泻等症状。另外，过多的蛋白质可使婴儿体内氮含量增高，从而增加肾脏负担。因此，家长不宜把鸡蛋作为婴儿的主食，每天不可超过1个。

在为婴儿做鸡蛋食品时，最好采用蒸食或煮食的方法，这样有助于婴儿对营养物质的吸收，尽可能不要煎鸡蛋，更不要给婴儿吃生鸡蛋。

5. 水果不能替代蔬菜

大多数宝宝爱吃水果而不爱吃蔬菜，因此有些妈妈就多给宝宝吃水果，甚至用水果代替蔬菜。其实，这种做法是不可取的。水果的营养价值虽高，但不可代替蔬菜。由于两者对于婴儿的生长发育都起着重要作用。以苹果与小白菜为例，苹果所含糖分主要是果糖、还原糖及蔗糖，很容易被人体吸收利用；小白菜所含维生素和矿物质丰富，特别是胡萝卜素、钙、铁等营养素。但是，苹果的钙含量只有小白菜的1/8，铁含量仅为1/10，胡萝卜素含量仅为1/25，而这些营养成分都是婴儿生长发育所需要的物质。另外，蔬菜还具有促进食物中蛋白质吸收等独特的生理作用。水果虽好，不可代替蔬菜的作用。两者相互补充，互不偏废，才能够对宝宝的健康更加有利。

6. 教宝宝学会使用勺子（图3-6）

图3-6　教宝宝学会使用勺子

宝宝8～9个月的时候，妈妈可以让他学用勺子，当然，这个年龄的宝宝还无法用好勺子，只是让他开始练习。

喂宝宝吃饭时，他有可能来夺勺子，此时正是宝宝学用勺子吃饭的好机会。父母不要以为宝宝调皮，更不能和宝宝"拔河"夺来夺去的，就把手里的勺子给他，自己再去找一把继续喂，让宝宝拿着勺子边吃边"玩"好了。学习用勺子即是从这里开始的。开始时他还分不清凸凹面，快到1岁时就能够装满勺子，自己吃了。

教宝宝学用勺子的方法如下。

（1）从2把勺到1把勺　先让婴儿右手持勺学吃，妈妈用另一把勺喂饭。让宝宝体会到想将食物舀起来送进嘴里不是那么容易的，可能试试就不耐烦了，勺子不往嘴里送而在饭里瞎搅。此时，可以把饭端开，但不要去夺宝宝手里的勺子，不然宝宝会失去信心的。

（2）可左右手用勺　开始婴儿持勺不分左右手，不必非要纠正，两手同时并用可促进左右脑发育。

（3）父母要有耐心　婴儿开始用勺子不够熟练，会弄得手、脸、衣服到处都是饭，甚至摔碎碗或杯子。此时不要大声斥骂，更不能让他失去学习的机会。

7. 婴儿营养食谱

早晨6:00　母乳喂15分钟（或配方奶220毫升）；鲜肉包子1个（面粉20克，猪瘦肉5克）

上午8:30　饼干15克；鲜果汁100毫升，小儿鱼肝油滴剂（用量遵医嘱）

中午12:00　蛋黄青菜面1小碗（面条30克，青菜25克，蛋黄1个）

下午3:00　母乳喂15分钟（或配方奶220毫升）；水果1个

下午6:30　米粥1小碗（约50克），鱼肉3小块（约20克），土豆泥50克

晚间9:00　母乳喂20分钟（或配方奶220毫升）

8. 婴儿营养食品制作

（1）红薯牛奶糊

【原料】红薯60克，配方奶100毫升。

【做法】红薯洗净，去皮煮熟，用汤匙压成泥。将配方奶加热后加入薯泥中，搅拌均匀即可。

【功效】这道辅食含有丰富的蛋白质、膳食纤维、矿物质、维生素，非常适宜宝宝食用，对于便秘还有一定的改善作用。

（2）肉末面条

【原料】面条20克，肉末20克，鱼汤或肉汤、酱油、淀粉各适量。

【做法】先将面条切成小段煮好，取肉末一起放入锅中，加入鱼汤或肉汤适量，用小火稍煮，添加适量的酱油，调入少量的淀粉，搅匀煮熟即可。

【功效】肉末面条营养丰富，容易消化，是婴儿不可缺少的一道主食。

（3）虾糊

【原料】虾3只，肉汤、淀粉各适量。

【做法】将虾洗净入锅煮至将熟，取出去壳碾碎，同肉汤一起放入锅中煮至熟，调入淀粉勾芡，成糊状即可出锅。

【功效】虾的含钙量较高，有提高人体免疫力的功效，可防治软骨病和佝偻病，适宜婴儿食用。

日常养护

1. 用简短的词教宝宝学说话

孩子说出的第1个词，经常是"妈妈"，这简直像天使的声音。这是由于他的成长是离不开妈妈的。妈妈和他接触最多，是他最亲近的人。"妈妈"一词发音比较简单，当他模仿"妈妈"这个词的发音时，妈妈总是高兴地答应着他："妈妈在这儿呢！"终于，宝宝理解了喂他、抱他，为他换尿布、洗澡，给他爱抚、和他玩耍的人与"妈妈"这个词之间的联系。于是，他开始有目的地、主动地叫"妈妈"。

可能有的宝宝先说的第1个词不是"妈妈"，而是"爸爸"。或者，他全然不考虑"妈妈"与"爸爸"，而先说"不"这个词，或者说"还要"等。总之，宝宝说的第1个词究竟是什么，完全取决于他的经验，取决于父母平常教他学习的是什么，并非孩子天生带有偏向母亲或父亲的感情因素。

八九个月是宝宝在第1年里最善于模仿的阶段，要充分利用这个宝贵的、最利于进行语言教育的月份，教给他更多的东西，这对日后的教育也会起到事半功倍的效果。

教婴儿说话的方法如下。

（1）父母必须对宝宝说话、说话、再说话，慢慢形成语言定势。

（2）要用与婴儿生活有密切关系的简短的词，用普通话教婴儿。这些词主要包括名词和动词，以及某些称赞或否定词。要婴儿认识亲人、身体、食物、玩具，并且配合日常生活中的动作教给他。

（3）当婴儿说"儿语"时，不要重复它。而应当用柔和的词语，将正规的语言教给他。

（4）当宝宝指着他想要的东西时，父母应鼓励他一边指着东西一边发出声音来，教婴儿由打手势和声音相结合，到最后用词代替手势。

（5）要使婴儿常保持愉快情绪，愉快时就咿呀学语，而宝宝的语言正是在咿呀学语中发展而来的。在其他条件相等的情况下，愉快的孩子比不愉快的孩子学话更快、更好。

2. 不能让婴儿看电视

当婴儿听觉及视觉发育后，有的家长便开始让婴儿看电视，这对婴儿的成长是非常不利的，主要可以从下列三个方面来说明。

（1）电视，特别是彩色电视所发出的辐射会影响宝宝的身体健康，引起食欲减退。这种被动性的观看活动还会让宝宝形成一种"缺乏活力"的大脑活动模式，从而影响宝宝的智力发育。

（2）宝宝这时的思维较单一，若看电视，势必会盯着屏幕目不转睛，这样就很容易造成近视、远视、斜视和视力减退等视觉疾病，对宝宝的视力健康不利。

（3）电视画面的迅速转换会引起宝宝的注意力紊乱，而且当他将大量的时间放在看电视上时，观察外部世界的时间就少了。

所以，在宝宝2岁前最好不要让他看电视，要让宝宝多和各种事物接触，扩大宝宝的感知范围，以提高他感知外部世界的能力。

3. 婴儿烫伤的护理

婴儿突然的举动通常会令父母防不胜防。例如婴儿想去抓爸爸的手却不小心抓到了点燃的香烟；开水瓶没放好，一不留神就被婴儿的小手碰倒等。遇到这些情况，家长必须按烫伤的程度进行及时处理。

首先是脱离热物，若婴儿身上的衣服已经被开水浸湿则应立刻轻轻为婴儿脱去，并用冷水冲洗患部，使皮肤降温。若手、脚等裸露部位被烫伤，烫伤的范围很小，只是皮肤略微发红，应保持创面清洁，可抹点酒精，包上消毒纱布，用绷带缠好。若烫伤部位起疱、脱皮，不要把水疱弄破，也不能在上面抹豆油或酱油之类的东西，以免留下瘢痕。若是大面积烫伤，则要用干净的布将烫伤面盖上，注意动作必须轻柔，以防感染，并快速把婴儿送往医院治疗。

4. 父母要知道宝宝有五怕

父母对自己的宝宝往往疼爱有加，但是在呵护宝宝的过程中，一些不经意的疏忽，可能就会对宝宝造成伤害。

（1）脑袋怕摇晃　婴儿的脑袋不论长度、重量在全身所占的比例都较大，加上颈部柔软、控制力较弱，大人的摇晃动作容易使其稚嫩的脑组织因惯性作用在颅腔内不断地晃荡和碰撞，从而引起脑震荡、脑水肿，造成毛细血管破裂。婴儿的年龄越小受害越大，10个月以内的小宝宝特别危险。

因此，家长不要随意摇晃童车或摇篮，必要时可采用轻拍或抚摩婴儿背部、臀部的方法帮助其入睡，抱在怀中的婴儿也只宜轻缓摇晃，不得用力晃动。

将孩子抛起来或是抓住婴儿臂膀左右摇动的做法，更应绝对禁止。

（2）进食怕逗笑　人的咽部处于气管和食管的交叉口，饮食时笑闹很容易造成交叉口上的会厌软骨"失职"，使异物误入气管，导致呛咳不止。若呛入的是奶水还好些，呛咳一阵子后宝宝就会没事了。若误入的是固体食物，食物很有可能会沿气道堵塞气管或支气管，造成宝宝呼吸困难，甚至窒息，危及宝宝的生命。

与孩子逗乐应掌握好时间和场合，进食时绝对不可。此外，让孩子一边看电视一边进食也不好，因为电视里的某些画面也可能让孩子发笑。

（3）肚皮怕受凉　宝宝的肚子对气温格外敏感，最怕受凉，一旦受凉，可使肠蠕动增强，引起腹痛、腹泻。腹痛、腹泻又会影响宝宝的营养吸收，使其抵抗力降低，进而为各种感染性疾病的入侵开了方便之门。

即使在炎热的夏季，也不得让宝宝一丝不挂地裸睡，要用毛巾或肚兜儿护住其腹部。

（4）生病怕甜食　宝宝生病之后吃什么好呢？很多家长认为甜食好，其实这是一个误区。孩子生病后消化液分泌减少，消化酶活力降低，食欲减退。这时如果再进甜食，就会大量消耗维生素 B_1，使消化液进一步减少，食欲也就更差。

宝宝生病的时候尽可能少吃甜食，应多进食高维生素、高微量元素的食物，以加速身体的康复。

（5）洗脚怕热水　用热水洗脚或泡脚，这是成人的养生之道，若套用在婴幼儿身上那就大错特错。

人的足部由26块大小不同、形状各异的骨头组成，彼此间借助韧带与关节相连，共同构成一个向上突起的弓状结构——足弓。足弓能够缓冲行走与跑跳时对机体的震荡，保护足底的神经血管不受压迫。足弓形成的关键时期在儿童期，而热水有可能使足底韧带松弛，导致平足。所以，婴儿最好用温水洗脚或泡脚。

5.婴儿便秘的护理

宝宝若有便秘习惯，家长一定很头痛，此时首先要分析原因。

（1）宝宝便秘的原因　通常来说，用牛奶喂养的宝宝容易出现便秘，这是因为牛奶中的酪蛋白含量高，可使大便干燥。

宝宝因为食物摄入量不足或食物过于精细，含膳食纤维少，导致消化后残渣少，粪便量少，不能对肠道形成足够的排便刺激，以致粪便在肠管内停留时间太长，也可形成便秘。

宝宝生活不规律，没有养成定时排便的习惯，也会出现便秘。

某些疾病，如肛门狭窄、肛裂、先天巨结肠、发热等，都会造成便秘。

（2）宝宝便秘的护理　注意给宝宝多吃些新鲜果汁、蔬菜水、菜泥。

宝宝吃东西不要过精，要吃一些含膳食纤维较多的食物，如白菜、玉米、莴苣等。

此外，要训练宝宝养成定时排便的良好习惯，养成了这种习惯，就算粪便不多，时间因素作为一种刺激也会产生排便行为。

（3）严重便秘的对策　若宝宝已经两天没有大便，而且哭闹、烦躁，家长可将肥皂削成3厘米长、铅笔粗细的肥皂头（尖端应细一些），塞入宝宝肛门，或将开塞露塞入宝宝肛门，将药水挤入肛门，取出塑料管后，轻轻捏住肛门口，以免在还未发挥作用时，因为直肠内压力过高，将肥皂头或开塞露药液喷出。这种办法通便效果好，但是一定要在医生指导下使用，并且不要常用，以免产生依赖。更简单的方法是家长的手指戴上橡皮指套，涂上润滑油，伸入宝宝肛门，通过机械性刺激引发排便。家长不能随便给宝宝服用泻药，因为服用泻药后可能导致腹泻。

总之，便秘要以预防为主，应从饮食和生活习惯上予以注意。

6. 婴儿吞食异物的护理

这一时期，婴儿的好动经常会带来意想不到的危险。例如婴儿一看到地上掉了东西，就会捡起来放入嘴里，有时还会将它吞进肚子里。有时候，婴儿仰脸哭笑，又会将含在嘴里的东西掉进气管。

婴儿吞食异物后一般会出现食管异物和胃肠异物两种情况。若是食管内有较大的异物，则会压迫气管引起呛咳、吞咽困难，甚至可引起窒息死亡。尖锐的异物还可能刺破食管导致局部发炎化脓、出血等症状，直接危害婴儿的生命。

这时应立即到医院为婴儿进行X线检查，确定异物位置，大多数异物用食管镜即可取出。如果异物已无法取出或已穿破食管，则应进行手术取出。应当注意的是，当婴儿吞下异物后，有的家长会让孩子吃几口饭以期将异物咽下去，这种做法是非常危险的，千万不要采取，否则只会给婴儿带来更大的伤害。

若是胃肠道异物，则有两种常见的处理办法。

（1）手术法　若婴儿吞入的异物会引起呼吸困难，食管或胃肠有显著的梗阻症状，对生命造成严重威胁时，应立即动手术取出。若异物在体内停留3～5天仍没有排出，则应考虑用手术的方法来解决。这时千万不要给婴儿吃泻药或改变饮食结构，防止增加胃肠蠕动而使异物嵌顿得更深。

（2）自然排出法　婴儿吞食的异物由狭窄的食管进入胃肠，基本上都能够随粪便排出体外。

爱心提示

冬季怎样预防宝宝长冻疮？

（1）当宝宝要去户外时，必须注意保暖是否得当，如衣服是否防寒，尤其是常暴露的部位，可适当涂抹护肤霜以保护皮肤。

（2）寒冷的时候，不要让宝宝在户外玩耍的时间太久，也不要玩久坐不动的游戏。要常按摩手、脚、面部、耳朵，年龄越小体质越弱的宝宝越要予以注意。

（3）衣服要宽松，最好是蓬松的棉服或羽绒服，穿全棉的布靴，但一定不能太小，否则会影响脚部的血液循环而发生冻疮，袜子要吸汗并且及时更换，以免因潮湿冻伤脚。

 第九节　9 ～ 10个月婴儿

发育特征

9个月的宝宝心理已经非常丰富了。喜欢翻身坐起，喜欢与其他小朋友或大人一同做游戏，喜欢照镜子观察自己，喜欢观察周围物体的各种形态，喜欢大人对他做出的语言及动作给予鼓励和表扬，喜欢用拍手欢迎和摆手再见的方式和周围的人交流。

1.9 ～ 10个月婴儿身体发育指标

（1）体重　男婴约9.40千克；女婴约8.80千克。

（2）身长　男婴约73.00厘米；女婴约71.00厘米。

（3）头围　男婴约45.60厘米；女婴约44.50厘米。

（4）胸围　男婴约45.60厘米；女婴约44.60厘米。

（5）坐高　男婴约46.00厘米；女婴约45.20厘米。

（6）牙齿　大部分的婴儿已经长出了两颗下中切牙，有的已经长出两颗上中切牙。婴儿乳牙萌出的时间通常在6 ～ 8个月，最早在4个月，最晚可在10个月。至于婴儿萌牙的个数，有一个大致的算法：月龄减去4 ～ 6。例如8个月的婴儿，8-（4 ～ 6）＝4 ～ 2，则表示8个月的婴儿可以长2 ～ 4颗牙。

2.9 ～ 10个月婴儿身心状态

（1）体格发育状况　前囟继续变小。体形逐渐匀称、健壮。下肢肌肉经过锻炼渐渐发达。

宝宝睡眠时间通常在14 ～ 16小时。白天可睡2次，每次约2小时。晚上睡眠时间10 ～ 12小时。

（2）运动发育状况　此时的宝宝可以自由地向前爬或者向后爬，可以扶着床栏站起并可沿床沿走。抱着玩具，会学大人的动作拍打玩具。会用小手灵巧地敲打积木，并将一块积木搭在另一块积木上，能把瓶盖盖在瓶口上。

（3）感觉发育状况　此时的宝宝仍是个小观察家，对所有的东西都那么着迷，特别是一些细小的东西，例如各种按钮，对各种食物或日用品的兴趣也非常浓厚。总之，只要是在他的视线范围内的东西，都要尽可能摸到或研究一番。

宝宝虽然不会说话，但是对家人说的话已经能明白一些了。对于一些常见的东西，婴儿在听到后会用手去指或用眼睛去看。此时婴儿已经能把感知到的物体与动作、语言联系在一起了。此时宝宝的嘴巴仍是探索事物的主要工具，因此只要抓到什么东西，都会放到嘴里感觉一下。

（4）心理发育状况　9个月的宝宝已经知道自己的名字，喊他的时候会扭头或用声音表示应答。若拿着某样东西，家长严肃地说"不许动！"他会立即把手收回来。这表示他已经明白大人的简单语意了。当大人向他说再见，他会相应地摆摆手，若给他的玩具他不喜欢，则会用手推开或摇头，若是喜欢的，则会笑出声来，表示非常开心。

此时的宝宝非常喜欢有人称赞、表扬，这表明宝宝的语言和情感都有了进一步的发展。当宝宝表演自己的拿手好戏时，家人的鼓掌、夸奖会让他非常高兴。当宝宝感受到家人的鼓励时，他会重复自己的动作，这是内心在体验成功与享受快乐的表现。若这时，家人能一起表扬宝宝，并且态度真诚，那么，这种氛围将有利于宝宝的健康成长，这即是心理学上的"正性强化"教育方式。

饮食喂养

1. 喂养指导

（1）母乳喂养　这个阶段原则上继续沿用第8个月时的喂哺方式，但是可以把哺乳次数进一步降低为不少于2次，让婴儿进食更丰富的食品，有利于各种营养素的摄入。虽然宝宝的摄取量越来越多，但是每天所需的热量仍有1/3是来源于乳类的。

（2）辅食添加　宝宝到了这个时候可以吃相当多的东西了，因此每天可以喂3次辅食，辅食的硬度可以升级，并给予一些磨牙的固体小食物。

（3）精心为宝宝准备早餐　对于工作的妈妈而言，在忙碌的早晨，亲手为宝宝削一个苹果都是件非常奢侈的事，其实只要妈妈掌握了全套早餐原则，是可以做到工作、照顾宝宝两不误的。

① 晨起要喝水　早晨必须让宝宝喝一杯温开水或奶。经过一夜的代谢，身体里的水分散失很快，而且有很多废物需要排出。喝水可以补充身体里的水分，加快新陈代谢。而奶中除了水分，还能提供优质蛋白质、容易消化吸收的脂肪和丰富的乳糖，更是钙的最好来源，有助于宝宝的生长发育。

② 营养要全面　若早餐只有面包、米饭、粥之类的淀粉类食物，虽然宝宝当时吃饱了，但由于淀粉容易消化，过了一段时间，宝宝又会感到饥饿。因此，早餐必须有含蛋白质和脂肪的食物，这样可以让食物在胃中停留比较长的时间。

③ 丰富的维生素　维生素对宝宝的成长十分重要。给宝宝一个水果或在汤面里加一点绿叶蔬菜，均是获取维生素的好办法。

2. 促进宝宝长身高的食品

宝宝的身高除了遗传因素外，还跟饮食有很大的关系。若妈妈希望宝宝能够长得更高、更健康，那么，此时就要让宝宝吃些有利于长高的食物。

（1）牛奶　牛奶营养丰富，所含的钙和磷比例适中，有促进儿童和青少年骨骼、牙齿发育的作用。

（2）沙丁鱼　沙丁鱼可谓是蛋白质的宝库，若食用沙丁鱼不方便，可用鲫鱼、鲤鱼或鱿鱼来代替，也可食用含钙、磷比较丰富的鱼松。

（3）菠菜　菠菜被誉为维生素的宝库，常吃菠菜可增强人体的免疫力，还能够促进儿童的生长发育。

（4）胡萝卜　胡萝卜中包含大量的胡萝卜素、维生素 B_1、维生素 B_2、维生素 B_{12} 和烟酸。

3. 促进宝宝智力发育的饮食

怎样促进宝宝的智力发育呢？不同的父母有着不同的办法。可是，做父母的千万不可忽视，从宝宝的饮食着手，给宝宝选择一些益智的食物，也是一条捷径哦！

（1）蛋黄和鱼肉　鱼肉中富含多种蛋白质，还富含不饱和脂肪酸以及钙、铁等成分，是脑细胞发育的必需营养物质。

蛋黄中的卵磷脂经由消化酶的作用，释放出来的胆碱直接进入脑部，与醋酸结合生成乙酰胆碱。乙酰胆碱是神经传递介质，有助于智力发育，改善记忆力。此外，动物的脑、心、肝等含有丰富的蛋白质和脂类等物质，也是非常好的益智食品。

（2）大豆及其制品　大豆及其制品富含优质的植物蛋白质。大豆油还包含多种不饱和脂肪酸及磷脂，对脑发育有益。

（3）富含微量元素的食物　牛肉、猪肝、鸡肉、鸡蛋、鱼、黑木耳、蘑菇、海带等，这些食物富含锌、碘、铜、铁、硒等微量元素，它们是构成大脑所必需的营养成分，是提高婴幼儿智力发育不可少的物质。婴儿一旦缺乏这些微量元素，特别是缺锌，可使大脑边缘海马区发育不良，智力与记忆力将受到损害。

（4）蔬菜水果不可少　蔬菜、水果及干果富含多种维生素，对于促进大脑的发育、大脑功能的开发等均有一定的作用。轻微的维生素缺乏需要较长时间才会有一些显著的症状，但有些是无法观察到的，如智力发育迟缓；比较严重的维生素缺乏，会有相应的表现症状，如缺乏维生素A、维生素C，宝宝易于感冒、近视；缺乏B族维生素，宝宝记忆力不好，注意力不集中，胃口差。

家长要注意恰当给宝宝补充维生素，不但能很好地帮助宝宝获取全面均衡的营养，还能帮助宝宝提高食欲。

4. 婴儿营养食谱

早晨6:00　母乳喂20分钟（或配方奶250毫升）

上午8:00　鲜果汁100毫升或西红柿汁150毫升

上午10:00　营养米粉（米粉40克，蛋黄1个，白糖适量），小儿鱼肝油滴剂（用量遵医嘱）

中午12:00　肉末粥（猪肉末10克，大米15克）

下午3:00　饼干适量，水果泥30克

下午6:00　豆腐芝麻饼40克，新鲜蔬菜泥或果泥30克

晚间9:00　母乳喂20分钟（或配方奶250毫升）

5. 婴儿营养食品制作

（1）鸡蛋面片

【原料】面粉100克，鸡蛋1个，水、菜汤、香油、酱油各适量。

【做法】将面粉放在大碗内，打入鸡蛋，加适量水，将面粉调制成面团，揉好备用。将揉好的鸡蛋面团擀成薄圆片，然后用刀切成小片。在锅内加入适量的水，放在火上烧开，然后下入面片，煮烂后将面片捞起放入碗中，加入少量菜汤或滴入几滴香油和酱油即可。

【功效】鸡蛋含丰富的优质蛋白与蛋氨酸，而谷类和豆类都缺乏这种人体必需氨基酸，能够使宝宝获取更全面的营养。

（2）红薯苹果片

【原料】红薯、苹果各1个，白糖适量。

【做法】把红薯洗净，切成4个薄片；将苹果洗净去核，切成相同的薄片，一同放入锅中，加适量的水用小火煮，煮好后加入适量的白糖搅匀即可。

【功效】红薯营养丰富，易消化，含热量高，却不含脂肪，具有健脾润肠的功效，可适量给婴儿食用。

（3）柿饼饭

【原料】柿饼、大米各适量。

【做法】取适量的柿饼洗净，切成米粒状。把大米淘洗干净放入碗中，加入柿饼粒，拌匀，加入适量的水，放入锅内蒸30分钟左右即可。

【功效】柿饼含有大量的有机酸和鞣质等成分，有利于胃肠对食物的消化，与大米做成饭，有利于增进婴儿的食欲。

日常养护

1. 从头到脚扮靓宝宝

俗话说"衣食住行"，每位父母早晨起来第一件事就是给宝宝穿衣服，这虽然是一件非常简单的事情，其实也含着大学问呢。

（1）宝宝衣着要方便活动　这一时期，宝宝四处爬行，运动量大，所以流汗较多，衣服脏得快。若衣服被汗水湿透，不但容易患感冒，还容易引发皮炎，因此要经常给宝宝换衣服。

给宝宝挑选衣服时，应当选择吸汗性好的棉布衣服。应方便穿着，不束缚宝宝的行动。太紧或太松的衣服都不方便活动。另外，还要养成在室内给宝宝穿薄衣服的习惯。

（2）给宝宝穿上衣的方法　给宝宝穿爬爬装和衬衫的时候，一定要记住，头是椭圆形的而不是圆形的。

若领口小，要把套头衫的下摆提起，挽成环状，先套到宝宝的后脑勺上，然后向前向下拉。

在经过宝宝的前额与鼻子的时候，要用手把衣服抻平托起来。

宝宝的头套进去以后，再将他的胳膊伸进去。

脱衣服的时候，要先将宝宝的胳膊从袖子中退出来，再把衣服向上挽到宝宝的脖子。

接着，托起前面，抹过他的鼻梁和前额，让套头衫呈环状留在脖子的后边。

最后，把衣服从宝宝的脑后抽出来。

（3）给宝宝穿裤子的学问　宝宝的裤子应选择比较宽松的。一些父母为了避免宝宝的裤子掉下来，就用力帮宝宝系紧裤带，其实，这种做法是错的。裤带不宜扎得太紧，否则容易引起宝宝肋骨外翻。同样道理，宝宝裤腰上的松紧带也不能过紧。

（4）给宝宝穿鞋子的学问　宝宝在未满1岁的时候，最好选用脚底松软的鞋子。父母在给宝宝穿鞋的时候，最好是弯下腰去穿，而不是将宝宝的脚提起来穿，因为这样很可能会伤害到宝宝柔嫩的小脚。

此外，系鞋带的时候不能太紧，也不能太松，太紧会勒疼宝宝的小脚，太松则会造成鞋带松开，使宝宝因为踩到鞋带而摔倒。

2. 读懂宝宝的身体语言

1岁之前的宝宝，还无法用完整的语言来表示自己的感受，丰富的身体语言就会成为他有力表达自己的工具。宝宝用各种手势来表达自己的想法，细心的母亲，能不断读懂他的体语，无形中就会给予宝宝极大的肯定，宝宝自然也会越来越愿意和你交流。

（1）妈妈，抱我　表现为找机会赖在身上，抓抓头发，碰碰脖子，或是在哺乳时，用自己的小手握住妈妈的手指……

这表明宝宝缺乏安全感，他要靠最亲密的接触来感觉妈妈的存在。因此，当宝宝把妈妈头发弄得一团糟的时候，千万不要气呼呼地把他扔进小床，妈妈要做的事是温柔而坚定地抱抱他。

（2）妈妈，告诉我为什么　表现为和妈妈分享他的玩具。

这时的宝宝总喜欢和妈妈分享他的玩具：会走路的小鸭子，会跑的小汽车，不停旋转的小陀螺等。不过妈妈如果以为他是要你和他一起玩这些会动的玩具那就大错特错了，宝宝的真正意思是想让你示范给他看：为什么这些玩具会动？

请不要不耐烦，要知道宝宝是想让他最信赖的人——妈妈或者爸爸，来帮助他认识一些事情。

（3）妈妈，走这边吧　表现为蹒跚学步的他会引导你的方向。

宝宝开始学走路了！而且开始有了初步的自我意识，因此，不一定是按照妈妈的要求来做事情了。若有东西吸引了他，他会主动走向那个方向。

（4）妈妈，看我的动作　表现为对他人的语言及动作表示回应。

9～10个月大的宝宝，会举起双臂，意思是"带上我出去逛逛"，甚至当播放一段节奏轻快的音乐并做出跳舞的样子时，他会明白并且欣然起舞。

3. 让孩子练习用杯、碗喝东西

当婴儿6～7个月后，父母就开始慢慢使用勺子给婴儿喂食，同时随着婴儿对外界事物的兴趣逐渐浓厚，就会对母亲的乳头和奶瓶渐渐淡忘，不会再迫不及待地见到奶瓶或是母亲的乳房就要吮吸。他常会吃一会儿、玩一会儿，这种漫不经心的情况恰好为父母让婴儿练习用杯、碗喝东西提供了有利条件。

在开始的时候，父母可以给孩子一个色彩艳丽，方便拿在手中的小杯子或小碗，以吸引婴儿的兴趣，让婴儿在手中玩。当婴儿对杯子具有一定的兴趣后，父母可以将杯、碗拿在手中，做出举杯、碗向口中送的动作，并且让孩子也学着做。可在杯、碗中放入一定量的奶，让孩子知道通过这种方式也可以喝奶。当孩子学会并且掌握了一定技巧后，可以让他完全使用杯、碗来喝水或奶。

在这一过程中，父母的耐心指导非常重要。孩子能否熟练地用杯、碗喝水或奶，取决于父母所提供的练习次数多少，如果给孩子练习的次数越多，则孩子学得越快，通常孩子在1岁时就有这个能力了。若孩子失去了对杯、碗的兴趣，父母可换一下杯、碗的形状及颜色，或在里面装上其他的可口饮品，让孩子再次喜欢用杯、碗喝东西。

4. 预防"流脑"

"流脑"是流行性脑脊髓膜炎的简称，是由脑膜炎双球菌引起的化脓性脑膜炎。"流脑"经由呼吸道传播，每年春季为发病高峰期，半岁至2岁的宝宝最易被感染。

（1）提前接种疫苗　在流行前预防接种，皮下注射疫苗1次，接种后5～7天产生抗体，2周后达到高峰。

（2）家庭预防措施　保持室内空气清新，勤开门窗通风或喷洒空气消毒剂，常晒被褥。

个人勤换衣裤、勤晒衣物，平常多晒太阳。

注意保暖，预防感冒。在剧烈运动或游戏后，应立即帮宝宝把汗水擦干，穿好衣服。

注意口腔卫生，饭后用盐水漱口。

春季多吃葱、蒜，可以杀死口腔中的病菌，有预防作用。

流行期间减少参加大型集会与大型集体活动。

在"流脑"流行季节或地区，尽可能不要带宝宝去拥挤的公共场所。

抵抗力低的宝宝应戴上口罩后外出，避免增加感染机会。不要带宝宝到疾病患者家去串门。

5. 培养孩子良好的吃饭习惯

9～10个月的婴儿，通常都可以坐得很稳了，他对于吃饭的兴趣比较大，常是一副饥不择食的样子，不会在乎坐在什么地方，完全会按照家长的方式来吃饭。此时家长应抓住时机，培养婴儿养成良好的吃饭习惯。

在吃饭前，可以将婴儿放在一个固定的位置上，让他明白坐在这里，就是要吃饭了。这个位置可以是婴儿小推车或是婴儿专用餐椅。这样有助于形成婴儿的条件反射，养成良好的吃饭习惯。若在这段时间没有充分利用这个机会，当婴儿到1岁时再开始培养就比较困难了。由于那时的婴儿对外界的兴趣浓厚，对吃饭没有那么大的兴趣，不会老老实实地坐在那里，一般喜欢在吃饭时摸摸这儿，动动那儿，就是不想好好吃饭，也不会乖乖地听从父母的安排，很容易养成边玩边吃的习惯。因此父母应该在这一时期培养婴儿养成良好的吃饭习惯。

 # 第十节　10 ~ 11个月婴儿

 发育特征

这个月龄的宝宝能够自由地在屋子里爬来爬去，会扶着床头或桌子站起来急切地打量这个丰富多彩的世界。看到自己喜欢的东西还会摇摇晃晃地想要奔过去，不过却心有余而力不足，所以，摔跤是家常便饭。

1. 10 ~ 11个月婴儿身体发育指标

（1）体重　男婴约9.66千克；女婴约9.08千克。

（2）身长　男婴约74.27厘米；女婴约72.67厘米。

（3）头围　男婴约46.09厘米；女婴约44.89厘米。

（4）胸围　男婴约45.99厘米；女婴约44.89厘米。

（5）坐高　男婴约46.92厘米；女婴约46.03厘米。

（6）牙齿　10个月的婴儿通常可以长出4 ~ 6颗牙齿，即上边的4颗切牙和下边的2颗切牙。当然也有从这个月才开始长牙的宝宝。

2. 10 ~ 11个月婴儿身心状态

（1）体格发育状况　前囟继续变小。肌肉发达有力。体表匀称，脸色红润，头发乌密有光泽，皮肤细腻。宝宝在体格生长上比前期稍慢些，食欲也会随之略有下降，这是正常现象，家长无需过于担心。

宝宝睡觉的时间通常在14 ~ 16小时。白天可以睡2次，时间长短不一；晚上睡眠时间10 ~ 12小时。睡眠是有个体差异的，有的宝宝可能睡12小时就足够了，但有的则需要睡16小时，父母若看到宝宝睡醒后精神好，也无需强求宝宝非要睡到多少小时才可以。

（2）运动发育状况　此时的宝宝可以稳稳地坐上一段时间，并能够自由地爬到他想去的地方，扶着东西可以站得很稳。手的动作更加自如了，可以轻易推开轻轻关上的门，甚至能拉开抽屉。能把杯子里的水倒出来，会用两只手灵活地玩玩具。

（3）语言发育状况　能够模仿大人的发音，说出一些简单的词，并能够理解一些常用词的意义，会做出一些表示常用词的动作，例如"再见""谢谢"。

（4）感觉发育状况　宝宝在1岁前还没有意识到自己身体的存在，当他将自己的手指咬痛并放声痛哭的时候，才对自己有了认识。认为咬自己的手指与咬别的东西不一样，并由此形成了最初的自我意识。

10～11个月的宝宝已经有了记忆力，能认识自己玩过的玩具，能用手指出自己的鼻子、眼睛、嘴巴等器官，若大人问他玩具在哪儿，他会用手指向玩具。此时宝宝的记忆是短期的，一般只可保持几天，时间一长就会忘记。当然宝宝的记忆力也和后天的培养密切相关，受到良好训练的宝宝记忆力就强。宝宝记忆的东西也与他的兴趣有关，只有他感兴趣的才容易记住。

（5）心理发育状况　10个月的宝宝喜欢模仿着叫妈妈，并且开始学着走路。好奇的他总是到处瞧，还不时地用小手伸进带孔的东西里探索一番，把一件玩具与另一件玩具套在一起。

此时的宝宝在身体发育上稍慢了一些，所以食欲也会有所下降，这是正常现象，父母无需过分忧虑，绝不能强行让宝宝必须吃多少才可以，否则容易让宝宝产生厌食心理。

这一时期的宝宝最喜欢学说话，父母可抓住这一大好时机对宝宝多进行语言培养。多说一些与他的生活密切相关的词语，例如玩具的名字、吃的食物、家人的称呼。注意不能用儿语，要教给宝宝正确的语言。当宝宝指着某样东西时，要告诉他东西是什么，尽可能教他发音，用语言取代手势。当然在宝宝学习的过程中，最好让宝宝有一个轻松、愉快的心情，这样宝宝才愿意接受，并且学得很快。

饮食喂养

1. 逐渐增加食物的硬度

经过前几个月的锻炼，宝宝的咀嚼能力得到了极大的提高，可以吃的东西也越来越多，此时要多给宝宝添加一些固体食物，并且增加食物的硬度，以继续帮助宝宝锻炼咀嚼能力，促使口腔肌肉的发育、牙齿的萌出、颌骨的正常发育与塑形以及肠胃功能的提高，为以后吃成人食物打好基础。

此时的宝宝可以吃的东西已经接近大人，比如软饭、烂菜、水果、小肉丸、碎肉、面条、馄饨、小饺子、小蛋糕、饼干、燕麦粥等食物，均可以喂给宝宝吃。

水果和蔬菜不用再剁碎或是磨碎，切薄片或细丝即可，肉或鱼可以撕成小片给宝宝吃。水果可以稍硬一些，蔬菜、肉类、主食还是应软一些，具体硬度可以类似"肉丸子"的硬度。

2. 不宜让孩子多吃甜食

虽然宝宝都爱吃甜食，但是从健康的角度而言，宝宝还是少吃为宜。具体原因如下。

（1）健康方面　若宝宝食用的糖类物质过多，使糖类在体内无法消耗，就会转化成脂肪在体内贮存，造成宝宝肥胖，这也为成年后引发某些疾病留下了隐患。宝宝食用太多糖类，还会加重胰岛的负担，长此以往，容易引发糖尿病。过多的甜食可消耗宝宝体内的维生素，使唾液、消化腺的分泌受到影响而减少，而胃酸则分泌增加，会引起消化不良。宝宝食用的糖类物质若超过食物总量的16%～18%，会导致宝宝的钙代谢发生紊乱，影响正常的生长发育。

（2）精神方面　因为单糖是由淀粉转化而来的，而在淀粉转化成单糖的过程中，消耗大量的维生素B_1，从而使得过多的糖在进入人体后因刺激中枢神经和心血管系统导致疲乏、食欲减退等不适。

（3）牙齿方面　吃糖过多会引起龋齿，由于有些细菌会使蔗糖合成多糖，多糖会形成一种黏性很强的细菌膜，这层膜不易清除，能够使细菌趁机大量繁殖形成有机酸和酶。在它们的作用下，容易使牙齿的硬度及结构遭到破坏，进而形成龋齿。

（4）视力方面　吃糖过多会使体液渗透压下降，使晶状体凸出变形，屈光度增高，从而导致近视。另外，因为糖偏酸性，食用过多会消耗体内的碱性物质，特别是钙、铬等矿物质，而这些物质的损失也是造成近视的原因。

综上所述，为了宝宝能健康地成长，家长需严格控制宝宝食用甜食的量，不要一味纵容宝宝吃甜食。

3. 每天吃辅食的次数

宝宝到了这个时候就可以吃很多东西了，每天可以喂3次辅食，食物的软硬度以宝宝的牙龈能够咬碎的固体食物为佳。虽然宝宝的摄取量越来越多，但是一天所需的热量仍有1/3是来源于乳类的。

这个月可以给宝宝多食用一些蛋白质食物，如豆制品、鱼、瘦肉等。饭食可以为软饭、肉（以瘦肉为主），也可在稀饭或面条中加入肉末、鱼、蛋、碎菜等，量应比上个月增加。

4. 宝宝吃零食的注意事项

因为宝宝活泼好动，消耗的热量较多，所以在正餐之外补充些零食能够更好地满足宝宝新陈代谢的需要。只要安排宝宝吃零食的方法得当，就可以使宝宝每天获取全面的营养。在给宝宝吃零食时，有如下几方面要注意。

（1）时间方面　给宝宝吃零食的时间应有规律，最好选择在两餐之间，不要和吃饭的时间离得太近。

（2）数量方面　给宝宝的零食不能过多，以免宝宝因吃零食过多而不好好吃饭。

（3）种类方面　在零食的种类方面，应以清淡、易消化、有营养为基准，例如新鲜水果、饼干、牛奶、纯果汁等，不应选择过于甜腻的食物。

5. 保持婴儿食品的营养

因为婴儿每餐的食量不大，加之所能接受的食物种类不多，但身体的快速发育对营养的需求又极高。所以，需要父母掌握正确的烹调方法，确保婴儿能从有限的食物中获取最多的营养。

（1）主食的烹调　精米、精面的营养价值不如糙米及标准面粉，所以主食要粗细搭配，以提高其营养价值。淘大米尽可能用冷水淘，最多3遍，且不要过分用手搓，以防止大米外层的维生素损失过多。煮米饭时尽可能用热水，有助于维生素的保存。吃面条或饺子时，也应连汤吃，以确保水溶性维生素的摄入。

（2）肉食的烹调　各种肉最好切成丝、丁、末、薄片，容易煮烂，并有助于消化吸收。烧骨头汤时稍加醋，有助于钙的释出，利于小儿补钙。

（3）肉菜其烹调　先将肉基本煮熟，再放蔬菜，以确保蔬菜内的营养素不至于因为烧煮过久而破坏太多。

（4）蔬菜的烹调　要买新鲜蔬菜，并趁新鲜洗好、切碎，立即炒，不得放置过久，以免水溶性维生素流失。注意，要先洗后切，旺火快炒，不可放碱，少放盐，尽可能避免维生素被破坏。

6. 孩子厌食蔬菜的护理

当给宝宝的辅食中加入蔬菜时，宝宝可能会不爱吃，用小舌头把吃到的蔬菜顶出去。因为蔬菜中含有丰富的维生素及矿物质，是人类不可缺少的食物种类，如果宝宝不爱吃，就应该想些办法让他慢慢适应。

（1）从婴儿期时就可以给宝宝恰当喂些由蔬菜挤出的汁或煮出的水，例如西红柿汁、黄瓜汁、胡萝卜汁等，往后可慢慢过渡到蔬菜泥。

（2）当宝宝快1岁时，可以将蔬菜切碎放入各种肉馅中，这样不但利于宝宝的消化和吸收，而且可使宝宝全面补充营养。

（3）若发现宝宝不爱吃熟菜，而对一些生的蔬菜有兴趣，则可以把这些蔬菜制成凉菜，例如西红柿、黄瓜之类，但必须注意卫生。

（4）若蔬菜带辣味、苦味或有些怪味，则不要强求宝宝非吃下去不可，可将怪味尽可能除去，多变些花样来适应宝宝的胃口。

7. 婴儿营养食谱

早晨6:00　母乳哺喂20分钟（或配方奶250毫升）

上午8:30　营养米粉1小碗（米粉50克，蛋黄1个，白糖适量）；小儿鱼肝油

滴剂（用量遵医嘱）

上午10:00　鲜果汁150毫升或西红柿汁200毫升

中午12:00　蔬菜肉末粥1小碗（大米20克，鸡肉15克，新鲜蔬菜20克）

下午2:30　饼干4块（15克）；新鲜水果35克

下午6:00　油菜鱼肉粥1碗（油菜20克，鱼肉2小块，大米20克）

晚间8:00　母乳哺喂20分钟（或配方奶250毫升）

8. 婴儿营养食品制作

（1）蛋奶西兰花

【原料】西兰花、蛋黄各适量，牛奶2大匙（约60毫升）。

【做法】西兰花洗净，放入锅中氽烫，取出，捣碎。将蛋黄以及用适量热水稀释过的牛奶放入锅里，边加热边搅拌。等到锅中的液体将近黏稠，将西兰花加入锅中煮熟，拌匀即可出锅。

【功效】西兰花含有多种可促进宝宝生长发育的营养素，特别是维生素C含量高，能增强宝宝的免疫力。牛奶和蛋黄中蛋白质、卵磷脂、维生素A及铁质等含量高，并且含有婴幼儿必需的多种微量元素。这道蛋奶西兰花非常符合营养配餐的原则，能为宝宝提供均衡的营养，增强宝宝的体质。

（2）蒸鱼饼

【原料】鲤鱼、豆腐、豆酱各适量。

【做法】把鲤鱼洗净去刺、骨、鳞、皮，取适量碾碎，和碾好的豆腐泥混合均匀做成小饼，放入锅内蒸。将鲤鱼汤烧开后加入少量豆酱汁，调好后将蒸锅中的鱼饼放入锅内煮熟入味即可。

【功效】鲤鱼有增加机体抗病能力，改善心肌和保护血管的作用，做成鱼肉饼后适宜婴幼儿食用。

日常养护

1. 培养规律的生活习惯

（1）养成良好的卫生习惯　成人要用亲切、丰富的语言及表情，欢快的音乐，有趣的方法，培养宝宝爱清洁、讲卫生的良好习惯。

图3-7 学会整理玩具

为了预防龋齿，必须养成吃东西后用水漱口的习惯，或者用合适的婴幼儿牙刷帮宝宝刷牙。

（2）不要养成坏的生活习惯　快1岁的宝宝是非常招人喜爱的，这个时期，可能会让宝宝养成一些不好的习惯，如抓"小鸡鸡"；用哭来要挟父母来达到自己的目的；吸吮手指；打人；追着喂饭、边吃边玩；含着奶头睡觉等。因此，爸爸妈妈要帮助宝宝克服这些毛病，不要任其发展。

（3）学会整理玩具（图3-7）　在房间里辟出一块靠墙的地方，作为宝宝的玩具角，备一个玩具架或多个玩具箱，告诉宝宝将不玩的玩具放在箱子里。若宝宝还不能理解，妈妈要多做示范，速度要慢，一边收拾一边说："小熊回到窝里吧、积木回到车里吧……"慢慢地过渡到妈妈收一件，宝宝收一件，最后让宝宝有意识地独立整理玩具。

（4）制定规律严格执行　生活规律应根据不同宝宝及家庭的具体情况酌情制定，但一经制定就要认真执行，使宝宝养成有秩序的生活习惯。户外活动可根据季节、天气和温度的变化进行调整，但应尽量保持每天2小时以上。

2. 纠正宝宝厌食

若宝宝厌食，见到饭就不愿意靠近，长期如此，就会造成营养不良，甚至会患有各种疾病。看着宝宝消瘦下去，父母也会跟着心疼，那么就赶快来分析一下原因，以便"对症下药"，让宝宝早日健康地成长。

（1）若是由于胃肠道或全身性疾病所引起的厌食，则应尽早去医院进行治疗。随着疾病的治愈，宝宝厌食的情况就会有所好转。

（2）若是因为饮食习惯不良造成的厌食，则应及时纠正不好的饮食习惯，例如偏食、挑食等。一日三餐应定时定量，可鼓励宝宝自己进食，以增强宝宝对吃饭的兴趣。

（3）在饮食中各种食物应适量，注意营养搭配，并且尽可能使饮食丰富，符合宝宝的口味，还要给宝宝制造一个愉快、和谐的就餐氛围。

（4）不要强迫宝宝进食，更不要在宝宝吃饭的时候训斥他。宝宝不可能确保每次都吃得一样多，偶尔吃得少些，父母也不应强求宝宝非要吃到一定的量才可以。若在宝宝吃饭的时候训斥他，只会影响宝宝的食欲。应在宝宝认真吃饭的时候给予鼓励，这样做还有助于宝宝的消化和吸收。

对于宝宝厌食的情况，只要父母掌握好方法，并具有一定的耐心，就会使宝宝摆脱厌食的困扰。

3. 为宝宝提供一个安全的学步环境

学步初期的宝宝，家庭环境中的很多不安全因素会让宝宝面临着各种危险，所以，父母应努力创造一个安全的环境，为宝宝学步扫清障碍。

（1）防滑鞋袜　通常而言，穿鞋除了美观之外，最主要的功能是保护脚。当宝宝开始扶站、学步时，需要用脚支撑身体的重量，给宝宝穿一双适宜的鞋就显得非常重要。

① 选择硬底布鞋。

② 鞋帮应稍高一些，后部紧贴脚。

③ 鞋底要宽大，并分左右。

④ 在学走路时，最好给宝宝穿上防滑的鞋袜，避免跌倒。

（2）安全的家居环境

① 家具　家具要尽可能靠墙放置，有可能导致危险的物品要放在高处或拿开，家具的尖角应用防护软垫包好。

② 门窗　宝宝在开关门时容易夹伤手，最好在门缝处安装防夹软垫。宝宝自己动手开关门时，最好有人在旁边看护。不应让宝宝走到窗边玩窗帘绳，防止发生绳子缠绕造成窒息的危险。

③ 阳台　阳台上不要放有小凳，以免宝宝爬上去；阳台围栏应高于85厘米，阳台的栏栅间隔要在10厘米以内。

（3）学步初期易出现的危险

① 摔倒　刚学会走路的宝宝，迈步走的时候身体重心不稳，一直向前冲，及时停下步伐非常难。因此，应该给宝宝创造一个平坦、无障碍物的空间，避免宝宝摔倒。

② 扭伤　刚学会走路的宝宝，最容易扭伤脚，又无法清楚表达伤痛的诉求，需要妈妈细心观察宝宝的一举一动。若发现宝宝走路时一瘸一拐，或者轻轻压腿部时宝宝会感到疼痛，则表示宝宝可能扭伤了。

4. 婴儿打鼾的护理

有的婴儿在睡觉的时候打鼾，经常令父母感到有些疑惑。其实只要分析一下具体原因，就可以解决婴儿打鼾的问题。一般改善婴儿打鼾有以下几种方法。

（1）改变婴儿的睡觉姿势　在婴儿睡觉的时候，可以让他侧向一面睡，但是被子不要遮住婴儿口、鼻，以免影响其呼吸。有时可以轻轻呼唤婴儿的名字，或用手轻拍被子，均会使婴儿停止打鼾。

（2）身体检查　到医院进行检查，看看是不是因为婴儿的鼻腔、咽喉、下颌部位出现异常，或是身体的其他部位有什么异常，从而造成婴儿打鼾。

（3）让宝宝减肥　若是肥胖的宝宝打鼾，则应想办法让宝宝减肥，使得口腔部的肉消瘦些，当身体变瘦后则对氧气的消耗减少，呼吸也会变得顺畅些。

（4）手术治疗　若是婴儿鼻、口、咽腔处的腺体或扁桃腺体肥大造成呼吸受阻，并且严重影响呼吸时，可进行手术治疗。

不宜大声斥责婴儿

此时的婴儿对一切都充满了好奇，会去动动这、碰碰那。免不了打翻了东西或弄洒了水，但婴儿这时对一切还没有判断能力，若母亲大声斥责说"不可以""不行"或"危险"之类的话语，对婴儿的心理成长非常不利。与其用这种斥责方式来告诉婴儿一些事情，倒不如用脸上的表情和眼神来代替。由于婴儿对母亲的表情是非常敏感的，即使不说话，婴儿也会理解到"这是妈妈在骂我了"或"我这样做妈妈不高兴了"。若以这种方式来教育婴儿，那么当婴儿慢慢长大后，也会变成一个通情达理的好孩子。

 ## 第十一节　11～12个月婴儿

发育特征

此时宝宝的活动是丰富多彩的，从爬到站立再到行走，能力在一天天地增强，喜欢对他所能接触到的一切东西都了解得清清楚楚，似乎用他的小手确认后方能证实这个物体存在的真实性。

1.11～12个月婴儿身体发育指标

（1）体重　男婴约9.8千克；女婴约9.3千克。

（2）身长　男婴约75.50厘米；女婴约74.00厘米。

（3）头围　男婴约46.30厘米；女婴约45.30厘米。

（4）胸围　男婴约46.37厘米；女婴约45.30厘米。

（5）坐高　男婴约47.80厘米；女婴约46.70厘米。

（6）牙齿　按照公式计算，此时婴儿应长出5～7颗牙，当然也有些婴儿现在才开始出牙，但无论怎样，乳牙萌出的最晚时间不应超过1岁。

2. 11 ～ 12个月婴儿身心状态

（1）体格发育状况　前囟继续缩小，通常到18个月时完全闭合。全身肌肉丰满、有力。此时的宝宝体形发育得相当匀称、健壮，非常招人喜爱。

宝宝睡觉的时间通常在12 ～ 16小时。白天可以睡两次，每次1 ～ 2小时，晚上睡眠时间10 ～ 12小时。应有规律地安排宝宝的睡眠时间，必须让宝宝按时睡觉，按时起床。在睡前不能让宝宝吃得太多，不要让宝宝太过兴奋，也不要抱着宝宝摇晃着让他入睡，要让宝宝养成自然入睡的好习惯。

（2）运动发育状况　宝宝坐在那里能够自由地转动身体，能独自站立，扶着妈妈的手能够向前走。可以用手拿起小丸、花生或是其他小东西，并且会试着往瓶子里装，但不一定放得进去，能从杯子里把东西取出来。此时宝宝玩玩具的动作已经很灵巧了，还会学着大人的动作擦脸，使用梳子梳头，用杯子喝水，但可能还不太熟练。

（3）语言发育状况　在宝宝11个月时，大多喜欢咿咿呀呀地说话，喜欢模仿各种动物的叫声，能把语言与表情结合起来，若把他不想要的东西给他，他会摇着头说"不"。

（4）感觉发育状况　此时宝宝的好奇心更强了，见到什么都想摸一摸、动一动。他会把家里的抽屉打开，也会爬到柜子里去看个究竟。此时宝宝的好奇心强，表明宝宝想对这个世界更加了解，这对宝宝的各方面发育都非常有益，但也应注意安全。父母应及时把一些对宝宝有危险的东西放起来。当宝宝碰触有危险的东西时，不要简单地厉声制止，要有耐心地进行指导。

（5）心理发育状况　11个月的宝宝喜欢与父母在一起，做游戏、看书、听大人给他讲故事，若和他玩藏东西的游戏他会非常高兴。喜欢摆弄玩具或看着面前放着的任何实物，并且嘴里还会念念有词。此时活泼的他还喜欢摆积木、玩皮球，还会用棒子够积木。若听到喜欢的歌曲会跟着做出相应的动作。为了宝宝的心理能健康地发展，在保证宝宝安全的前提下，应尽可能满足宝宝的好奇心，为他探索外界提供充足的空间及自由。不要轻易阻止他，更不要任意威胁宝宝，避免使宝宝正在发育的自尊心与自信心受到伤害和打击。

饮食喂养

1. 让宝宝学习自己吃饭

宝宝开始自己吃食物时，家长应注意以下几个问题。

（1）避免洒食物　可以选用干净的塑料布或毛巾盖住餐桌及椅子边的地面，否则在宝宝吃饭后，妈妈还得花很多时间收拾残局。

（2）选择正确器具　短柄的软头勺非常适宜自己吃饭的宝宝。底部弯曲的食具能避免宝宝把食具过深地放进嘴里，以免造成伤害，宝宝操作起来更容易。

（3）准备合适罩衣　宝宝不再需要小围嘴，而需要能够盖住大部分上半身的大围巾了。市场上还有带有口袋的能够装食物的塑料围嘴。妈妈也可以自己动手制作适宜宝宝的小罩衣。

2. 宝宝不爱吃米饭的处理

如果宝宝不喜欢吃米饭或是本来爱吃米饭的宝宝，现在每次都吃得比较少时，妈妈可能就要着急了，担心宝宝不能摄取足够的营养物质，对身体发育不利。其实，若宝宝不吃或不爱吃米饭，但爱吃一些面食，同样也可以获得充足的糖类，以维持体内的正常代谢。若宝宝吃的米饭很少，也可以通过鱼、肉等来补充营养物质，而且动物性蛋白比植物性蛋白更有助于宝宝的吸收。所以，对身体发育并没有太大的影响。只要宝宝的精神状态良好，营养充足，就无需刻意要求宝宝必须吃米饭。若宝宝喜欢，也可以恰当给他喂些小糕点。

3. 不要用水果代替蔬菜

宝宝正处在生长发育的旺盛阶段，身体所需的各种营养素要比成人多，长期偏食不但会直接影响生长发育，还会导致免疫力降低，易患多种疾病。

蔬菜中不但含有丰富的维生素C，其他维生素及矿物质含量也比较丰富。

有些蔬菜中含有一些特殊物质，这些物质或能防癌、抗癌，或有其他生理功能。比如大蒜辣素和硫基化合物，这些都是水果中所不含有的。

蔬菜所含的糖分以多糖为主，需经由消化道内各种酶水解成单糖后方能缓慢吸收，因此不致引起血糖骤增。而水果所含的糖类多数是单糖，仅需稍加消化，即很快能够吸收入血。

蔬菜中含膳食纤维也较水果多，多吃蔬菜能刺激肠蠕动，避免便秘。

4. 婴儿营养食谱

早晨6:00　母乳哺喂20分钟（或配方奶250毫升）

上午9:30　小馄饨1小碗（猪肉15克，面粉20克），新鲜水果100克，小儿鱼肝油滴剂（用量遵医嘱）

中午12:00　软米饭小半碗（30克），肝菜泥4匙（猪肝20克，新鲜蔬菜共40克），西红柿鸡蛋汤1小碗

下午3:30　饼干4块（15克）

下午6:30　面条1小碗（挂面30克，番茄50克，肉末10克）

晚间9:00　母乳哺喂20分钟（或配方奶250毫升）

5. 婴儿营养食品制作

（1）菠菜猪肝汤

【原料】猪肝、菠菜、料酒、葱、姜、油适量。

【做法】取猪肝洗净切成薄片，用适量料酒稍腌，菠菜洗净切成小段，用开水烫后捞出，控水。锅内倒油烧热，加入葱、姜末略炒，加入适量水，等到水烧开后下入猪肝，煮至将熟时下入菠菜稍煮即可。

【功效】此汤富含动物蛋白质和维生素A、维生素D、维生素B_{12}、维生素C及钙、铁等矿物质，具有补肝、明目、补血的作用，可预防婴幼儿缺铁性贫血和夜盲症。

（2）肉松软米饭

【原料】鸡肉20克，软米饭半碗，酱油、白糖、料酒各适量。

【做法】将鸡肉洗净，剁成极细的末，倒入锅内，加适量水煮沸后，加入酱油、白糖、料酒，边煮边用筷子搅拌，使其均匀混合，煮好后放在软米饭上面一同焖熟。

【功效】鸡肉蛋白质含量高，吸收率高，具有温中补脾、益气养血的作用。

（3）南瓜羹

【原料】南瓜、肉汤各适量。

【做法】将南瓜洗净，去皮、瓤，切成小块，放入锅中，加入肉汤，边煮边捣，煮到南瓜软烂时即可。

【功效】南瓜中含有丰富的维生素A、B族维生素、维生素C，同时富含矿物质及人体必需的8种氨基酸，有助于婴儿增强机体免疫力，并有一定的补血作用。

日常养护

1. 6招让宝宝更乐于洗脸、洗手

（1）从宝宝很小就开始　开始训练宝宝坐便盆大便时，就应教宝宝养成便后洗手的习惯。

图3-8 和宝宝一起洗脸

（2）让宝宝选择用具　让宝宝挑选自己喜欢的洗盥用品，宝宝用起来会更有兴趣，如一两岁的宝宝喜欢印有动物、小人头的毛巾。给宝宝使用无刺激性的香皂，避免刺激眼睛。将用剩下的小皂头切成小片缝在小口袋里，做成一个"自动"香皂器，让宝宝用手指蘸着皂液把手和脸洗干净，宝宝会觉得非常好玩。

（3）把洗脸用具放在宝宝够得着的地方　若洗脸池太高，宝宝自己够不到，他就会失去洗脸的兴趣。可以准备一个凳子，到了洗手洗脸的时间就放好，将毛巾、牙刷等洗漱用具准备好，然后教宝宝怎样洗。最好与宝宝一起洗脸（图3-8），并用洗脸水做游戏，以此提高洗脸的乐趣。

（4）妈妈监督　妈妈扮成一位检察官或巡警，宝宝盥洗完毕后就仔细检查，妈妈演得越滑稽，宝宝越会对此乐不可支，觉得这件事很好玩。若宝宝洗得很干净，应该马上表扬他。

（5）奖励宝宝　在墙上贴一张图表，宝宝每次饭前便后都要洗手，就在上面画个红色的钩；当宝宝把脸和手洗得干干净净坐在饭桌前时，即可赢得一张笑脸；此外，当分数攒够一定数目后，奖励宝宝一个他喜欢的玩具或者他爱吃的点心。

（6）进行惩罚　若宝宝能够独立盥洗却不肯这样做，就应该让宝宝尝点苦头了。可以用过度纠正的方法，例如宝宝有1次不肯洗脸，就监督他洗1遍、2遍或3遍。

2.宝宝伤风感冒的护理

宝宝伤风感冒，虽说不是大病，但若治疗不及时，可能会引起很多并发症，如鼻窦炎、口腔炎、喉炎、中耳炎及淋巴结炎。因此，在宝宝感冒期间，家长必须按医生的吩咐做好家庭护理工作。

（1）充分休息　宝宝的年龄越小，就越要多休息。当宝宝的身体恢复健康后才能自由活动。

（2）按时服药　因为大多数感冒都是由病毒引起的，所以使用抗菌药无效。若是在宝宝发病的早期滥用抗生素，只会造成机体菌群失调，加重宝宝的病情。按时服用医生指定的药品，才有利于宝宝早日康复。

（3）注意饮食　在宝宝感冒发热的时候，应根据宝宝的食欲及消化能力，为宝宝安排饮食，可做些稀粥、面条。这时应暂时减少给宝宝喂奶的次数，以免发生吐泻等不适。

（4）居室环境　宝宝所住的房间要保持空气新鲜，温度尽可能保持恒定，防止过高或过低，这样有助于宝宝的身体恢复。若发现宝宝高热不退或者出现其他症状时，应及时到医院进行诊治。

3. 让宝宝主动开口说话

11～12个月的宝宝已经能听懂父母的大部分语言了，也能用单个词表达自己的意思，偶尔也会说出几个连贯的词来，但他还是习惯用手势来表达。所以，父母应创造让宝宝开口的机会，让他逐渐告别手势，用语言替代。

（1）不要过快满足宝宝的要求　当宝宝已经明白成人的话但自己还不会说时，如果宝宝指着水瓶，成人马上明白这是宝宝想喝水了，于是将水瓶递给他，这种满足宝宝要求的方法会导致宝宝的语言发展缓慢。由于宝宝不用说话，成人就能明白他的意图，并满足他的要求，宝宝失去练习说话的机会。决不能宝宝一举手，就把他想要的东西递给他，这样他就会停留在动作语言期而不开口说话，造成语言发展滞后。

（2）让宝宝用语言表达自己的需要　宝宝能够有意识地叫"爸爸""妈妈"以后，还可引导他有意识地发出一个字音，来表达一个特定的动作或意思，如"走""坐""拿""要"等，从而表达自己的愿望，然后再满足他。

当宝宝想喝水时，妈妈可以给宝宝一个空水瓶，宝宝拿着空水瓶，想要喝水时，会努力去说"水"，只要说一个字，妈妈就应当表扬他，因为这是不小的进步。宝宝已经懂得用语言表达自己的要求了。

（3）父母要保持一定的耐性　宝宝自己能弄清楚的单字语言非常有限，可这个月龄的宝宝偏偏又有非常强烈的表达欲望。所以，通常会造成宝宝表达不是很清楚，或说话语速非常的慢。这时，父母必须耐心地等待宝宝把话说完，并让宝宝讲明白。相信父母的这种认可，能够让宝宝找到更多的自信。也因如此，宝宝的语言能力自然就能得以快速地提高。

4. 让宝宝自己挑玩具

这个阶段的婴儿会有选择地挑选自己喜爱的玩具，婴儿早期对物品的喜好在发育上是一件非常重要的事，它表明宝宝已经可以分辨细微的差别。

（1）宝宝有了自己的喜好　这么大的宝宝会拒绝妈妈给他选择的、可是自己不喜欢的玩具。而且宝宝还可以记住物品的样子，当宝宝想起要玩某个玩具的时候，宝宝的脑海里就会浮现出那个玩具的样子，并据此去寻找。

（2）通过挑玩具游戏指导宝宝的喜好　妈妈准备几个相似的玩具，如几个毛绒玩具。妈妈拿其中的两个给宝宝，看看宝宝会选择哪一个。当宝宝选择了一个之后，妈妈可再拿另外一个毛绒玩具给宝宝，看宝宝怎样选择。经过几次取舍，妈妈会知道宝宝最喜欢哪个玩具。这个玩具一般在宝宝哭闹或不安的时候能起到很大的作用。

（3）几种非常适宜宝宝的玩具

① 皮球　色彩艳丽又轻巧的塑料皮球在地上滚动，尤其能吸引宝宝追逐。

② 拉绳玩具　是指一端系着绳子的玩具，如嘎嘎鸭、拖拉小火车等均为宝宝喜欢的玩具，也可以自制。当宝宝练习走路时，有玩具热热闹闹地跟着，宝宝会走得更起劲。这些玩具的作用是培养宝宝的爬行、行走能力，更重要的是让宝宝享受游戏的乐趣。

③ 小喇叭　多做吹气的动作，可增进语言能力，所以，父母可以让宝宝练习吹小喇叭。当宝宝第一次拿到小喇叭时，不知道怎样去吹，妈妈可对着宝宝的脸轻轻地吹气，再吹喇叭给宝宝看，然后让宝宝自己拿着小喇叭进行模仿。

图3-9　搭积木

④ 动物卡片　宝宝天生会被可爱的小动物吸引，因此，给宝宝买逼真的动物卡片或者有动物插图的故事书，会吸引宝宝自己学会拿书、翻书。

⑤ 积木　此时的宝宝，不但发展自身的平衡能力，而且能在活动中了解物体保持平衡的规律。用积木搭高楼就是非常有用的一项活动（图3-9）。刚开始需要妈妈做示范，并且帮助宝宝调整不稳定的搭建方法。很快宝宝就可以学会准确地搭积木，甚至能搭到3层。

爱心提示

不宜给宝宝穿开裆裤

（1）若把宝宝的身上包得严严实实，却让小屁股露在外面，会使宝宝因为受凉而引起感冒、腹泻等疾病。

（2）此时的宝宝喜欢到处爬，若穿的是开裆裤，会使宝宝的外生殖器裸露在外。女宝宝因为尿道短，容易引起尿路感染；男宝宝因为会在无意中玩弄生殖器，日后可能养成手淫的不良习惯。

（3）宝宝穿开裆裤，还容易患婴幼儿常见的肠道寄生虫病——蛲虫病。

第十二节　周岁婴儿

 发育特征

宝宝终于学会走路了。虽然还不是非常稳当，摔跤也是常有的事儿，但他依然乐此不疲地想迈开小腿，因为他已经体验到成长的快乐。

1. 周岁婴儿身体发育指标

（1）体重　男孩约10.10千克；女孩约10.00千克。

（2）身长　男孩约77.69厘米；女孩约77.14厘米。

（3）头围　男孩约46.45厘米；女孩约45.80厘米。

（4）胸围　男孩约46.61厘米；女孩约46.00厘米。

（5）坐高　男孩约48.41厘米；女孩约47.46厘米。

（6）牙齿　此时的宝宝已长出6～8颗牙齿。

2. 周岁婴儿身心状态

（1）体格发育状况　前囟继续缩小，有的已经接近闭合。肌肉更加强健有力了，特别是腿部肌肉，因为不断地攀扶站立，显得更加结实了。

宝宝睡觉的时间通常在12～15小时。白天可以睡1～2次，每次1～2小时。晚上睡眠时间10～12小时。

（2）运动发育状况　宝宝已经能够直立行走了，这一变化使宝宝能看到更多的事物。宝宝开始对家人给他喂饭感到不满足，并想尝试自己吃，但还无法拿好勺子。若家人去帮他，他会很不满意，甚至大哭大闹。宝宝会试着自己穿衣服，拿着袜子会开始往脚上套。给宝宝个香蕉，也会自己学着把皮剥开。能把1～2块积木搭在一起，并会将瓶盖盖上。

（3）语言发育状况　此时的宝宝会说妈妈、爸爸、奶奶等词，还会说一些单音节的表示动作的词，例如拿、走、给等。宝宝的发音还不太准，有时也会说一些父母很不理解的话语，并用手势及动作来表达他的意思。

（4）心理发育状况　此时的宝宝虽然只能走上几步，但他对外界的兴趣已经非常浓厚。只要一有机会，就想到外面去看看，对任何事物都充满好奇心。喜欢模仿家人做些事情，若你让他帮着拿些东西，他会非常高兴地为你拿，并且希望得到你的表扬。

宝宝喜欢看图画、学儿歌、听故事，并能模仿家人的动作。若问他喜欢手中的玩具吗，他会用点头或摇头来表示。若问他几岁了，他会用眼睛看着你，并且竖起食指告诉你1岁了。

宝宝对学习非常有兴趣，但家长也应每次只教一样东西，当宝宝记住，并且巩固一段时间后再教下一样。在日常生活中，当给宝宝苹果或是香蕉的时候，告诉宝宝给了他1个苹果，或1个香蕉，一切都要从1开始，也可以反问宝宝，手中拿的是几个，尝试让宝宝说出数字。

宝宝喜欢参与家庭中的任何事情，若在冬天带他出去玩，他会知道将帽子戴到头上。穿、脱衣服时知道配合父母或想自己动手。知道给爸爸、妈妈拿东西，想自己洗脸、洗脚。家长应抓住这一时机，培养宝宝独立自主的能力。

宝宝虽然会说几个比较简单的词语，但语言能力还没有发育完全，当内心的想法不能用语言表达，经常会大哭大闹，或无缘无故地发脾气，此时家长一定不能和宝宝一样生气，而应通过耐心，利用智慧来发现宝宝到底需要什么，及时和宝宝沟通。或者设法转移他的注意力，让他忘却自己刚才的想法，再次高兴起来。不要认为这样会将宝宝宠坏了。其实给宝宝营造一个舒适、愉快的环境更有助于宝宝的健康成长。这样宝宝会对周围的环境有一种安全感，并对他人产生信任感，有助于宝宝学习和探索新事物。

饮食喂养

1. 婴儿的饮食特点

此时的宝宝应以一日三餐为主，奶一天两次为辅，并由此慢慢过渡到安全断奶期。若正值夏季，为了不影响宝宝的食欲，可延迟1～2个月。

宝宝的饮食以三餐为主，必须注意每餐的营养。要从肝泥、肉泥、蛋黄中摄取充足的蛋白质，从粥类、面条中摄取充足的热量，从蔬菜中获取足够的膳食纤维、矿物质和维生素。

此时宝宝可以吃的主食主要有米粥、软饭、面条、小饺子、馄饨、小包子、馒头、面包等。在给宝宝做主食时，必须注意花样、食物的软硬程度以及口味是否满足宝宝的喜好等。

2. 夏季不要给孩子吃剩饭菜

宝宝的饭量小，常会剩饭剩菜，有些妈妈就将剩饭剩菜留到下餐再接着给宝宝吃。时间长了，就成了习惯，即使到了炎热的夏天也依然如此，却不知这种做法对于宝宝的健康存有很大的隐患。这是由于夏天天气炎热，剩饭剩菜很容易腐烂变质，再加上宝宝自身的抵抗力较弱，若宝宝吃了这样的饭菜，容易造成食物中毒。中毒的主要原因是由进入人体的金黄色葡萄球菌释放的葡萄状球菌肠毒素。

金黄色葡萄球菌虽然很小，但是生命力极强，只有加热到80℃，并且持续30

分钟以上方能彻底杀死。金黄色葡萄球菌污染得越严重，繁殖就越快，也越容易生成肠毒素。若剩饭剩菜中含有淀粉或水分较多，例如奶及奶制品、肉类、鱼类、蛋类等食物，有助于细菌繁殖，温度越高，繁殖越快。若吃了被毒素污染的剩饭剩菜，通常在2～3小时后，最长不会超过10小时，就会出现恶心、呕吐、腹泻、上腹部不适或疼痛，甚至可造成脱水、意识不清，个别患者还可出现血压下降等不适。所以，在夏季，为了孩子的健康，一定不能给孩子吃剩饭剩菜。若实在避免不了，要彻底加热，并且保存时间最好在5～6小时内。

3. 婴儿营养食谱

早晨6:00　母乳喂10～20分钟（或配方奶250毫升）

上午8:30　米粥30克，炒豆腐20克，小儿鱼肝油滴剂（用量遵医嘱）

上午10:00　鲜水果如西瓜50克

中午12:00　软米饭40克，肉末菜花（肉末20克，菜花50克），紫菜汤1小碗（紫菜2克）

下午3:30　饼干20克，鲜水果50克

下午6:30　小馄饨1小碗（面粉30克，蔬菜60克，鱼肉15克）

晚间9:00　母乳喂10～20分钟（或配方奶250毫升）

4. 婴儿营养食品制作

（1）什锦蛋羹

【原料】鸡蛋1个，海米、菠菜、西红柿、淀粉、香油各适量。

【做法】将鸡蛋打入碗中，搅匀后上锅蒸15分钟后取出。在开水锅中加入适量海米末、菠菜末、西红柿末，入味后用淀粉勾芡，淋入少量香油后盛出，淋在蛋羹上即可。

【功效】鸡蛋、海米可以有效补充宝宝所需的蛋白质、钙、磷等营养成分，且本菜色泽诱人，有利于增进宝宝的食欲。

（2）胡萝卜炒蛋

【原料】胡萝卜1根，鸡蛋1个，植物油适量。

【做法】把胡萝卜洗净切成细丝；鸡蛋打入碗中，兑入少量的水。锅内倒油烧热，下入胡萝卜丝翻炒，倒入鸡蛋液，炒匀至熟后即可出锅。

【功效】胡萝卜可增强人体抗病能力，并有保护视力的作用，对于促进婴儿的生长发育有明显的作用。

日常养护

1. 宝宝走路摇晃的原因

当宝宝刚会走路的时候，步子总是迈得歪歪扭扭，似乎随时都有可能摔倒。这主要包括以下几方面的原因。

（1）宝宝这时的体形属于头大、身长、四肢短，头重脚轻，重心不稳，走路自然会摇摇晃晃。

（2）宝宝的大脑发育还不完全，动作协调能力较差，然而行走需要上下肢、腰部等配合起来，此时宝宝就会出现多余动作。为了保持身体的平衡，宝宝会把两脚间的距离增大，以获取更大的支撑面积，从而导致走路不稳。

基于上述因素，宝宝在走路的时候会摇摇晃晃，父母也就无需过于担心了，但也要注意保护宝宝的安全。

2. 让孩子多运动的益处

此时父母不能一味地对孩子进行智力练习，要知道孩子的运动能力和智力也是密切相关的。让孩子多运动，对孩子而言是一个很好的锻炼，有利于身体各部分功能得到良好的发育，同时可以提高平衡力和灵活性，更好地促进孩子的大脑和小脑的功能联系，促使脑部发育，为孩子的智力发育打下良好的基础。

其次，孩子在1岁后的运动能力提高，站得更稳，爬得更灵活，孩子会在探索周围环境中受到一定的影响，使他的主动性和创造性都得到一定的发展。若孩子在各种尝试中获取成功，这对他建立自信心非常有益。

另外，孩子在运动中与其他小朋友接触，会慢慢地学会与他人交流，有利于宝宝以后适应幼儿园的集体生活。

父母在让孩子多运动的同时，要注意运动的方式及内容，以充分调动孩子的兴趣，使孩子在运动中得到全方位的锻炼及提高。

3. 婴儿异食癖的护理

婴儿出现异食癖可能是不良饮食习惯造成的，也可能是因为体内缺乏铁、锌等物质，或是肠内寄生虫病所引起的。若是由于不良饮食习惯，父母不应简单地用训斥的方式来解决，需想办法改变宝宝的不良习惯，并注意保持婴儿的饮食卫生，饭前便后要洗手，避免病从口入。若是缺乏铁、锌或肠道内有寄生虫，则应去医院及时就诊以便对症下药。

爱心提示

及时给宝宝注射乙脑疫苗

在宝宝1岁的时候，需及时为宝宝注射乙脑疫苗。

流行性乙型脑炎简称乙脑，是由蚊虫叮咬传播的急性病毒性传染病。该病可让患者出现高热、头痛、恶心、呕吐等症状，严重者可昏迷，并容易留下后遗症，例如瘫痪、智力低下等。宝宝应在满1岁时连续注射两针乙脑疫苗，间隔为7～10天，在宝宝2岁、3岁、6岁、7岁、13岁时仍要各打一针进行加强，才可获取自身的免疫力。

一般在注射乙脑疫苗后可出现局部红肿，个别宝宝会出现38℃以上的发热反应，可到医院进行治疗。若宝宝是过敏体质，可能会出现红肿，第三天情况比较严重，这之后渐渐恢复正常。

第四章

幼儿期喂养

BABY

第一节 13~15个月幼儿

 发育特征

当宝宝会走后，活动空间变大，独立意识逐渐增强。喜欢用小桶来装玩具，模仿大人的动作、语气，喜欢和大人一同做指认眼、口、鼻的五官游戏。家长应为宝宝提供一个范围更大的活动空间。

1. 13~15个月幼儿身体发育指标

（1）体重　男孩约10.73千克；女孩约10.11千克。

（2）身长　男孩约79.87厘米；女孩约78.72厘米。

（3）头围　男孩约47.09厘米；女孩约46.01厘米。

（4）胸围　男孩约47.42厘米；女孩约46.34厘米。

（5）坐高　男孩约49.79厘米；女孩约48.82厘米。

（6）牙齿　此时的宝宝已长出9~11颗牙齿。

2. 13~15个月幼儿身心状态

（1）运动发育状况　宝宝的步子已经迈得相当稳了，喜欢爬台阶，并知道在下台阶的时候用一只手扶着。父母这时要做的不是阻止孩子，而是鼓励，并注意保护。由于这样的活动可以锻炼宝宝的身体，增强手眼协调性。会用杯子喝水，但是还拿不稳，经常会把水洒出来。会用勺子吃饭，但有时还握不好，会把饭弄得到处都是。这是由于宝宝的平衡能力还需要进一步完善。

（2）语言发育状况　此时宝宝学到的词汇更多了，可以说"你好""谢谢""再见"等，喜欢学习家人说话，对语言有一种特殊的爱好，即使相同的话对他说好几遍，他也不会觉得烦。

（3）心理发育状况　当宝宝的知识在增长的时候，他的个性也在萌发。若不高兴，宝宝会以扔东西来发泄不满。当遇到这种情况的时候，不要斥责宝宝，而是应转移注意力，让宝宝把精力放在其他的感兴趣的事情上，宝宝会迅速忘记让他不高兴的事情。

当宝宝想自由活动时，此时父母的呵护反让他觉得受到了约束。因此，在安全范围内，可以让宝宝自己玩，不应让他处于过度保护的状态中。当他与其他小朋友接触时，可能一开始不懂得怎样交流，但是随着互相交换玩具、互相模仿等一系列活动后，让他用自己独特的方式和人沟通，宝宝慢慢就会懂得与其他小朋友相处。若宝宝与其他小朋友在玩具上发生小冲突时，父母不应立即去维护，应锻炼宝宝自己处理事情的能力。父母不得一味抱着一种礼貌谦让的态度，把宝宝喜欢的玩具强行拿给别的小朋友，这会让宝宝感到迷惑，而且会很伤心。要让宝宝有机会以自己的能力保护自己的权利，这不但可以锻炼宝宝的社交能力，也为培养宝宝的性格奠定基础。

饮食喂养

1. 提供多样化的饮食

世界上没有一种单一的食物能够全面满足婴幼儿的营养需要，因此，食物必须多样化，既要有动物性食物，又要有植物性食物。谷、豆、肉、蛋、奶、蔬菜、水果、油、糖、调味品样样要齐全。多种食物合理搭配，比例恰当，同时进食，取长补短，方能充分利用。

动物性食物属于酸性食物；蔬菜、水果、豆类、牛奶等是碱性食物。正常人的体液为弱碱性，当体液为弱碱性时不易疲劳，免疫力强，不易生病。婴幼儿自己调节酸碱平衡的功能不完善，爱吃肉、不爱吃蔬菜的孩子就易生病，因此偏食的婴幼儿抵抗力差，容易生病。各种食物都吃，各种营养素都齐全，这样才有助于婴幼儿健康成长。

2. 提高宝宝免疫力的食物

要提高宝宝的免疫力，使宝宝能够更健康地成长，父母可以为宝宝补充下面几种食物。

（1）水　因为人体中最重要的成分都是以液体形式存在，宝宝体表面积相对于体重的值比成人高，水分更易蒸发流失，所以更需要补充水分。只有水分充足，才能使新陈代谢旺盛，提高免疫力。

（2）黄、绿色蔬菜水果　每天吃适量的蔬菜和水果并不是成人的专利，这也符合宝宝的饮食要求。膳食纤维可以有效预防便秘，为肠道提供良好的吸收环境。水果中所含的果糖有利于肠道益生菌的成长，为小肠和大肠起到了良好的保护作用。若宝宝不喜欢吃，可以把蔬菜和谷类或肉类混在一起做成小丸子，制成馄饨或饺子，这样宝宝就容易接受了。

（3）菌类　菌类能有效预防和改善很多心血管系统疾病，例如高血压、动脉硬化等。另外，菌类还可以促进T淋巴细胞的生成，提高其杀伤活性，有提高人体免疫功能的作用。

（4）糙米、薏仁　五谷类是人类的主食，在为婴幼儿添加辅食时，首先添加的就是米粉、麦粉。断乳之后的替代品也是谷类。全谷类中含有胚芽和多糖，且

B族维生素与维生素E含量丰富，可增强免疫细胞的功能。

（5）西红柿　西红柿中含有的番茄红素能够保护心血管，具有抗氧化、降低核酸损伤等多种功能，有助于保持血管壁弹性和保护皮肤。

（6）酸奶　宝宝正处在身体迅速增长和脑部神经发育的旺盛时期，对于蛋白质和钙质的需求也很高，此时选用乳制品对宝宝而言最为合适。乳制品富有营养又可以改善肠道循环，1岁后宝宝就可以饮用。

另外，若想提高宝宝的免疫力，就不要让宝宝过多食用高油、高糖的精细加工食品，应多吃天然食品，特别是富含维生素和矿物质的蔬菜和水果。

3. 五谷杂粮为主食

宝宝出生之后以乳类为主食，经过1年的时间要慢慢过渡到以谷类为主食。1岁的宝宝可以吃软饭、面条、小包子、小饺子。此时，妈妈应该注意每天三餐变换花样，使宝宝有食欲。

（1）以谷类为主食的益处　谷类食品包括大米、面粉、玉米、小米、荞麦和高粱等。谷类含有糖类70%～80%，主要是淀粉，是最重要的能源物质。

谷类中含有丰富的B族维生素，其中维生素B_1能够增加食欲、帮助消化，促进宝宝的生长发育；维生素B_2可以预防口角炎、唇炎、舌炎等。

谷类能提供一定的植物蛋白质，这些对于宝宝的生长是必需的。

谷类中矿物质含量丰富，主要包括钙、磷、钾、铁、铜、锰、锌等。

谷类中脂肪含量较少，大部分是不饱和脂肪酸，还含有少量的磷脂。这些均为人类大脑必需的营养成分，可以促进大脑的发育。

（2）制作适宜宝宝的主食　五谷杂粮的制作没有固定的食谱。妈妈掌握了食物选择及搭配的原则，就可以根据宝宝的具体情况，富有创意地给宝宝制作丰富多样的美味佳肴了。家长必须学习让主食多样化，除了要让米、面交替上桌之外，有时候花一点小心思，就可以让主食变得有趣，例如蒸米饭时加入一点玉米粒或葡萄干、红枣、豆子等，都能很好地激发宝宝的食欲。

（3）谷类与豆类是最佳搭档　宝宝这个时候可以吃大部分谷类食品了，小米、玉米中含有胡萝卜素，谷类的胚芽和谷皮中含有维生素E，需让宝宝适量摄入。但是，谷类中某些人体必需氨基酸的含量低，不是理想的蛋白质来源，而豆类中含有大量植物蛋白质。所以，谷类与豆类一起吃可以达到互补的效果。

4. 幼儿营养食谱

早晨6:00　母乳喂15～20分钟（或配方奶200毫升）

上午8:30　红豆泥粥（大米30克，红豆泥15克）；小儿鱼肝油滴剂（用量遵医嘱）

上午10:00　鲜水果（橘子50克，香蕉50克）

中午12:00　肉末面条（面条30克，肉末15克）；西红柿猪肝汤（猪肝、西红柿各5克）

下午3:30　水果麦片粥（麦片20克，鲜水果80克）

下午6:30　烂饭40克；芹菜鱼末（鱼肉30克，芹菜30克）

晚间9:00　母乳喂15～20分钟（或配方奶200毫升）

5. 营养食品制作

（1）奶油豆腐

【原料】豆腐100克，奶油、白糖各适量。

【做法】将豆腐切成小块。将豆腐和奶油加水同煮，煮熟之后调入适量白糖调味即可。

【功效】豆腐中含有大量的蛋白质及钙，含8种人体必需的氨基酸，而且还有不饱和脂肪酸和卵磷脂等，能够促进宝宝的生长发育。

（2）肉末炒西红柿

【原料】猪肉、西红柿、葱、姜、盐、酱油、植物油各适量。

【做法】猪肉洗净，剁成末，将西红柿洗净，用开水烫后去皮切成小块。锅内注油烧热，下入葱、姜末略炒，下入肉末，加入盐、酱油翻炒，放入西红柿，用大火迅速炒熟即可。

【功效】猪肉含有丰富的脂肪、蛋白质、钙、磷、铁等营养成分，具有补益肝肾、强筋壮骨的功效。西红柿有益气生津、健胃消食的功效，两者相配，有助于婴幼儿的生长发育。

日常养护

1. 多走路促进大脑发育

通常宝宝在1岁时，就开始学习走路了。这么大的宝宝平衡能力还比较差，走得也不稳当，但不能因此就过度保护，推迟宝宝的学步时间。

（1）行走体验很重要　行走能够促进血液循环，加快呼吸，锻炼下肢肌肉，宝宝开始走路以后能快速成长。当宝宝迈出第一步时，要认识到这是非常可喜的一步，说明宝宝将要走向独立，家长此时要给予鼓励，说一句"宝宝真棒"，这样可以激发宝宝走下去的信心。

图4-1　光着脚行走

激发走路兴趣。当宝宝能走几步的时候，可以让宝宝在地上玩球。当球向前滚动时宝宝自然有追的欲望，完全不会顾及会摔倒，可能连续迈出几步，这样就能够增长宝宝的信心。

不要担心摔跤。走路的过程中，不可能一跤不摔。当宝宝摔倒时，应鼓励宝宝不哭，勇敢地站起来，这对培养宝宝的坚强意志非常重要。

（2）适度保护也有必要　最初练习行走的时候，家长必须注意保护宝宝。待步伐灵活以后，可以撒开手，和宝宝相隔约50厘米，以随时保护宝宝。

选择平坦路面。开始学走路，宝宝因为路面不平被绊倒，会打击宝宝学走路的积极性，使宝宝害怕走路，不愿放开大人的手。

当宝宝学会行走之后，可让他光着脚在沙滩或草地上行走（图4-1）。这样可以使脚掌得到锻炼，也有助于大脑的发育。

2. 孩子踢被的护理

宝宝1岁后，身体有劲了，睡觉也不老实，踢起被来更是不容商量，经常会因踢掉被子而着凉感冒。这怎么办呢？

首先，要弄清宝宝爱踢被的原因。宝宝爱踢被主要有下列几个方面的原因。

（1）穿衣睡觉　很多妈妈怕孩子晚间踢被，于是就给孩子穿上很厚的衣裤，却不知，越是让孩子穿衣睡，孩子越要踢被子。因为太热、不舒服，只好扭来扭去，衣服没法扭掉，倒把被子蹬掉了。

（2）被子盖太厚，温度过热　妈妈总想给宝宝盖厚一点、盖暖一点，认为这样就不容易着凉了。而实际情况相反，恰恰是由于被子又热又重，宝宝才会更加频繁地踢被子。

（3）晚饭吃得过多，食物太腻太油，胃肠负担重　孩子可能睡不安稳，不断翻身，自然就容易蹬掉被子。

若排除了以上原因，宝宝还是爱蹬被子，那么可以参考下列建议。

可以用一个能盖住肚子的长条被，在四角缝上小布条，睡觉时，让宝宝躺在被子上边睡，当他睡着后，将小布条相互系上，这样，不论宝宝是踢还是翻滚都弄不掉。最简便的办法是让宝宝用睡袋。应尽可能选用棉质的背心式睡袋。这种睡袋能让宝宝舒展双手，同时保护了腹部，符合宝宝的心理及习惯。

3. 培养宝宝讲卫生的好习惯

宝宝的很多习惯是从很小的时候就养成的，不要认为宝宝还小就忽视了好习惯的培养，特别是卫生习惯。这对宝宝的身体健康和以后的生活均有较大影响，应该引起父母的重视。

（1）清洁卫生的内容　对1岁多的宝宝而言，洗盥是很重要的。包括早晚洗手、洗脸，饭前便后洗手，睡前洗脚、洗屁股。定期给宝宝洗澡，保持全身皮肤清洁，即使在冬季也需坚持洗澡。宝宝要有单独的洗盥用具，香皂应选择碱性小的。水温要冷热适宜，否则宝宝会因害怕而拒绝洗澡。

指甲缝是细菌容易寄存之处，宝宝因为某些生理和心理因素，经常将手指放在口中吸吮，极易感染病菌。所以，必须给宝宝勤剪指甲，保持指甲清洁，不积泥垢。同时，要纠正宝宝吃手指、挖鼻孔和抠耳朵的坏毛病，避免由此患病。

1岁以上的宝宝在每次吃东西以后，家长应让他喝一些白开水，以清洁口腔。到2岁左右，家长应培养宝宝饭后漱口的习惯。

父母要注意宝宝衣服的整洁，身边应随时准备干净的手帕，用手帕擦手、擦脸和擤鼻涕。

（2）清洁卫生的方法　培养宝宝讲卫生、爱清洁的习惯和能力，既有助于健康，又是文明美德教育。训练宝宝每天早晚洗手、洗脸、刷牙，饭前便后洗手，饭后擦嘴，手脏了应主动去洗；定期洗澡、洗头、理发、剪指甲；每日随身携带干净手帕，咳嗽和打喷嚏时用手帕掩住口鼻，用手帕擦鼻涕；注意环境的整洁，不得随地丢果皮、纸屑，不随地吐痰，东西用完后放归原处，排列整齐等卫生习惯。

（3）进行卫生教育的技巧　在培养宝宝讲卫生习惯的同时，应培养宝宝掌握与洗盥有关的用语，如牙刷、牙杯、毛巾、水冷、漱口等，大人训练时要耐心，边讲解、边示范，并给予必要的帮助。需知道，宝宝的卫生习惯不是一天两天就能培养起来的，大人应常督促、提醒。为了使宝宝提起兴趣，并能更好地掌握洗盥方法，家长可以将洗盥过程编成儿歌，如洗手歌、洗脸歌、刷牙歌等教唱给宝宝。大人要持之以恒，经过不断地重复、巩固，使得宝宝养成良好的卫生习惯。

4. 培养宝宝的情商

宝宝的成长可以分成三个方面，其一为生理发展、身体发展，其二为智力发展，其三就是情绪和社会心理发展，俗称情商。所谓情商就是指可以善于了解自己及他人的情绪，并能够克制自己的情绪，控制自己的行为，为自己设定一个目标，并能为了目标而去努力的一系列综合素质。此外，人际关系中的沟通、合作，社会生活中的竞争、道德行为，均属于情商的范围。

让宝宝听话、依照大人的要求来做，这是在任何一个社会里，孩子成长所必须走的一步。因此，在宝宝很小的时候就应训练他控制自己的情绪和行为。例如按时吃饭，不要把饭菜撒得到处都是；自己摆放玩具，自己洗手；按时睡觉、起床等。情商的培养就像智力培养一样，是一个长期的过程，家长应从宝宝日常生活中的一点一滴做起。

当然，仅让宝宝具有自我控制力并不是情商的全部，情商中更多的内容是在与别人交往中发生的。要让宝宝的情商和智商和谐发展，方能让宝宝的人生快乐、幸福和成功。

5. 宝宝黏人不是坏习惯

宝宝长到一定阶段，会对母亲格外依恋，简直就是一个"跟屁虫"，妈妈到哪儿，他就要跟到哪儿，而且感情非常脆弱，怕离开妈妈，稍不如意就会哭闹不止，特别是当宝宝兴致不高或生病时，会更加依恋母亲的怀抱。孩子对他的主要照料者尤其"黏"，每当照料者不在身边，就会显得焦虑不安。心理学家称为"依恋"。依恋是父母和孩子之间双向的情感交流过程。

（1）宝宝黏人的原因　宝宝在婴儿时期开始形成对妈妈最初的依恋，妈妈经由对宝宝的爱抚、哺育、拥抱来满足宝宝的安全需要。随着宝宝年龄的增长，慢慢有了独立意识，他们想挣脱大人的呵护，独立面对这个世界。一方面，应实现"依恋分离"；另一方面，宝宝能力有限，还达不到"独立"的要求，于是表现出"害怕""担忧"。在这种矛盾斗争的过程中，宝宝会丢失安全感，他们会将寻求援助的手伸向最亲近的人，这就是幼儿格外"黏妈妈"的原因。大多数幼儿会顺利地度过这一阶段，但有些孩子因为最初的安全感没有得到满足或受到溺爱等，黏人现象比较显著。

（2）不要把孩子黏人当缺点　很多父母把孩子"黏人"视为缺点，但是黏人并不是坏习惯，适当"黏人"还有助于将来的沟通和交流。0至1岁半的宝宝多半会对父母产生依恋感。若不是这样，反而会给宝宝未来的生活蒙上阴影。

家庭是最能够给孩子温暖及勇气的地方，而提供这些力量的就是婴幼儿和父母之间温暖、亲密、连续不断的关系。适当的依恋（也就是"黏人"现象），不但可以促使婴幼儿找到满足感，而且可以帮助他们享受愉悦感。适度的依恋有利于建立一个人的信赖度和自我信任感，将来能够成功地与伴侣、后代和睦相处。

爱心提示

不宜搂着孩子睡觉

　　有的家长喜欢在睡觉时把宝宝搂在怀中，这种做法不值得提倡。若家长正患有某种疾病，很容易把疾病传染给宝宝。宝宝被搂着睡觉，很有可能呼吸到的都是被子中的不新鲜空气，增大宝宝生病的可能。另外，若家长睡得过熟，把宝宝压在身下或是将宝宝的鼻孔堵住了，则会造成宝宝窒息，甚至更为严重的后果。因此，为了宝宝的健康，家长还是不要搂着宝宝睡觉。即使和宝宝睡在一起，也必须保持好距离，以防在无意间伤害到宝宝。若条件允许，最好让宝宝单独睡，如果担心宝宝害怕，可以为他在床头安上一盏光线柔和的灯。

第二节　15～18个月幼儿

发育特征

　　宝宝的活动范围及活动内容更加丰富了。喜欢爬上爬下，喜欢模仿大人的动作，例如扫地、擦桌子。若家长教他唱儿歌、数数，他会很有兴趣地学，并看着大人的口形发音。这是教宝宝学习说话的大好时机，家长应把握。

　　1.15～18个月幼儿身体发育指标

　　（1）体重　男孩约11.16千克；女孩约10.83千克。

　　（2）身长　男孩约82.31厘米；女孩约81.62厘米。

　　（3）头围　男孩约47.54厘米；女孩约46.52厘米。

　　（4）胸围　男孩约49.08厘米；女孩约47.32厘米。

　　（5）坐高　男孩约50.96厘米；女孩约50.79厘米。

　　（6）牙齿　此时的宝宝长出12～14颗牙齿。

　　2.15～18个月幼儿身心状态

　　（1）体格发育状况　此时宝宝的肚子仍然较大，腹部向前显著。能够自己控制大小便，若由于来不及而尿湿了裤子，也会及时向家长示意。

　　宝宝睡觉的时间通常在12～13小时。白天可以睡1次，2～3小时，夜间睡10小时左右。

（2）运动发育状况　宝宝已经可以独立行走了，还会拉着玩具行走或倒着走，会跑，但是有时还会摔倒。上楼梯时，虽然能够扶着栏杆一级一级地向上，但宝宝更喜欢四肢并用地向上爬。下楼时，宝宝更乐于向后爬或者小屁股着地坐着下。能用力地将球扔出，会用杯子喝水，但洒出去的水已经很少了。会用勺子，并且开始自己吃饭。能把手中的3～4块积木叠在一起。

（3）语言发育状况　宝宝开始认真地学习语言，可以叫出一些简单物体的名字，会说4～5个词汇连在一起的句子，例如"在桌子上"，但还不是很清晰；会有目的地说"再见"。

宝宝学习语言的能力在天天增强，在日常的玩、看、吃中可以学到不少的词语，此时能够学会20～30个词。他会在自己玩玩具的时候咿咿呀呀地说个不停，或是见到什么东西也会自我表达一番。家长可以参与到宝宝的游戏中，要用正确的语言与宝宝交流，不要用儿语和宝宝对话，以免影响宝宝正确地学习语言，当宝宝不敢开口说话时，家长可鼓励宝宝大胆地说话。

（4）心理发育状况　宝宝的活动范围和活动内容更加宽阔了。喜欢爬上爬下，喜欢模仿大人的动作，例如扫地、擦桌子。若家长教他唱儿歌、数数，他会很有兴趣地学，并看着大人的口形发音。这是教宝宝学习说话的大好时机，家长必须把握。

宝宝的注意力集中的时间还是非常短，不可能老老实实地听5分钟的故事。很难坐下来安静地吃饭，喜欢走来走去，遇到他不满意的时候，会哭闹或发脾气。对陌生人会好奇，见到别的小朋友玩知道关注，但是不会参与，喜欢自己玩。喜欢自己的玩具，女孩会像大人一样抱着布娃娃，并开始模仿大人做家务。因为不用完全依赖奶瓶摄取食物，宝宝更爱吮手指，一般在睡觉前吮得较多，并会边吮边到处观看。

宝宝喜欢有规律的生活，对于突然的改变会表示反对，会哭闹。例如从自己家到奶奶家，或者是到幼儿园，均需要一段时间来适应。

饮食喂养

1. 不宜给宝宝吃汤泡饭

有的家长自己喜欢吃汤泡饭，就给宝宝也吃汤泡饭，其实，这种做法对宝宝的健康不利。吃汤泡饭会使宝宝减少咀嚼，容易直接把饭吞入胃中，若汤水过多，会减少胃液的分泌，加重胃肠的负担，长期如此会使宝宝患胃病的概率相应增加。若是一边吃饭、一边喝汤则不会引起这样的麻烦，因为充分咀嚼后再吞咽，这时喝汤可以促进消化，刺激胃液分泌，有利于宝宝的消化和吸收。

2. 放手让孩子自己吃饭

自己吃饭是良好饮食习惯中非常重要的一项内容。1～2岁是培养孩子自己吃

图4-2 享受自己吃饭的愉悦

饭能力的最佳时机，特别是1岁半以后。父母应放手让孩子自己吃饭，使他尽快掌握这项生活自理技能，也能够为入幼儿园做准备。

（1）让孩子享受自己吃饭的愉悦（图4-2）当孩子成功地学会自己吃饭后，自主意识也逐渐增强，他会将吃饭当做自己的事，愉快地体会自主的乐趣，由自己掌握进食的速度，而不再被动地让别人喂，这种成就感也让孩子更愿意学习新的本领。

有些父母嫌孩子自己吃东西太麻烦，不但又笨又慢，还得收拾洒得到处都是的饭菜，不如大人喂饭那么省时省力，于是轻易地剥夺了孩子学习自己吃饭的机会，这是很不合适的。

作为父母，要明白每一个孩子在最初自己吃饭的时候，因为不具备足够的协调能力，必然会弄得满手满脸脏兮兮，饭菜到处洒，还经常把碗扣过来，而且这种现象会持续一段相当长的时间。面对此情景，父母必须有足够的宽容和耐心，要鼓励孩子学习吃饭的积极性，不得发火、训斥或数落，甚至抢过孩子手中的勺子，剥夺孩子自己动手吃饭的权利，让孩子吃饭的积极性受到打击。若孩子被一次次的挫折感和不安全感笼罩，他就难以有饱满的热情，很难品尝成功的体验，这对培养孩子良好的进食习惯是不利的。

（2）要允许孩子用手拿饭 虽然孩子已经学习拿勺子，甚至会使用勺子了，但有时还是喜欢用手直接抓饭，好像这样吃起来更香。父母应该准许孩子用手抓取食物，并且提供一定的手抓食品，如小包子、馒头、花卷、面包、肉块、黄瓜条等，提高孩子自己吃饭的兴趣。

（3）不要强制孩子坐在餐桌前 虽然家长为孩子准备了吃饭的桌椅，但是他一般不能坐在那里老老实实吃完一顿饭，尤其是刚学习自己吃饭的时候，经常会离开饭桌一会儿。这当然不是好习惯，不过对于1岁多的孩子而言，不宜过分强求，不要为此引起不愉快，更不能急于求成，可以告诉他应该怎样做。

3.幼儿营养食谱

早晨6:00 配方奶200毫升

上午8:00 营养八宝粥1碗（约1粒）；小儿鱼肝油滴剂（用量遵医嘱）

上午10:00 苹果50克

中午12:00 营养蛋饼（鸡蛋半个，鱼肉20克，洋葱10克）；豆腐糊（豆腐10克）

下午3:30 草莓麦片粥（麦片20克，草莓50克）

下午6:30 软米饭40克；草鱼烧豆腐（鱼肉30克，豆腐30克）

晚上9:00　配方奶200毫升

4.营养食品制作

（1）肉豆腐丸子

【原料】肉馅200克，豆腐100克，青菜（蔬菜、油菜、白菜都可以）100克，鸡蛋1个，葱、姜、盐、酱油、味精、淀粉和水各适量。

【做法】将搓碎的豆腐与肉馅以及葱姜末、盐、鸡蛋、酱油、淀粉，加少量水搅成泥状；青菜择洗干净，切成细丝备用。将水倒入锅内烧沸，将豆腐肉泥挤成1.5厘米大小的丸子氽入锅中，再放入蔬菜丝和盐，最后放入酱油和味精即可。

【功效】此丸子营养全面，尤其适宜生长发育期的宝宝食用。

（2）营养蛋饼

【原料】鸡蛋1个，洋葱、鱼肉、番茄沙司、黄油各适量。

【做法】将洋葱切成碎末；鱼肉洗净切碎，煮熟后取出，去刺，碾碎。将鸡蛋打入碗中，加入鱼末、洋葱末，拌匀成馅。取适量黄油放入平底锅中，等黄油溶化后把肉馅团成小饼放入锅内煎炸，等到煎好后浇上少许番茄沙司即可。

【功效】蛋饼颜色诱人，软嫩适口，营养丰富，富含宝宝生长所需的蛋白质、脂肪、钙、铁、磷以及多种维生素。

（3）丝瓜炒鸡蛋

【原料】丝瓜300克，鸡蛋2个，葱末、姜末、植物油、料酒、盐、味精各适量。

【做法】将丝瓜去皮洗净，切成滚刀块或是厚片；鸡蛋磕入碗中，加入适量料酒、盐、味精打散搅匀。炒锅置旺火上，倒入植物油，烧至五成热时放入鸡蛋炒熟出锅。炒锅另外加入油，烧热后放葱、姜末炝锅，再倒入丝瓜略炒几下，放入盐、味精、熟鸡蛋翻匀即可。

【功效】鸡蛋中含有丰富的维生素A、维生素B_2、维生素D、铁和卵磷脂。卵磷脂是脑细胞的重要原料之一，对宝宝的智力发育非常有好处。

151

日常养护

1. 宝宝走路不好不要急

刚刚学习走路的宝宝，经常是左右摇摆，像个不倒翁，满15个月的宝宝多数能够自如地行走了。但并不是所有的孩子到了这个月龄都能够很自如地行走，有的宝宝直至1岁半还不能达到这个水平。父母无需着急，总有一天宝宝会行走自如的。

（1）走路总是摔跤　这个月，宝宝走路摔跤的频率升高。这是幼儿在发育过程中的正常现象。这个月龄的宝宝开始尝试着跑，因为刚刚学会走且还走得不是很稳，马上就跑自然就容易出现这样的情况。妈妈会觉得孩子能力倒退了，连走也不会了。其实，这是孩子能力进步的表现。

（2）宝宝还不敢独立走　18个月的幼儿还不会走路，属于发育滞后。若工作很忙，无暇顾及孩子，整天将孩子困在学步车或小床中，孩子的运动能力就会比同龄孩子延迟，站立及走路的时间都会晚些。幼儿不会走路的原因有多种，家长应细心观察，寻找原因，对症施治。

首先，应考虑孩子大脑的发育有无问题，腿的关节、肌肉有没有病变。

其次，应看看过去家长是否训练过孩子走路，孩子是否练习过爬，站得如何，是否用屁股坐在地上蹭行过，是否过早地使用"学步车"，这些因素都会影响幼儿学会走路的时间。

再次，可以看看幼儿的脚弓，是不是扁平足。扁平足是足部骨骼没有形成弓形，足弓处的肌肉下垂导致。家长可以帮助幼儿按摩足部，并带领他站站跳跳。有的孩子腿部肌肉无力，不能支撑全身重量，家长要帮助他进行肌肉力量的训练。

2. 宝宝头发的保养

父母均希望宝宝长出一头漂亮的头发，但是应该怎么做才能够达到这一目的呢？根据专家介绍，要保养好宝宝的头发，可以从营养、清洁、休息、外部环境四方面入手。

（1）营养均衡　在宝宝的生长过程中，要获取全面而充足的营养，肉类、鱼、水果、蔬菜搭配合理。含碘丰富的海带与紫菜也应适度添加。若宝宝有厌食、挑食的不良习惯，就会影响头发的营养需要。

（2）保持清洁　给宝宝最好2～3天洗一次头。这样能够使头皮得到良好的刺激，并促进头发的生长，还可防止油脂、汗液以及污物对头皮的刺激，引起头皮发痒、起疱。在给宝宝洗头时，要使用无刺激性、易起泡沫的儿童专用洗发液。在给宝宝洗头时应轻轻地用指腹按摩宝宝的头部，不得用力过猛。洗后要用柔软而有弹性的梳子为宝宝梳头，以促使宝宝头部的血液循环，使头发更好地生长。

（3）睡眠充足　若睡眠不足，会导致宝宝食欲减退，常哭闹、生病，这些均为影响头发生长的间接因素。

（4）外部环境　让宝宝接受阳光照射，紫外线能够促进血液循环，从而使头皮质量得到改善。但必须注意的是，在阳光强烈的时候，为了保护宝宝的头皮，不能让头皮受到暴晒，应戴上一顶遮阳帽。

3. 孩子不听话的处理方法

抗拒性行为是宝宝成长中的正常表现。1岁多的宝宝已经有了自我意识和独立意识，初步认识到自己是一个独立的个体，知道自己的名字，对于自己的玩具和衣服也有一种独占的心理。宝宝的抗拒性行为是这一心理发展的外在行为表现之一。

宝宝不听话时，简单粗暴的阻止不但效果不好，而且容易打击宝宝的自尊心、自信心，抑制独立自我意识的发展。较好的办法是转移宝宝的注意力，例如不让宝宝玩脏东西，妈妈就要拿一样干净的、宝宝更感兴趣的东西来替换。

另外，对待宝宝的抗拒性行为家长可做一些非原则性的让步，也就是说在一些无关紧要的小事上，可无需太在意，让宝宝顺着自己的意志去做，给他多一些发展的机会。但是在一些基本的行为习惯方面还是要注意对宝宝的培养，例如良好的睡眠习惯、卫生习惯等。

怎样对待孩子的抗拒性行为，这里给父母提以下几点建议。

（1）适时地赞扬孩子的行为（图4-3），如"你搭的塔真大！"等。这种赞扬必须准确、真诚，避免过分的言辞。

（2）不要提问或发布命令。家长的任务仅仅是观察，说出你的意见，而不是去控制或指导孩子。

（3）当孩子开始调皮时警告或提醒，这是培养孩子自我控制能力最好的办法。

（4）用表扬或欣赏来肯定好的行为，以此塑造积极的行为，对于孩子故意吸引你注意的行为不要去理会。

4. 从宝宝的指甲判断疾病

应关注宝宝的健康，不是只有通过宝宝的面色、精神状态、大便以及睡眠情况来判断的，若父母多注意宝宝的指甲，也会及时发现宝宝的健康隐患。一般情况下，宝宝的指甲呈粉红色，外观光滑亮泽，甲半月的颜色微淡，甲廓不会长倒刺。轻轻压住指甲，指甲呈白色，松开后立即恢复粉红色。若宝宝的指甲显示出下面的情况，那么家长可就要注意了。

图4-3　赞扬孩子的行为

（1）指甲上出现横向的白斑或白线，多是因为指甲根部受到挤压或碰撞导致。

（2）指甲甲板上出现黄色，多是因为食用了过多含胡萝卜素的食物；出现绿色、黑色等颜色多是由真菌感染所引起的。若家人出现真菌感染，最好与宝宝隔离，以防传染给宝宝。

（3）指甲上出现红色，大多是心脏病的征兆。出现淡红色则是贫血的症状，应注意及时在宝宝的饮食中添加含铁的食物。

（4）指甲出现小的凹窝，可以发生在正常的婴儿身上，也可以出现在患有银屑病（即"牛皮癣"）、湿疹等皮肤病的婴儿身上。

（5）指甲甲板变得薄脆，有竖着突起的棱，指尖易于断裂分层，可能是扁平苔藓等皮肤病，也可能是指甲营养不良所致。指甲中97%的成分是蛋白质，可给宝宝多补充些高蛋白的食物，例如鱼、虾等。

（6）指甲甲板纵向破裂，可能是甲状腺功能低下、垂体前叶功能异常等疾病所致。

（7）甲板出现横沟，宝宝可能是得了热病，如麻疹、肺热、猩红热等，也可能是因为代谢异常导致。

（8）甲根周围长了倒刺，多是因为咬指甲或粗糙物体的摩擦导致。若营养不均衡，也会导致因皮肤干燥而引起倒刺。

5. 宝宝口臭是怎么回事

每天都与宝宝非常亲近的妈妈，忽然有一天在和宝宝玩耍时发现，宝宝竟然有口臭。这让妈妈担心不已，这是怎么回事呢？

（1）宝宝口臭的原因　　口腔内有积奶或积存的食物残渣没有及时洗净；牙齿有龋洞，内有腐败污物；牙龈发炎、出血，或是有牙龈瘘管出脓；口腔溃疡、扁桃体炎、咽炎等。食物残渣、坏死组织及脓液在细菌作用下，产生吲哚、硫氢基和胺类，可散发出腐败性口臭。

胃肠功能障碍导致消化不良，常在嗳气时闻到这种酸臭味。进食大蒜、洋葱等食物可有该类食物的特殊臭味。宝宝过多地食用甜食、高蛋白、高脂肪食品也会致口臭。

此外，患气管炎、肺炎、肺脓肿、支气管扩张等疾病时，呼出气体可带腐烂臭味；宝宝如果患有中耳炎也会导致口臭；宝宝玩耍时将异物塞入鼻腔引起鼻炎、鼻出血也可致口臭。

（2）如何预防口臭

① 注意保持孩子的口腔清洁卫生，让孩子做到饭后漱口，早晚刷牙。

② 饮食要有规律。让宝宝多吃蔬菜及水果，不挑食，不偏食，不暴饮暴食，

粗细粮搭配合理。

③ 避免消化不良。当出现消化不良时，可给宝宝服用一些助消化药物。

④ 注意预防并且及时治疗龋齿及牙齿排列不齐。控制宝宝吃甜食量，尤其是睡前不吃甜食。

⑤ 用中药芦根、薄荷、藿香煎汁，或1%过氧化氢、2%苏打水、2%硼酸水等含漱，具有一定的缓解口臭作用。

若宝宝出现持续性口臭，应找有经验的医生做仔细检查，找出病因，对症下药，及早治愈引起口臭的疾病。

爱心提示

怎样预防宝宝肘部脱位？

因为这时宝宝的肘关节及肘部韧带松弛薄弱，所以常会出现肘关节损伤，特别容易发生桡骨关节半脱位。为了防止这种情况的发生，家长首先要在给宝宝穿衣服时格外注意，不能动作过猛。在扶宝宝走路的时候，要正确拉住宝宝的手部。在给宝宝做按摩操的时候，不要用力过猛。

一旦发生桡骨头半脱位后，宝宝会因为疼痛而哭闹，肘关节呈屈状下垂，不能活动，此时应立即把宝宝送往医院治疗。

第三节　18～21个月幼儿

发育特征

此时的宝宝非常喜欢动作较大的活动，例如跑、跳、爬、踢球等运动，经常会顺着椅子爬到更高的地方。喜欢重复说一件事，爱将图书一页一页地打开看，可以准确说出图书中所熟悉的物体名称。已经开始学会唱一些简单的儿歌。

1. 18～21个月幼儿身体发育指标

（1）体重　男孩约11.61千克；女孩约11.24千克。

（2）身长　男孩约84.06厘米；女孩约83.42厘米。

（3）头围　男孩约47.83厘米；女孩约46.71厘米。

（4）胸围　男孩约49.15厘米；女孩约47.63厘米。

（5）坐高　男孩约51.44厘米；女孩约51.16厘米。

（6）牙齿　此时的宝宝约长出16颗牙齿，已经萌出第二乳磨牙。

2. 18～21个月幼儿身心状态

（1）体格发育状况　宝宝腹部胀起的情况已经显著减轻，大小便也可以完全自我控制了。

宝宝睡觉的时间通常在12～13小时。白天睡1次，2～3小时，夜间睡10小时左右。

（2）运动发育状况　会自己洗手并能够把手擦干，能把积木排成火车，总想用小剪刀去剪东西。宝宝走路已经很稳了并会跑，还会自己上下楼梯。若有东西掉在地上，会立刻发现并且低头去捡。可以轻松地用一只手拿着小杯子喝水，用勺子吃饭的技术更是大有进步，会把珠子穿起来，并会拿着笔在纸上画出直线或圆圈。

（3）语言发育状况　此时，宝宝大约能说300个词汇。对于自己熟悉的事物可以快速说出事物的名称，会说自己的名字，并会说简单的句子，说话的音调已经发生变化。

（4）心理发育状况　宝宝喜欢爬行、喜欢和别人一起玩游戏，爱对着镜子中的自己看个不停，喜欢观察各种物体的形状，喜欢别人对他的举动做出鼓励或表扬，对"欢迎"或"招手"的动作非常擅长。

饮食喂养

1. 每天吃多少合适

1岁多的宝宝正处于快速成长的阶段，宝宝开始学走路、学说话及认知周围的事物，体力、脑力消耗相对增加，需要充足的营养来帮助身体发育，因此，妈妈必须保证宝宝能够获取到充足均衡的营养，以帮助他奠定一个良好的健康基础。

有些妈妈认为，只要给宝宝足够的肉类、蔬菜类食物，宝宝的营养就一定足够了，其实，幼儿的食量还很小，消化系统的吸收能力有限，他根本吃不下也不可能完全从固体食物中消化吸收足够的营养。

若营养完全由米饭、肉类、蔬菜等固体食物提供，那么需要每天摄入主食100～150克，蔬菜150～250克，牛奶250毫升，豆类及豆制品10～20克，肉类25克左右，鸡蛋1个，水果40克左右，糖20克左右，油10毫升左右。试想，宝宝吃得了这么多食物吗？

营养专家建议，均衡的配方奶仍然是幼儿饮食的重要部分，每天应摄入奶量为400～500毫升，以配方奶为主。

2.幼儿多食碱性食物有益于大脑发育

所谓碱性食物，是指含有钠、钙、钾、镁等成分，可在体内表现出碱性的食物。碱性食物有利于幼儿的大脑发育，这是由于其所含的主要成分为人体运动和脑部活动的必需元素。若人体内缺乏这些元素，会直接影响脑部的发育，例如缺乏钙质时，会影响脑和神经功能，使记忆力和思维能力衰退，严重时还会导致神经衰弱等疾病。

为了宝宝能更好地健康成长，在确保宝宝获取充足的蛋白质、脂肪等重要的营养素的前提下，家长应注意让宝宝获取适量的碱性食物，如菠菜、大豆、胡萝卜、油菜、百合、南瓜、苹果、梨、黄瓜、西瓜、茄子、豆腐等。

3.每天吃鸡蛋不要过多

鸡蛋除含优质蛋白质和脂肪类外，还含有丰富的维生素A、胡萝卜素、卵磷脂及矿物质等，无疑营养价值很高。

（1）每天吃鸡蛋的量　1～2岁的宝宝，每天需要蛋白质40克左右，每天添加1～1.5个鸡蛋就足够了。若食入太多，宝宝胃肠负担不了，会导致消化吸收功能障碍，引起消化不良和营养不良。

（2）鸡蛋的最佳吃法　通常来说，用清水煮鸡蛋是最佳的吃法，但要注意让宝宝细嚼慢咽，否则会影响消化和吸收。

对于幼儿而言，蒸蛋羹、蛋花汤也非常好，因为这两种做法能使蛋白质更容易被消化吸收。

鸡蛋含有维生素D，可促进钙的吸收，豆腐中含钙量较高，如果与鸡蛋同食，不但有助于钙的吸收，而且营养更全面。

（3）鸡蛋必须煮熟　鸡蛋很容易受到沙门菌和其他致病微生物污染，生食易发生消化系统疾病。所以，鸡蛋必须煮熟后再食用。煮鸡蛋的时间必须掌握好，通常煮8～10分钟即可。

煮得太生，鸡蛋中的抗生物素蛋白无法被破坏，使生物素失去活性，影响机体对生物素的吸收，易患生物素缺乏症，发生疲倦、食欲减退、肌肉疼痛，甚至发生毛发脱落、皮炎等，也不利于消灭鸡蛋中的病原微生物。煮得太老也不好，因为煮沸时间长，蛋白质的结构变得紧密，不容易消化。

4.幼儿营养食谱

早晨8:00　地瓜粥（大米30克，地瓜20克）

上午10:00　配方奶200毫升；鲜水果50克

中午11:30　烂饭（大米50克）；肉末胡萝卜（肉末15克，胡萝卜40克）

下午3:00　鲜水果50克

晚上6:00　小饺子（面粉20克，猪肉20克，大白菜30克）

晚上9:00　配方奶200毫升

5. 营养食品制作

（1）虾皮鸡蛋羹

【原料】鸡蛋1个，虾皮、盐各适量。

【做法】虾皮浸泡数分钟，泡软后捞出；鸡蛋打入碗中，搅匀后加入泡软的虾皮适量的温开水、盐，调好口味后放入锅内，隔水用中火蒸熟即可。

【功效】虾皮的含钙量较高，鸡蛋中的卵磷脂、胆固醇以及卵黄素含量高，两者同食可起到补钙壮骨的功效。

（2）蜜汁胡萝卜

【原料】胡萝卜1根，蜂蜜、黄油、姜适量。

【做法】胡萝卜洗净，切成小碎末。将胡萝卜末和适量的蜂蜜、黄油、姜末放入锅中，倒入少量的开水，搅匀后用中火煮至胡萝卜变软即可，可在其间搅几下。

【功效】胡萝卜含有胡萝卜素，具有补肝明目的作用，并可增强人体抗病能力，能减少宝宝患夜盲症和呼吸道疾病的概率。

日常养护

1. 别让孩子成了电视迷（图4-4）

图4-4　宝宝看电视

孩子的好奇心越来越强，开始对电视中变幻莫测的画面感兴趣。若父母为了摆脱孩子的纠缠，用电视吸引孩子的注意力，长时间待在电视机前，就有可能培养出一个"小电视迷"。

（1）宝宝的注意力很短　小儿的注意力是随着年龄的增长而不断提升。1岁半～2岁的宝宝已开始集中精力看图片、看电影、看电视、玩玩具、念儿歌、听故事等。但是，注意力集中的时间较短，通常在15分钟左右，且以无意注意为主。所以，在宝宝看电视时，宝宝对电视屏幕中的影像注视时间很短。对电视中播放的内容也很难维持较长时间的注意力和兴趣。这就解释了宝宝为什么喜欢看变化快、色彩艳丽的电视广告，而不喜欢看变化缓慢的画面。

（2）孩子对电视机的兴趣　有些父母认为，自己的宝宝确实喜欢看电视，实际上宝宝真正的兴趣不在电视内容上，而是可以和父母在一起，有父母和看护人陪伴是宝宝最大的满足。宝宝的兴趣可能在电视遥控器上，按一下按钮就会有新的画面出现，宝宝将遥控器当做玩具了。

（3）父母的引导很重要　宝宝不会从一开始就对电视节目产生浓厚兴趣，成为"电视迷"。若宝宝真的在某一年龄段成了不可救药的"电视迷"，也是父母及看护人培养的结果。

就这一阶段宝宝的语言、思维、理解能力来说，电视中的绝大多数内容宝宝是看不懂的。所以，宝宝不可能对他看不懂的东西保持长时间的兴趣。实际上，爱看电视的不是宝宝，而是成人。当成人看电视时，是无暇顾及宝宝的，宝宝唯一的选择就是看电视了。若父母能够为宝宝提供更适宜的游戏，宝宝就不会对电视感兴趣了。

2. 孩子睡觉护理

此时宝宝的活动量较大，一般会在晚上因过度兴奋或其他缘故不能入睡。家长应采取恰当的办法来使宝宝尽快安睡。

（1）在入睡前，家长应配合做好一些工作。例如，可以和宝宝一起说些轻柔的歌谣，听些柔和的音乐，也可以让宝宝玩一些比较安静的游戏。

（2）在宝宝不想睡觉的时候，不得强制宝宝睡觉，更不要用恐吓或打骂的方式来逼迫宝宝睡觉。这种方法只会刺激宝宝的大脑，使宝宝更不能入睡。若吓唬宝宝，会使宝宝对睡觉失去安全感，容易做噩梦，睡眠品质下降，影响大脑的正常休息。若常吓唬宝宝，还会使宝宝失去安全感，不敢独自睡觉，不敢进入黑暗的房间，长此以往就会变得胆小懦弱。

3. 宝宝长疖后的护理

在夏季，活泼好动的婴幼儿容易出汗，但是婴幼儿的汗腺发育不全，容易长疖疮。婴幼儿疖疮好发于头、面、额、背和臀等部位，既影响容颜，又易引起发热、疼痛和化脓。

若局部发现疖初起，可用1%～3%碘伏给宝宝涂患处，一日2～3次；或使用肥皂水洗净患处后，轻轻按摩几分钟，一日多次，都能使疖在几天内自动消散。如果疖变大，疼痛加剧，不能涂碘伏，也不得按摩，应及早请医生诊治。

4. 给宝宝驱虫

当宝宝患有寄生虫病时，会对健康造成一定的影响。那么选择什么时机给宝宝驱虫最合适呢？

一般在夏季食入含有寄生虫卵的食物机会较多。当宝宝食用这些食物后，虫卵经过两个月的发育后就会变成成虫，寄生在宝宝的体内，而此时基本上已进入秋季，进行驱虫效果最好。在秋季驱虫，宝宝对于服用驱虫药引起的不良反应较轻，而且也容易恢复健康。

5. 让宝宝健康度夏

宝宝（尤其是2岁以前的婴幼儿）调节体温的中枢神经系统尚未发育完善，对外界的高温不能适应，加上炎热气候的影响，使得胃肠液分泌减少，容易造成消化功能下降，很容易患病。因此，妈妈要注意夏天的保健工作，让宝宝健康地过好夏天。

（1）夏季衣着　宝宝夏季的衣着应柔软、轻薄、透气性强。衣服的样式要简单，像小背心、三角裤、小短裙，既能吸汗又穿脱便利，容易洗涤。

衣服不要用化纤的料子，最好使用棉布、丝绸等吸水性强、透气性好的布料，宝宝不易于患皮炎或痱子。

（2）每天都要洗澡　每天可洗1～2次温水澡，用少量刺激性小的肥皂。为避免宝宝生痱子，妈妈可用马齿苋（一种药用植物）煮水给宝宝洗澡，预防痱子效果不错。

（3）确保宝宝足够的睡眠　不论如何，都应保证宝宝足够的睡眠时间。最好养成每天中午睡午觉的习惯。夏天宝宝睡着后，通常身上会出现很多汗，这时不要开电风扇，以免宝宝着凉。既要防止宝宝睡时穿得太多，又不可让宝宝赤身裸体睡觉。睡觉时可以在宝宝肚子上盖一条薄的小毛巾被。

（4）夏季饮食　食物应既富有营养又讲究卫生。夏天宝宝应食用清淡而富有营养的食物，少吃油炸、煎烹等油腻食物。

夏天给宝宝喂奶的饮具要消毒。鲜牛奶应随购随饮，其他饮料也一样。放置不要超过4小时，如果超过4小时应煮沸再饮用。察觉到已变质，千万不要让宝宝食用，以免引起胃肠疾病。此外，生吃瓜果要洗净、消毒，水果必须洗净后削皮食用。夏季细菌繁殖非常快，宝宝抵抗力差，很容易引起腹泻。因此，冷饮之类的食物不要给宝宝多吃。

（5）补充水分　夏天出汗多，妈妈应给宝宝多补充水分。否则，会使宝宝因为体内水分减少而发生口渴、少尿。西瓜汁不但能消暑解渴，还可以补充糖类与维生素等营养物质，可给宝宝适当饮用，但不可喂得太多而伤脾胃。

6. 让宝宝赤足走路的益处

要鼓励宝宝赤足走路，父母不要因为担心宝宝会受凉，或会造成一些意外伤害而使宝宝错过锻炼的好机会。

其实，恰当地让宝宝赤足走路，可以促进宝宝身高和体重的增长。宝宝稚嫩的足部皮肤若常直接受泥土的摩擦与刺激，可增强足底肌肉和韧带的力量，有助于促进足弓的形成，防止平足，对宝宝走跳时引起的震荡可起到缓冲作用。常让宝宝赤足在阳光下和新鲜空气中活动，有助于足部的血液循环，可提高宝宝的耐寒能力，增强抗病能力。赤足还可以提高宝宝末梢神经、自主神经和内分泌的正常发育和调节功能，对于促进宝宝的智力发育也有一定的帮助。

在让宝宝练习赤足走路时需注意，路面要平坦、干净，避免脚部被小石子、小玻璃等异物所伤。温度应适宜进行户外运动，在宝宝走路后要及时清洗脚部，避免带入某些具有传染性的病菌，引发疾病。

7. 警惕幼女夹腿综合征

夹腿综合征是一种以夹腿作为主要特征、并不断摩擦会阴部的习惯性不良动作。1～3岁的幼女最为多见。通常几天发作1次，个别幼女可以一天发作几次。

（1）夹腿综合征的原因　儿童在日常生活中偶尔获取的性刺激，有时可诱发性器官的这种功能。儿童可以接受来源于外界的性信息或性刺激，却无法在内心深处去理解它们，这就造成了夹腿综合征。

具体而言，有以下几个刺激因素。

① 局部刺激　如蛲虫、尿布潮湿或裤子太紧等刺激导致外阴发痒，继而摩擦，在此基础上发展而成。

② 心理因素　有些幼儿因为家庭气氛紧张、缺乏母爱、遭受歧视等，感情上没有得到满足，又无玩具可玩，通过自身刺激来寻求宣泄，从而出现夹腿动作。

③ 其他因素　在稍大一些的孩子中，受不良录像、书刊的影响，也是造成夹腿的不良行为的原因。

（2）夹腿综合征的家庭矫治

① 提高认识　防治本症的关键就是早发现、早诊断。父母一旦发现幼儿有本症迹象，应及时向儿童心理学专家咨询。父母应了解此症的性质，对患儿不责骂、不惩罚，也不强行制止其发作。

② 及时转移　当患儿将要发作或正在发作时，父母应装作若无其事的样子将患儿抱起来走走，或给患儿玩具，或和患儿逗乐，或领患儿外出玩耍，转移患儿的注意力。如能持之以恒，通常都能奏效。

③ 按时作息　要养成按时睡眠的好习惯，晚上不应过早上床，早晨不要晚起

婴幼儿喂养指南

赖床，以减少幼儿"夹腿"发作的机会。

④ 去除原因　要注意患儿会阴部卫生，除去各种不良刺激，还要注意给患儿营造一个良好的家庭环境，给幼儿充分的温暖和爱抚。若患儿有蛲虫、湿疹等，应及时请医生治疗。

⑤ 药物治疗　对于病程较长，病情顽固的患儿，可在医生的指导下服用小剂量硫必利。

不要随便给2岁以下的宝宝吃驱虫药？

一般驱虫药都会标明"2岁以下禁用或慎用"的字样，具体的原因主要包括以下两点。

（1）驱虫药通常经肝脏分解代谢，其代谢产物经肾脏排泄。2岁以内的宝宝肝、肾等器官尚未发育完全，生理功能也不够健全，因此服用驱虫药极有可能损伤宝宝娇嫩的肝、肾。

（2）肠道寄生虫病多是因为不小心吃了被虫卵污染的食物而造成的感染。2岁左右的宝宝接触的东西通常局限于家中的玩具和用品，这些东西带有的虫卵相对少些或没有。另外，他们吃的蔬菜种类及量也很少，进入体内的虫卵也相应较少。

 第四节　21 ～ 24个月幼儿

发育特征

2岁的宝宝俨然一副小大人的模样，会模仿爸爸妈妈的行为及说话的语调。随着独立意识的加强，有了自尊心，会清楚地表达自己的意愿，并能够对自己不喜欢的东西或不愿意的事情说"不"。妈妈此时千万要注意，别轻易伤害小家伙的自尊心，这对他的心理发育将会产生非常重要的影响。

1. 22 ～ 24个月幼儿身体发育指标

（1）体重　男孩约12.14千克；女孩约11.92千克。

（2）身长　男孩约84.47厘米；女孩约83.77厘米。

（3）头围　男孩约47.94厘米；女孩约46.99厘米。

（4）胸围　男孩约49.27厘米；女孩约48.47厘米。

（5）坐高　男孩约52.72厘米；女孩约52.06厘米。

（6）牙齿　此时的宝宝大约长出18颗牙齿，2岁时已基本出齐20颗乳牙。

2.22 ～ 24个月幼儿身心状态

（1）体格发育状况　此时宝宝的脑重约为成人脑重的70%，脑中的大部分沟回非常显著，脑细胞不再增加，脑细胞之间的联系复杂化。因为受到的后天教育与刺激不同，宝宝开始呈现个性化差异。骨骼的主要化学成分是水、矿物质和有机物，其中矿物质中的钙盐能够使骨骼坚韧。因为宝宝骨骼较软，容易在外力的作用下发生变形，因此家长必须及时规范宝宝坐、走、行的姿势，使宝宝保持良好的体型。

宝宝夜间睡觉的时间通常在10小时左右，白天可以睡2 ～ 3小时。

（2）运动发育状况　宝宝在此时站得稳，跑得快，会用双脚跳，并能向前跳，可以从较低台阶上跳下并且站得很稳。能控制自己的运动频率，喜欢踢球。当看见大人使用筷子吃饭时，也要试着用筷子夹菜。会用笔画画，能够画出直线、圆圈，对于套环类的游戏非常感兴趣，对数字有了一定的概念，并对空间有一定的感知能力。看书时能够一页一页地翻。

（3）语言发育状况　此时宝宝对家中的主要人物怎么称呼基本掌握，会说爸爸、妈妈、爷爷、奶奶等。会说你、我一类的代词，可以说出完整的句子，例如"我要吃苹果""我要出去玩"等，可以在吃水果时说出水果的个数，知道爸爸是男的、妈妈是女的，喜欢与小朋友交往，并可以用自己的声音来表达喜怒哀乐。

（4）心理发育状况　宝宝的自我意识有了进一步的提升，自尊心增强。此时家长不要在宝宝面前夸奖其他孩子，不要总拿宝宝与别人去比。说出"谁谁家的宝宝都会做什么事，我家的宝宝就是学不会"，这会导致宝宝的自尊心受到伤害，对宝宝的心理发育造成障碍。家长应对宝宝的每一次进步都及时提出表扬，鼓励宝宝不断进步。

饮食喂养

1. 不要过分要求幼儿吃饭速度

在唾液中含有很多消化酶，食物咀嚼的时间越长，就会被研磨得越小越细，食物和唾液混合的时间就越长，越能够使食物得到初步消化。因为宝宝的胃肠发育还不完善，胃蠕动能力较差，胃腺的数量较少，分泌胃液的质和量都不如成人，若进食时充分咀嚼，在口腔中就能将食物充分地研磨和初步消化，可以减轻胃肠道消化食物的负担，提高宝宝对食物的消化吸收能力，保护胃肠道，促进营养素

的充分吸收及利用。

2. 要注意孩子早餐的营养

早餐是宝宝一天中最重要的一餐，父母不能由于自身的工作或其他原因，而忽略了早餐的营养。因为宝宝胃容量有限，上午的活动量较大，所以早餐必须吃好，但也不是吃得越多就越好。

科学的早餐应包括以下四个方面。

（1）碳水化合物　例如面包、麦片等，可常为宝宝变换花样，否则让宝宝长时间吃同一种食物会产生厌食心理。

（2）乳制品　例如牛奶、乳酪等，营养丰富，而且能够有效补充钙质，促进宝宝的骨骼发育。

（3）蛋白质　例如花生酱、鸡蛋、瘦肉等，能更好地促进宝宝的生长发育。

（4）蔬菜或水果　西红柿、草莓等，均含有丰富的维生素C，是早餐的理想食品。蔬菜和水果能够增加宝宝体内的维生素含量，平衡血液中的酸碱度，减轻胃肠道因为消化碳水化合物所带来的压力。

家长在安排宝宝的早餐时，可以让宝宝喝一杯牛奶、吃两片面包、一个鸡蛋、半个水果或适量的蔬菜，当然也可以将面包改成菜肉粥、面条、馒头等谷类食物。这样才可以确保宝宝获取充足的营养物质和热量，有助于宝宝的健康成长。

3. 幼儿要多吃水果

水果的营养价值较高，且水果可以生吃，营养不受烹调的破坏。水果中的有机酸能够帮助消化，促进其他营养成分的吸收。食用水果前应彻底清洗。洒过农药的水果，除了彻底清洗外，最好削去外皮后再食用。

（1）饭前不要给宝宝吃水果　水果不合适在餐前吃。由于宝宝的胃容量还比较小，若在餐前食用，就会占据一定空间，影响正餐的摄入。

（2）吃水果的时间安排　最佳的做法是将吃水果的时间安排在两餐之间，或是午睡醒来后，这样，可让宝宝将水果当做点心吃。

（3）饭后不宜立即吃水果　水果中富含单糖类物质，一般被小肠吸收，但饭后水果不易立即进入小肠而滞留于胃中；由于食物进入胃内，须经过1～2小时的消化过程，方能缓慢排出，饭后立即吃水果会被食物阻滞在胃内，如果停留时间过长，单糖就会发酵而引起腹胀、腹泻或胃酸过多、便秘等症状。

4. 为宝宝的饭菜选用合适的加工方法

掌握好各种食物的加工方法，会更有助于宝宝对营养物质的吸收和利用。家长可以根据宝宝的饮食特点，选择以下方法。

（1）蒸　将食物放在蒸笼中，利用水蒸气烹调食物至熟。这种做法能够保持菜品的原有风味，最大限度地减少营养成分的流失，并可以保持菜品的原有形态。

（2）熘　做熘菜的食物多为片、丁、丝、丸状，例如豆腐丸子、土豆丸子。做熘菜首先要将挂糊或上浆的原料用中等油温炸过或用水烫熟，再将芡汁调料等放入旺火加热的锅内，倒入准备好的原料，迅速颠翻出锅，保持菜品的香脆、鲜嫩。

（3）烧　分为红烧、焖烧等，做法是将食物用小火来煮透，使原汁和香味显著。

（4）炖　在做菜的时候，汤、料一次性加好，过程中无需加汤，使菜品保持原汁原味，做出的食物味道清香、软烂、爽口。

（5）羹　由做汤的基础上发展而来，在汤中加入一定的淀粉，使得汤浓厚不流动，做出的食物软、鲜、嫩。

（6）汆　做汤菜或是连汤带菜的一种做法，软烂适口。

5. 幼儿应少喝的饮料

现在大部分孩子更喜欢喝饮料而不是水，有些家长就让孩子喝饮料代替饮水。常给宝宝喝饮料，不但会对胃有刺激，还会冲淡胃中的消化液，使食物的消化及吸收受到影响，长此下去就会发生营养障碍。下面列举的几种饮料应尽可能少给孩子喝。

（1）碳酸饮料　冰镇的碳酸饮料具有一定的消暑解渴作用，但此类饮料热量高，主要含糖，提供的营养物质极少。

（2）市售果汁或果味饮料　市售果汁里面含有维生素和微量元素，但每100毫升提供的热量却不低。若仔细阅读饮料的标签，会发现很多"果汁"其实是含果汁饮料。真正果汁含量可能不大于10%，而糖和调味剂却是主要成分。果汁饮料在所有饮料里含糖是最多的，最好避免饮用。

（3）茶饮料　茶饮料的成分含糖、有机酸、茶多酚、焦糖色素等，其中茶多酚是比较好的物质，具有抗氧化作用，可补充水分，消暑解渴，提神醒脑。但是茶饮料成分以糖为主，其营养价值不如真正的茶，无法完全代替天然的茶。

（4）固体饮料冲剂　固体饮料冲剂包括果珍、酸梅精等，成分以糖为主，营养物质很少。

（5）运动饮料　运动饮料的成分与人体的体液相似，饮用后能快速被身体吸收，解口渴更解体渴，能及时补充人体由于大量运动、劳动出汗所损失的水分和电解质（盐分），让体液达到平衡状态。运动饮料不适合日常饮用，否则可能导致水电解质失衡。

6. 幼儿营养食谱

早晨8:00　蛋羹25克，果酱面卷25克

上午10:00　配方奶200毫升；鲜水果50克

中午11:30　烂饭50克；肉末炒豆腐末（豆腐40克，肉末20克）

下午3:00　水果羹60克

晚上6:00　软米饭40克；蘑菇蛋卷（蘑菇50克，鸡蛋20克）；西红柿猪肝汤（猪肝20克，西红柿20克）

晚上9:00　配方奶200毫升

7.营养食品制作

（1）豌豆胡萝卜蒸蛋

【原料】鸡蛋1个，豌豆10克，胡萝卜丁10克。

【做法】豌豆、胡萝卜洗净沥干，用刀背压碎。鸡蛋打入碗中，放入豌豆末、胡萝卜末、冷开水一起拌匀，蒸熟即成。

【功效】鸡蛋、豌豆、胡萝卜搭配制成的辅食，不但营养全面而且颜色和口味也都非常诱人。可提供宝宝发育所需的蛋白质、维生素。还含有比较丰富的膳食纤维，能促进肠蠕动，有效防止宝宝便秘。豌豆有一层膜，宝宝可能会排斥，因此务必将豌豆压碎。

（2）蘑菇蛋卷

【原料】鸡蛋1个，蘑菇、洋葱、奶油、牛奶、盐、鸡精各适量。

【做法】蘑菇洗净切成片，洋葱切成丝。在锅中倒入奶油烧热后下入蘑菇和洋葱，炒至呈金黄色时加入盐、鸡精调好口味盛出。将鸡蛋和牛奶搅匀成蛋汁，加入适量盐。把平底锅烧热后倒入奶油烧热，再倒入蛋汁，在蛋皮上放上炒好的蘑菇片和洋葱丝，蛋皮将熟时把蘑菇与洋葱包好即可出锅。

【功效】蘑菇可增强T淋巴细胞的功能，具有增强免疫的作用，鸡蛋的蛋白质几乎全都能被人体所吸收，适宜幼儿生长发育的需要。

（3）香菇豆腐汤

【原料】鸡肉丁15克，香菇丝10克，豆腐20克，清汤适量，鸡蛋1个，盐、淀粉各适量。

【做法】清汤煮开后，下入鸡肉丁、香菇丝煮至熟。豆腐切丁，倒入锅中，以适量的盐调味，勾芡煮成稠状，淋上鸡蛋液，煮至蛋熟即可。

【功效】现代医学认为，香菇含有丰富的精氨酸与赖氨酸，常吃香菇，可健脑益智。

日常养护

1. 孩子误服药物的处理

宝宝的好奇心很强，见到一些彩色的药丸或带有香味的药水就想吃下或喝下，这样会给身体造成严重的危害，甚至是生命危险。所以，家长应该学会一些急救常识，并努力做到防患于未然。

宝宝一般误服的药物会成倍超过限定剂量，而自身解毒与排泄能力较差，会在短时间内出现异常表现，例如口腔、咽喉、上腹部疼痛，肌肉抽搐、说话困难、流口水、恶心、呕吐等症状。当发现宝宝误服药物后，应立刻弄清宝宝吃的是什么药，找出相应的包装，为就医提供可靠的根据。不要只是一味地责骂宝宝，这样可能导致宝宝不敢说真话，反而延误病情。若不是腐蚀性药物，且发现得及时，可以让宝宝及时吐出，减少对药物的吸收。若是腐蚀性药物，则不要让宝宝呕吐，以免再次伤及口腔和食管。

要将宝宝立即送往最近的医院。家长切不能只想着让宝宝去大医院，舍近求远而延误治疗的最佳时机。

家长平常应注意把家中的药物存放在宝宝够不到的地方，家用的灭老鼠、蟑螂之类的药更要放好，防止宝宝误食造成严重后果。

2. 不合群的处理方法

1～3岁的孩子长得聪明又活泼，就是有一点不好，不太合群。这主要是因为这个时期的孩子自我意识显著发展。要把这个缺点改过来，教育孩子懂得建立友谊是十分重要的。

对于年龄较小或内向孤僻的孩子，有一点非常重要，就是邀请性格相近或有共同兴趣的孩子参加活动。活动刚开始，孩子们怎样相处不重要，重要的是他们有机会在一起玩游戏、搞活动，只要孩子获取了一次重要的共同经历，就能为日后的社交技能打下基础。一旦孩子喜欢与同伴相处了，那么父母就应该对他强调朋友的价值，鼓励他们交往，不应鼓励孩子抱怨同伴，否则就会强化他的孤僻。

等到孩子有了来往密切的朋友之后，父母的作用便是指导孩子怎样与其他小朋友相处。灌输正确的价值观，鼓励孩子个人的成长和人际关系的发展。

拥有一个"好朋友"是孩子成长过程中的重要任务，这能够为他日后良好的人际关系打下基础。

3. 帮助宝宝刷牙

为了使宝宝拥有一口健康的牙齿，家长应该让宝宝及早养成清洁牙齿的好习惯。当宝宝1岁的时候，家长可以坐在沙发或床边，让宝宝躺在怀中，用一只手固定宝宝的头部和嘴，用另一只手拿干净的纱布或是婴儿专用的指套牙刷，稍蘸温开水为宝宝清洁牙齿的内侧面及外侧面。当宝宝1岁半到3岁时，可以让他尝试使用牙刷，但是刷牙还应由家长协助完成。宝宝可以直立或坐在椅子上，家长在宝宝的背后或一侧，用一只手固定宝宝的头部，另一只手握好牙刷，蘸温开水为宝宝刷牙。正确的刷牙方法为竖刷法。上牙从上往下刷，下牙从下往上刷；咬（牙合）面来回刷。上上下下，里里外外均刷到。每次刷2～3分钟，每天早晚各刷1次。严禁横刷，这样既刷不干净又会损伤牙齿。

2岁半到3岁时可以让宝宝学着自己刷牙，刚开始刷牙时可能还刷不干净，家长可以在宝宝刷完后再刷一遍，并且指出宝宝的姿势有什么不正确的地方。若宝宝因为累了或困了而不想刷牙，家长应讲一些有关保护牙齿的小故事，让宝宝明白刷牙的益处和不刷牙的害处，从而养成刷牙的好习惯。

4. 正确为宝宝擤鼻涕（图4-5）

感冒是小儿最常见的疾病之一，小儿受凉后极易感冒，感冒时鼻黏膜发炎，鼻涕增多，并含有大量病菌，导致鼻子堵塞，呼吸不畅。这个年龄的小儿生活自理能力还非常差，对流出的鼻涕不知如何处理，有的孩子就用衣服袖子一抹，弄得到处都是，有的孩子鼻涕多了不擤，而是使劲一吸，咽到肚子里，这是非常不卫生的，影响身体健康，同时也会将病菌通过污染的空气、玩具传染给别人。所以，教会小儿正确的擤鼻涕方法是很有必要的。

图4-5 为宝宝擤鼻涕

在日常生活中，最常见的一种错误擤鼻涕方法就是捏住两个鼻孔用力擤。由于感冒容易鼻塞，小儿希望通过擤鼻涕让鼻子通气，但这样做不卫生，容易将带有病菌的鼻涕通过咽鼓管（即鼻耳之间的通道）进入中耳腔内，导致中耳炎，使小儿听力减退，严重时由中耳炎引起脑脓肿而危及生命。所以，家长必须纠正小儿这种不正确的擤鼻涕方法。

正确的擤鼻涕方法：教小儿用手绢或卫生纸盖住鼻孔，两个鼻孔分别轻轻地擤，也就是先按住一侧鼻翼，擤另一侧鼻腔里的鼻涕，然后用相同的方法擤另一侧鼻孔。

用卫生纸擤鼻涕时，要多用几层纸，避免小儿没经验把纸弄破，搞得满手都是鼻涕，再在身上乱擦，非常不卫生。

5. 幼儿视力的保护

在日常生活中，家长应该注意保护宝宝的视力，可以从以下几方面来进行。

（1）饮食方面　给宝宝多食用蛋黄、绿色蔬菜、动物肝脏、水果，使宝宝获取充分的维生素A，可以有效避免一些眼部疾病的发生。

（2）姿势方面　发现宝宝有不良的看书习惯，应及时纠正，使眼睛和书保持一定的距离（33厘米），书上的文字不能太小，以免导致视疲劳。

（3）光线方面　要使光线保持一定的明亮度，当光线不足时应立即开灯，以防宝宝的视力受到影响。不宜开灯让宝宝睡觉，因为宝宝的视网膜比成年人敏感，即使是微弱的灯光也会妨碍屈光发育。同时，人体大脑松果体所分泌的"褪黑激素"也和视力密切相关，若夜间开灯睡觉，影响松果体的分泌，对视力的正常发育不利。

（4）生活方面　不要让宝宝常看电视，即使要看，也应将电视的荧光屏摆在低于宝宝视线的位置上，每次时间不应超过10分钟。不要让宝宝戴有色眼镜，因为宝宝的视网膜若没有得到充分的光线刺激，就无法参与视觉发育过程，会造成弱视。

（5）运动方面　加强户外活动，常让宝宝看看蓝天、绿树，可锻炼宝宝的视力，消除眼部疲劳，减少眼病发生的可能性。

总之，眼睛是心灵的窗口，家长必须做好眼部护理工作，帮宝宝从小养成良好的用眼习惯。

6. 异物入耳的处理

宝宝在玩耍时尤其容易把小石子、小草棍、小豆子等塞进耳朵里面。有时在睡眠时，小昆虫也可能爬入宝宝的耳朵里。若体积小，有时小虫子或小东西在耳朵里存留很久也不会被发现；若体积大，宝宝就会感到耳痛或引起听力障碍。小昆虫若进入宝宝耳朵，因为疼痛不适，宝宝会表现出烦躁、哭闹，自己抓按耳朵，此时家长要注意，及时带宝宝去医院。

遇到宝宝耳朵里有异物时，家长不得急于钩取异物，因为如不注意固定宝宝头部，由于乱动会损伤耳道或鼓膜。所以，在家长没有把握，或异物比较深的情况下，一定不能自己取，以免导致严重后果，应该及时送宝宝去医院处理。若耳朵里爬入昆虫，可以先试着用手电灯光引诱昆虫自行爬出耳朵，若不行，再用酒精或油类液体滴入耳内，先将进入耳朵里的昆虫淹死，然后用棉签粘出虫体。

 ## 第五节　24～27个月幼儿

 ### 发育特征

宝宝的乳牙此时已出齐，有一定的咀嚼能力，但乳牙表层的釉质还很薄。随着胃容量的增加，胃液的酸度及消化酶也相应增强，宝宝的饭量开始增加。不过，消化液的分泌会因气候、疾病而变化，所以，在夏季或宝宝生病时食欲都会有所下降。

1.24 ~ 27个月幼儿身体发育指标

（1）体重　男孩约12.84千克；女孩约12.39千克。

（2）身长　男孩约86.71厘米；女孩约85.43厘米。

（3）头围　男孩约48.25厘米；女孩约47.32厘米。

（4）胸围　男孩约49.43厘米；女孩约48.95厘米。

（5）牙齿　乳牙接近20颗。

2.24 ~ 27个月幼儿身心状态

（1）体格发育状况　随着宝宝的成长，躯体和四肢的增长速度慢慢加快，所以，为了支撑身体的重量及方便独立活动，宝宝的骨骼和肌肉开始迅速发育，特别是背部、臀部及下肢的肌肉。

（2）运动发育状况　2岁的宝宝不但能跑动，还可以自己上下楼梯；会弯腰、蹲下捡起地上的东西。特别喜欢户外运动和游戏，如跳舞、踢球、滑滑梯、荡秋千。社区内的所有体育设施，他都会乐此不疲地尝试。

此外，宝宝手的灵活度已有了很大的提高。可以非常熟练地使用勺子吃饭；用一只手拿住杯子喝水；会用笔在纸上画直线与圆圈；还会堆起7 ~ 8块小积木及穿玩具珠子。

（3）语言发育状况　2岁的宝宝已经掌握了一定量的词汇，可以说出日常用品的名称，例如毛巾、鞋子、梳子等；还可进行简单的日常交流，例如可用"我""我在这儿"回答简单的提问。也能很流利地背诵一些简单的唐诗、儿歌。

（4）心理发育状况　2岁的宝宝已经开始进行简单的思维活动并具有一定的想象力。例如，他会把妈妈的鞋当小船放在水里；会将鞋盒当小汽车推着满屋跑；喜欢用积木搭成他熟悉的简单形状。但宝宝思考问题的方式还是以直觉为主，思维与行动几乎是同时进行，即行动的时候思维非常活跃，会有一些让大人吃惊的举动，停止行动的时候，便不再进行思维。例如，一种玩具，他一会儿玩得津津有味，甚至会玩出很多花样，而一旦他不想玩儿了，便扔到一边，不再理睬。

饮食喂养

1. 让孩子学习使用筷子

让宝宝使用筷子吃饭是一个循序渐进的过程，家长千万不能操之过急。若宝宝不愿使用筷子，不妨慢慢诱导，但不能逼迫孩子使用筷子而影响进食兴趣。

（1）为孩子选购有益健康的筷子　2岁以后，宝宝就要慢慢学习使用筷子的技巧。妈妈这时应该为孩子选购有益健康的筷子。

筷子有木制的、塑料的、金属的、竹制及骨制的等。妈妈给宝宝选购哪一种筷子好呢？

塑料筷较脆，受热后容易变形。对与饮食有关的塑料用品妈妈总是戒备的。

金属筷导热性强，极易烫嘴。

木筷与竹筷使用时间长了，容易长毛发霉，表面变得不光滑，不易洗净，引起细菌繁殖。

漆筷虽然光滑，但是油漆里含铅、苯及硝基

图4-6　教孩子使用筷子

等有毒物质，尤其是硝基在人体内与蛋白质的代谢产物结合成亚硝胺类物质，具有很强的致癌作用。

给宝宝使用骨筷比较好，骨筷不会损害宝宝的身体健康。

（2）教孩子使用筷子的方法（图4-6）　对幼儿而言，用筷子吃饭并不是件容易的事。用筷子夹食物时，不但是五个手指的活动，腕、肩及肘关节也要同时参与。从大脑各区分工情况来看，控制手及面部肌肉活动的区域要比其他肌肉运动区域大得多，肌肉活动时刺激了脑细胞，有利于大脑的发育。及早进行手的功能训练，能够促进大脑发育。

使用筷子的技能不一定仅限于在餐桌上，平常可以和宝宝一起玩用筷子夹小球的游戏，同样能够达到训练的目的。

幼儿拿筷子的姿势是个慢慢改进的过程，家长无需强求孩子必须仿照自己用筷子的姿势，可以让幼儿自己去摸索。随着年龄的增长，幼儿拿筷子的姿势会越来越正确，可以夹起一些小的食物，如小糖丸等。初学用筷子时，先让幼儿夹起一些较大的、容易夹起的食物，即使半途掉下来，家长也不要责怪，应加以鼓励。

2. 不要盲目限制孩子脂肪摄入量

随着肥胖儿的增多，脂肪也变成禁区。人们一谈起脂肪，就会谈脂色变，唯恐摄入脂肪过多会影响身体健康。但对于处在生长发育阶段的小儿，机体新陈代谢旺盛，所需各种营养素相对比成人多，因此脂肪不可或缺。否则，易造成以下不良影响。

（1）影响体内组织的建造和修补　每克脂肪在体内氧化后，可以产生37.6千焦的热量，约为同量糖类和蛋白质所产热量的2倍。如果饮食中摄入脂肪太少，就会消耗一定量的蛋白质来弥补所需的热量，会造成体内蛋白质缺乏而影响体内组织的建造和修补。

（2）影响大脑发育　脂肪中的不饱和脂肪酸是合成磷脂的必需物质，而磷脂又是神经发育的重要原料，所以，脂肪摄入不足，会影响小儿大脑的发育。

（3）可使体内组织受损　脂肪在体内广泛分布在各组织间，小儿各组织器官娇嫩，还未发育完善，更需脂肪庇护。如果饮食中脂肪摄入量过少，会使体内脂肪不足，体重下降，抵御能力也随之下降，从而使体内各器官受伤害的机会增多。

（4）减弱溶剂作用　脂肪是脂溶性维生素的溶剂，小儿生长发育所必需的脂溶性维生素A、维生素D、维生素E、维生素K，必须经脂肪溶解后方能为人体吸收利用。所以，饮食中缺乏脂肪，可造成脂溶性维生素缺乏而引起各种疾病。

对于幼儿而言，饮食中获取适量脂肪是必需的，特别是含不饱和脂肪酸的油脂更具特殊意义。即使是肥胖儿，也应先到医院查明引起肥胖的原因，再按照医嘱进行治疗。千万不要盲目限制幼儿的脂肪摄入量。

3.幼儿营养食谱

早晨8:00　配方奶200毫升；馅饼半个（约50克）；煮鸡蛋1个（或素鸡腿20克）

上午10:00　水果100克；点心30克

中午11:30　软米饭50克；鱼肉丸子30克；黄瓜木耳鸡蛋汤1小碗

下午3:00　水果60克；小点心20克

晚上6:00　馄饨1小碗（肉末、白菜各30克，虾米皮、紫菜、香菜各10克）；豆沙包1个（约30克）

晚上9:00　配方奶200毫升

4.营养食品制作

（1）鱼肉丸子

【原料】鱼肉300克，鸡蛋2个，淀粉、面粉、盐、葱姜末、酱油、植物油、馒头屑、番茄酱各适量。

【做法】将鱼肉洗净剁成泥，放入碗中，加入鸡蛋、淀粉、面粉、盐、葱姜末、酱油等拌匀成馅，用手揉成小丸，滚上馒头屑，下入六成热的油锅中炸至金黄色捞出，沥尽油后装盘，食用时蘸番茄酱。

【功效】此食谱属于高蛋白、高脂、高热量食物。大约含蛋白质101.5克，脂肪132.5克，热量6927.0千焦。

（2）花生红枣羹

【原料】红枣8枚，花生米50克，玫瑰花3克，冰糖适量。

【做法】将红枣洗净，去核；花生米洗净。锅放在火上，放适量清水及花生米、红枣、玫瑰花，先用大火烧开，然后改用小火炖煮至花生米软烂时，放入冰糖，溶化后即可。

【功效】花生米含有丰富的蛋白质、脂肪、膳食纤维、钙、磷、铁等。脂肪中不饱和脂肪酸占80%以上。

（3）红烧肉

【原料】五花肉200克，植物油、红糖、姜、酱油各适量。

【做法】把五花肉洗净切成块。锅内注油烧热，下入红糖翻炒，当炒到糖变色时加入肉块一起炒，加入适量的水、姜片、酱油，用中火煮到肉烂味浓，即可出锅。

【功效】猪肉纤维比较细软，结缔组织较少，肌肉组织中含有较多的脂间脂肪，也是人体获取动物类脂肪和蛋白质的主要来源，适宜幼儿适量食用。

日常养护

1. 孩子睡觉磨牙的护理

有些宝宝晚上睡觉时，会将牙齿咬得"咯吱咯吱"直响，宝宝为什么会出现睡觉磨牙呢？

磨牙动作是在三叉神经的支配下，通过咀嚼肌持续收缩来完成的。导致宝宝夜间磨牙主要有下列几方面的因素，父母可以根据孩子的具体情况进行判断，然后采取一些行之有效的防治措施。

（1）寄生虫　一种是蛲虫病，每当睡觉后蛲虫经常爬到肛门口产卵，这样会让宝宝觉得肛门瘙痒很难入睡，夜间磨牙的现象也就随之发生。另一种常见原因是宝宝肚子里有了蛔虫。蛔虫在小肠内掠夺各种营养物质，分泌毒素，刺激肠管，导致消化不良、肚脐周围隐痛，从而导致宝宝在睡眠中神经兴奋性不稳定而引起磨牙。如果是这种情况，只要及时给幼儿驱虫即可消除磨牙现象。

（2）神经性原因　宝宝白天玩得太过兴奋、过度疲劳或情绪紧张等精神因素，均可使大脑皮质功能失调而引起夜间磨牙。对于因兴奋或疲劳而睡觉磨牙的孩子，晚上入睡前不能让孩子进行剧烈运动或是会引起强烈情感反应的游戏。此外，也不要让幼儿看具有刺激性的电视。对于因为情绪紧张等精神因素而睡觉磨牙的孩子，父母应给孩子创造一个舒适和谐、欢乐轻松的家庭环境，以消除给孩子带来压力的各种不良心理因素，必要的时候应对孩子进行心理治疗。

（3）牙齿原因　若孩子牙齿发育不好，上下牙接触时有的牙尖过高，咬合面不平，所造成的高点或障碍点也会引起孩子夜间磨牙。若是这种原因，父母应尽快带孩子就医，可采取磨除牙齿障碍点或让孩子戴上牙垫的方式，消除或控制孩子夜间磨牙。牙垫可以起到保护牙齿的作用，一般坚持戴半年能够消除夜间磨牙。

（4）饮食失衡　若孩子有挑食、偏食等不良习惯，则会引起体内缺乏钙及维生素；或因晚餐吃得太多，使胃肠不得不加班消化食物，这两者均会引起孩子咀嚼肌的自动工作，使孩子夜间磨牙。对于这两种情况，父母可以通过合理调配饮食结构，注意粗细粮、荤素菜的搭配，以避免孩子营养不良。此外，还要帮助孩子改变不科学的饮食习惯，例如偏食、挑食、晚餐过饱等。

2. 快乐刺激的玩水游戏

玩水是宝宝的天性，要允许他们玩。玩水是一种创造性游戏，更何况水取之便捷，比任何一种玩具都便宜，而且对发展宝宝的智力有帮助，家长不如试着同宝宝一起用各种方式玩水。

（1）水盆里的快乐游戏　可以用洗衣盆盛半盆水，给宝宝准备几个大小不同的小杯、小碗、小瓶，最好是塑料的，再准备几个质地不同的小玩具，例如乒乓球、积木块等，让宝宝端来小椅子坐在盆边，用这些小玩具尽情玩水。可以让宝宝观察什么玩具能够浮在水面上，什么玩具却沉到水里，给宝宝简单讲讲为什么。可以用铜版纸或是锡纸叠个小船放在水盆里给宝宝玩。当然，也可以让宝宝随心所欲地游戏。若不希望家里"发大水"，可以给宝宝限定一个活动区域，或是在室外院子里玩水。

（2）在浴缸里戏水（图4-7）　夏天宝宝每天都要洗澡，也不必担心洗澡时间长了会受凉，所以可以趁此机会，让宝宝多玩一会儿水。让宝宝泡在水里体会一

图4-7　在浴缸里戏水

下浮力的作用，放入一个可漂浮的小动物玩具跟宝宝做伴，或让宝宝给玩具打点浴液"洗个澡"。或者给宝宝一个小喷壶或一把小水枪，无需担心喷湿什么，让他过个瘾，宝宝一定会非常快乐的。

（3）不分季节的玩水游戏　玩水可不受季节的限制。夏天可以利用洗澡及游泳的机会，让宝宝赤裸身体玩水或与小朋友一块儿打水仗；冬天可以把宝宝的手和脚分别浸泡在温水盆中，不断地添加热水，让他感受不同的水温。

3. 给宝宝选购合适的鞋袜

人的足底部位分布着与身体脏器相关的血管和神经，还有很多穴位，所以，双脚对于人的身体而言就像树根对于树一样的重要。2岁的宝宝因为身体的快速发育，运动量大大增强，外出活动的时间也相应增加；此时的宝宝虽能走能跑，但他们的脚骨还处在发育期，骨组织的弹性大，极易变形；脚的表皮角化层薄，肌肉水分多，不合适的鞋袜很容易对其造成损伤。所以，为宝宝选择合适的鞋袜非常重要。

那么，哪些鞋袜既合乎卫生，又有助于脚的生长发育呢？

（1）面料结实、柔软　布面、布底制成的童鞋既舒服，透气性又好；软牛皮、软羊皮制作的童鞋，鞋底是柔软有弹性的牛筋底，这样的鞋子可以保护足弓，并缓冲在走路时产生的大部分震荡，不但有助于足踝、膝、腰、脊椎的发育，还保护脑部不受震动的损伤。

避免给宝宝穿人造革、塑料底的童鞋，因为它既不透气，还易滑倒摔跤。

（2）大小适中　孩子的脚长得非常快，有的父母就特意给孩子买大尺码的鞋，为的是多穿些时间。殊不知，这种做法非常不妥。因为小脚在大鞋中得不到相应的固定，不但容易引起足内翻或足外翻畸形，还会影响宝宝走路时的正确姿势。

还有的父母以为，鞋子虽然小了点，但是还没穿破，就让宝宝将就着再多穿些时间。这对宝宝脚部肌肉及韧带的发育非常不利。由于孩子的脚骨软，穿小鞋会使宝宝的脚变形。这一时期宝宝脚的生长速度很快，通常而言，3～4个月就要换新鞋。

（3）宽头式样、穿脱便捷　宝宝宜穿宽头鞋，以免脚趾在鞋中相互拥挤影响生长发育。鞋子最好用搭扣，不用鞋带，这样穿脱方便，又不会因为鞋带脱落而跌跤。

（4）袜子　注意质地与大小，宝宝的袜子以全棉织品为宜。不能给孩子穿尼龙袜，由于尼龙袜不透气，而孩子因为爱跑跳，脚出汗多，若常穿透气性不好的袜子极易患脚癣。

袜子的尺寸也应合脚，过大不跟脚，且多余部分挤在鞋里极不舒服；袜子小了不但会让宝宝全身紧张，极不舒服，还会影响脚的发育。

4. 让宝宝配合洗头

给孩子洗头发是一件让母亲头疼的事情，由于有些孩子害怕将头放进水里，甚至害怕靠近水。那么怎样让孩子配合呢？

可以选择任何地点洗头，例如让宝宝站在板凳上，用洗脸盆洗，也可以让宝宝在卫生间用淋浴的方式洗头。

在卫生间里，可以先让宝宝洗妈妈的头发，熟悉洗头发的一些程序。妈妈应耐心细致，对于每个程序必须反复督促，反复练习，帮助宝宝形成比较巩固的卫生习惯。

若宝宝刚剪过头发，在洗头时，可以先和他玩理发的游戏，假装要将他的头发修剪成各种发型，用这种游戏来激起宝宝洗头的兴趣。

孩子若怕泡沫流进眼睛里，最好用不刺激眼睛的洗发水，尽量不让宝宝的眼睛和脸部有洗发水泡沫。

在洗头发时，可以给孩子抹上洗发水，慢慢地将热水冲到他的头顶与后部，给他一块手巾，让他保护好鼻子和眼睛。

有时可以让孩子自己拿着淋浴器洗头发，提高宝宝洗头发的能力。

5. 不能随便承诺孩子

当大人在孩子任性、纠缠不休时，为了摆脱困境，一般会以好吃的、好玩的，或孩子感兴趣的事物去搪塞孩子。例如妈妈早上要上班，面对宝宝的纠缠便会哄骗说"听话宝贝，妈妈回来就给你带好吃的"，或是爸爸正在忙碌自己的事情，宝宝要爸爸陪着玩，爸爸就会随口说"别闹了，爸爸一会儿就带你去公园"。大人在说这些话时，仅是对孩子的一种搪塞，根本就没有放在心上，过后也就忘了。可孩子却当真了，他会安静而听话地期盼着爸爸妈妈的承诺。很多大人认为孩子小，哄骗一下没关系，殊不知，这种哄骗孩子的做法对于孩子的身心发展是非常不利的。

2～3岁正是孩子行为习惯及品德形成的关键期。哄骗带有欺骗的性质，孩子虽然年幼，却欺骗不得。父母是孩子的第一任老师。孩子对于父母充满无限信赖和热爱，在孩子眼里，父母是最值得信任的，他们的话是算数的、有权威的。所以，他们不但愿意听父母的话，而且愿意按照父母的话去做。若父母言行不一，就会使孩子失望，尤其是3岁左右的孩子，当他们受到父母言而无信的愚弄时，会感到委屈、生气，甚至还会以发脾气、与父母对抗的方式来表达自己的不满情绪。时间长了，不但哄骗的手段会失灵，还会导致孩子丧失对父母的信任，甚至孩子也会模仿父母而养成撒谎的毛病。当父母感到问题的严重性而对孩子采取批评教育时，孩子也会批评指责父母的撒谎行为。到此时，父母与孩子将陷入沟通的僵局，更别提对孩子的良好个性教育了。

所以，父母千万不可哄骗孩子，当孩子任性、纠缠、提出各种各样不合理要求时，应当坚持正面教育，采取劝慰、说服、暗示、鼓励、转移注意力、积极引导或采取暂时不予理会的"冷处理"等方法进行处理。

爱心提示

孩子患了急性喉炎怎么办？

急性喉炎是由细菌或病毒侵犯而导致的急性炎症。常见致病菌包括肺炎球菌、葡萄球菌、溶血性链球菌等。近年来，各种呼吸道病毒也成了急性喉炎的致病原因。小儿急性喉炎通常发生于冬、春季节，以2～3岁的宝宝最为常见，可直接由细菌或病毒感染喉部，也可继发于麻疹之后，是麻疹常见并发症之一。

预防措施，一是要预防伤风感冒；二是对麻疹幼儿要精心护理，以避免并发喉炎。宝宝得了急性喉炎后，应多给患儿饮白开水，保持室内湿度及温度适宜，当有严重喉梗阻时，必须快速送往医院实施急救措施，必要时可插入吸氧或做气管切开手术。

第六节　27～30个月幼儿

发育特征

随着身体的发育，宝宝的一举一动更加灵活了，在家里一刻也不会消停。2岁半的孩子最显著的特点就是更爱户外活动了。随着户外活动的增加，独立意识和交往能力也在不断地提高。

1. 27～30个月幼儿身体发育指标

（1）体重　男孩约13.12千克；女孩约12.61千克。

（2）身长　男孩约88.13厘米；女孩约87.32厘米。

（3）头围　男孩约48.25厘米；女孩约47.87厘米。

（4）胸围　男孩约49.65厘米；女孩约49.23厘米。

（5）牙齿　乳牙20颗。

2.27～30个月幼儿身心状态

（1）运动发育状况　在大动作上，宝宝可以用足尖走路，或是单足站立几秒，可用单足或双足跳远，可以熟练接住滚来的球，学走10～15厘米高的平衡木。在精细动作上，可将多块积木搭成各种形状的塔楼、桥、房子等；会拧开螺口瓶盖，并按照瓶口大小配盖；会拆开并套上6～8个套娃；会解系扣子等。

（2）语言发育状况　2岁半的宝宝已经掌握了丰富的词汇，可以熟练说出自己和爸爸妈妈的名字、性别；日常交流也会很轻松地使用完整的短句，如"妈妈坐凳子""爸爸换拖鞋""我想出去玩"等。会说简单的英文单词或是唱音阶简单的歌曲、儿歌或是看图讲故事。

（3）心理发育状况　2岁半的宝宝已经具有一定的想象力和模仿能力。例如，女孩会把喜欢的娃娃当宝宝，自己当妈妈；还会模仿护士阿姨给娃娃打针。男孩则将家里的椅子摆成长条，推着满屋转，并说着"呜——呜，火车开动了"。但思维方式仍带有显著的行动性，思维和行动紧密相连。识别物体主要是按照物体的形状和大小，而不太重视物体的颜色。

此阶段的幼儿已开始和周围人进行广泛的交往，喜欢跟小朋友相处，并有了"谁好""谁不好"的情感体验；完成一件事情，就会有"完成任务"的愉快感；可在陌生人面前表演节目，并十分在意别人的夸赞；能够认识简单的行为准则，例如"行""不对""不可以"等。

饮食喂养

1. 培养良好的进食习惯

饮食习惯的好坏，不但关系到孩子的身体健康，而且关系到孩子的行为品德，父母必须重视。良好的饮食习惯如下。

（1）饭前准备程序化　饭前不吃零食，吃饭前首先要安静下来，停止活动，洗净双手，帮助父母准备碗筷，做好进食准备。

（2）不偏食、不挑食　若宝宝常食用高脂肪、高蛋白和高糖类的食物，缺少蔬菜、杂粮、水果等碱性食物，容易造成偏酸性体质，导致机体内环境发生紊乱，从而影响宝宝的身体发育。

（3）不快食、不暴食　食物要充分咀嚼后方能咽下，不能狼吞虎咽。通常孩子因为吃到了喜欢吃的食物才这样。不得遇到好吃的就一下子进食过多，这样会加重消化道的负担，出现胃肠不适，严重的会引起胃肠穿孔。

（4）不玩食、不走食　不能一边吃饭一边看电视、听故事，甚至来回跑动。这样会分散注意力，影响消化液的分泌，不利于食物的消化吸收，同时影响食欲。

（5）不笑食　不能在进食时大声说笑，以免食物呛入气管，造成严重后果。

（6）不贪零食　不贪零食，不吃过咸、过甜、过油腻的食物。经常吃零食会影响胃肠道的正常工作，还会影响胃口。

（7）不剩饭　不要给孩子盛上满满的一碗饭，宁愿少盛再添，也不能吃不了剩下。让孩子从小就养成珍惜粮食的习惯。

要培养幼儿良好的饮食习惯并不是件容易的事，也不是一朝一夕就能做到的，这要求父母每时每刻都要注意培养。父母应尊重孩子的个性，让孩子觉得吃饭是自己的愿望。准备饭菜需考虑平衡饮食，也要照顾孩子的口味，要注意食物的色香味，这样，慢慢地孩子就会养成良好的饮食习惯。

2. 给幼儿补充营养的最佳时机

据世界卫生组织相关研究小组调查发现：一年中，儿童在5月里生长最迅速，平均长高7.3毫米，10月长得最慢，平均长高3毫米。为此，专家们将5月称为"神秘的5月"，并建议家长在5月给宝宝增加相应的营养，有利于宝宝的成长。

3. 防止不良饮食方式

通常来说，宝宝吃饭不像成人那样，每顿饭都可以安安静静、慢条斯理地吃，这是由宝宝的天性决定的。父母不能用成人的饮食标准来要求宝宝。在宝宝吃饭时，父母应该怎样做呢？

（1）不要分散宝宝的注意力　这个时期的宝宝，好奇心强烈，玩兴正浓，通常到了吃饭时间，因正在看电视、玩游戏，思想处在一种兴奋紧张状态中不能摆脱，就没有心思吃好、吃饱。在进餐时，父母应将宝宝的玩具收起来，不可让宝宝边吃饭边玩玩具；在宝宝吃饭时，可以关上电视机，以免宝宝的注意力放在电视而不在饭菜上，影响宝宝进食。

（2）不要饮食无度　对宝宝过分迁就，宝宝要吃什么就给什么，要吃多少就给多少，有的父母总认为宝宝没吃饱，像填鸭似的往宝宝嘴里塞，认为只要吃下去就有营养，结果造成积食及肥胖。为防止上述状况的发生，父母应严格控制宝宝的食量，根据生长发育的需要提供进食量，每餐进食量要相对固定，品种要丰富，营养要均衡。

（3）不饮食无时　若没有按时进食的习惯，每天餐次太多，使宝宝饮食不定时，容易导致消化功能紊乱，生长发育需要的营养素得不到满足。所以，宝宝要从小养成良好的饮食习惯，进食定时定量，以一日三餐作为正餐，早餐后2小时和午睡后可适当加餐，但也要定量。

（4）不强求宝宝吃饭　强求是以软磨的形式出现的变相强制。有的父母用尽各种方法（说教、劝导等）强求宝宝吃饭，这些做法不恰当。这样对宝宝的身心健康极为不利。

（5）不讨好宝宝吃饭　有些父母因为宝宝吃饭表现好就"讨好"宝宝，给宝宝提供奖赏，如糖果、饼干、冰淇淋、蛋糕等，这样不利于宝宝养成健康的饮食习惯。

另外，父母也不要纵容宝宝，不该吃的食物就不宜让宝宝吃，该少吃的食物则应有所限制。

（6）不催促宝宝吃饭　吃东西时细嚼慢咽，不论是对食物的消化吸收还是对胃肠而言都是有利的。吃东西时急急忙忙吞咽下去是不利的，父母应教育宝宝吃饭时细嚼慢咽。

（7）不要溺爱进餐　很多妈妈爸爸由于上班，就把宝宝托付给爷爷奶奶或者姥爷姥姥照看。老人通常凡事依着宝宝，宝宝想吃什么，就给吃什么，也不注重食物的营养搭配。而且宝宝没有一定的吃饭时间，想什么时候吃，就什么时候吃。长此以往，必然形成不好的饮食习惯，对宝宝的性格发育也没有益处。

4. 幼儿营养食谱

早晨8:00　配方奶150毫升；主食约100克；蛋类或豆类食物50克

上午10:00　水果100克；点心适量

中午11:30　软米饭1小碗（50克）；海带炖鸡肉适量；冬瓜鲤鱼汤半小碗

下午3:00　配方奶150毫升；益智果脯、小点心适量

晚上6:00　营养羹1小碗（100克）；蔬菜50克

晚上9:00　配方奶200毫升

5. 营养食品制作

（1）香干炒肉丝

【原料】香干200克，猪肉（肥瘦）、韭黄各100克，糖、盐、水淀粉、小葱、姜、鸡精、植物油各适量。

【做法】将猪肉切成细丝，加入适量糖、盐、水淀粉搅拌。将香干切成细丝；小葱、韭黄切寸段。油锅置火上，下入姜丝爆香，放入肉丝滑散，至变色，放入香干、葱段及韭黄段，适量加盐和鸡精炒熟，淋入稀薄的水淀粉稍炒即可。

【功效】香干富含蛋白质、维生素、钙、铁、镁、锌等，营养价值较高，有助于宝宝身体发育。

（2）海带炖鸡

【原料】水发海带400克，净鸡1500克，花生油、葱花、姜片、料酒、盐各适量。

【做法】将海带洗净切成菱形块。将净鸡洗净后，剁成块，放进开水锅中烧沸，撇去浮沫，加入海带块、花生油、葱花、姜片、料酒炖到烂熟时，加入盐，入味后即可。

【功效】鸡肉富含蛋白质、脂肪、钙、磷、铁、维生素A、维生素B_1等；海带富含碘，两者同食，具有强筋健骨、润肤乌发的功效。

日常养护

1. 帮孩子消除恐惧心理

2～3岁是孩子慢慢意识到自己社会存在的时期，此时，有很多让他们高兴、快乐的事物，同时也有很多让他们害怕的东西，例如害怕动物、黑暗、孤独等。这种恐惧心理并不可怕，而是儿童成长过程中正常的心理体验，随着年龄的增长，恐惧会慢慢减少。所以，当孩子表现出胆小畏惧时，家长不用太过担心。

幼儿恐惧的程度一方面取决于幼儿天生的气质和脾性，另一方面跟父母的行为及教育方式有关。恐惧是幼儿对其所处的环境的一种行为反应，父母的过度保护、大声训斥，或是为了让孩子听话而吓唬孩子等，都会通过条件反射导致孩子形成恐惧心理。例如，很多父母在晚上哄孩子睡觉时，都会说"快闭上眼睛，要不狼外婆就要来吃宝宝了"，时间长了，就会使孩子变得胆小、怕黑。

虽然孩子的恐惧心理是正常的，但是过度强烈的恐惧，将会影响孩子身心的发展，所以，父母必须采取一定的方法去矫正或消除孩子的恐惧心理。

（1）若宝宝是个羞怯的小乖乖，总会对陌生人面露惧色，就需要多带他外出，到人群集中的地方，或试图通过跟陌生人的友好交流来慢慢消除他的怯生心理。

（2）若孩子怕某种动物，可在确定没有危险的情况下，逐渐让孩子接近这种动物，由远及近，家长和孩子一起抚摸小动物，直至他自己单独接触，以消除其恐惧心理。

总之，面对孩子的恐惧，家长所能够做的最好的事情，就是正视，并且给他提供足够的保障，让他感觉安全。此外，在日常生活中，大人千万不能无故吓唬孩子，要多鼓励孩子独立行动，循序渐进地引导孩子去接触他所害怕的事物。

2. 幼儿尿床的护理

这个年龄段的幼儿夜间尿床是常会发生的，这对他们而言仍是一种正常现象。但到4岁以后仍频繁发生夜间尿床，那就可能是遗尿症了，需要进一步检查和治疗。

（1）幼儿常尿床的原因　幼儿神经系统调控膀胱功能的能力还未发育完善，当尿液蓄满时，不能及时醒来小便。

幼儿夜间所分泌的抗利尿激素（一种存在于体内能够使尿量减少的激素）未增加，使尿液不能有效浓缩及减少。

幼儿膀胱容量在夜间通常缩小，当尿液在膀胱蓄积到一定量时就会不自主地排出。

（2）防止孩子尿床的方法　这个年龄段是培养幼儿夜间不尿床的过渡时期，需把握好，等到3岁以后再训练则为时已晚。

减少幼儿夜间小便次数。应从现在开始训练孩子，尽可能夜间不小便，或能自己起来小便而不尿床。

应给幼儿安排一个合理的生活作息表。使幼儿的"吃、喝、拉、撒、睡"形成一定的规律，确保幼儿得到充足的休息，以防止过于疲劳而在夜间熟睡后尿床。

晚餐进食不得太稀，少喝汤水，限制牛奶的摄入量，以减少尿量。晚餐的饭菜也不能太咸，以免睡前大量喝水，使夜尿增多。

睡前尽可能排空大小便。在睡下2～3小时后，大人准备上床睡觉时，可再叫醒幼儿小便。

一旦幼儿尿床也不要责备孩子，更不能恐吓孩子，以免造成紧张和恐惧心理。

若长时间用纸尿裤，会使幼儿不能形成良好的排便习惯，使孩子发生尿床的概率增多，所以，不要长时间用纸尿裤。

3. 孩子"撒泼"怎么办

2～3岁是孩子成长的第一个叛逆期，有时不免过于任性，这其实是个性品质发展的重要标志，是一种正常的心理发育现象。但是很多家长对孩子的任性不是采用打骂的方式对孩子进行严加管教，就是对孩子放任自流，还有的则对孩子的要求妥协，长此以往，便会使孩子养成"撒泼"的习惯。当孩子出现"撒泼"行为时，家长应注意以下几点。

（1）转移注意力　父母可利用孩子注意力易分散、易为新鲜的东西所吸引的特点，将孩子的注意力从他坚持的事情上转移到其他新奇、有趣的事物上。

（2）淡化冷处理　当孩子因为要求没有得到满足而发脾气或撒泼打滚时，大人不用去理睬他，也不要在孩子面前表露出心疼、怜悯或迁就的神情，更不得和他讨价还价。可以采取躲避的方法，暂时离开或是专心做自己的事情。当无人理眈时，孩子自己会感到无趣而做出让步。事后，父母可以对孩子简单而认真地表明他的要求不能得到满足的原因，并亲切地指出他这种行为的不当之处，最后，可用"相信你不会再这样做"之类的话来鼓舞他。

（3）适当惩罚　对于年龄小的孩子，仅靠正面教育是不够的，适当惩罚也是一种非常有效的教育手段。如果孩子任性不吃早饭，家长既不要责骂，也不要威胁，只需饭后将所有食物都收起来。孩子饿时，告诉他肚子饿是早晨不吃饭的后果，孩子尝到饿的滋味就会按时吃饭了。

（4）激将法　可利用孩子爱听父母表扬的心理特点，采取激将法，阻止孩子的"撒泼"行为。例如，当孩子又哭又闹要大人抱时，可对他说："我家宝宝不是最坚强的男子汉吗，怎么像小姑娘一样哭鼻子了？"孩子听到这话，自然会止住眼泪以维持其"男子汉"的风度了。

当然，改正孩子的"撒泼"习惯，不是一朝一夕的事情，要在平常对孩子进行细心的观察，了解其心理特点，然后采取合适的方式。

4. 给幼儿穿裤子要注意

怎样给孩子穿裤子，一直是父母的难题。既无法系带子，又不能系皮带，穿着太复杂还担心宝宝尿裤子。那么，给孩子穿裤子应注意哪些问题呢？

（1）不要给孩子穿拉链裤　有些家长为了图方便或者赶时髦，喜欢让孩子穿拉链裤，但孩子尤其是男孩子穿拉链裤是非常危险的。小男孩在小便后自己拉动拉链时容易将生殖器的皮肉嵌到拉链中去，此时拉链上也上不去，下也下不得，稍一拉动，小孩就痛得哇哇直叫，使孩子遭受皮肉之苦。

（2）必须给孩子穿内裤　好多妈妈为孩子如厕方便而不给孩子穿内裤，是因为没有意识到穿内裤的益处。从安全、卫生角度讲，内裤既可防止外来物损伤宝宝的生殖器官，又减少细菌侵入，从小培养宝宝的自我保护意识。

5. 合理打扮孩子

父母为孩子选择合适的服装并打扮孩子，不仅能让孩子感到舒适，利于孩子的活动，还可以培养孩子的审美观。那么，到底该如何打扮孩子，才能既得体又让孩子感到舒适呢？

（1）要确保孩子的个人卫生和服装的整洁。整洁教育即为美的教育内容之一。

（2）孩子的服装样式应合体舒展。此时孩子发育快速，活泼、好动，衣服太小或太大都会束缚孩子的活动。所以，给孩子选购的衣服要美观简洁，不要有太多的装饰物，以利于幼儿穿脱，并使孩子自然大方，保持天真活泼的稚气。

（3）孩子服装的色彩应以艳丽为主，颜色搭配要协调，色调对比不要过强。花样要合适，孩子体型小，女孩子衣服的花朵不能过大；男孩不要穿前面带拉链的紧腿裤，以防发生意外。

（4）应按照孩子的性别来打扮。有些家长喜欢按照自己的爱好来打扮孩子，例如，喜欢男孩的，就把女孩打扮成假小子模样，剪短发、穿男孩衣服等；而喜欢女孩子的，则将男孩子打扮成女孩模样，扎辫子、穿裙子等。这样错位的打扮，不但于美观无益，而且会影响孩子的身心发展。

6. 提防幼儿"积食"

幼儿的自我控制能力很差，只要是爱吃的食物，例如糖豆、牛肉干、膨化食品可能就不住嘴地吃；每逢节假日、亲友聚会时，在丰盛的餐桌上，孩子贪吃了大量油腻、生冷、甜腻的饮食，胃就会胀得鼓鼓的，小肚子溜溜圆，从而造成消化不良、食欲减退，中医称其为"积食"。

幼儿积食后，会由于腹胀而不思饮食，有时恶心但又吐不出来，孩子的精神也会表现得委靡不振，有时还会表现出睡眠不安稳。由于幼儿的消化系统发育得还不成熟，胃酸与消化酶的分泌较少，且消化酶的活性低，一下子无法适应过多的食物，加上神经系统对胃肠的调节功能较差，免疫功能欠佳，因此极易在外界因素的影响下发生胃肠道疾病。

幼儿积食的治疗，要先从调节饮食结构着手，还要适当控制进餐量，食物应软、稀、容易消化（米汤、面汤之类），通常经过6～12小时以后，再进食易消化的蛋白质食物。

♥ 爱心提示

不要让孩子过早写字

首先，因为幼儿的肌肉发育还不完全，紧紧握笔写字会影响手指肌肉的发育，尤其对手腕的危害很大。其次，幼儿这时还不能把握手、眼、脑之间的协调，写字时，总习惯眼睛盯着笔尖转，为了能看到笔尖运动，会养成各种不正确的姿势，很容易导致视力减弱。此外，幼儿的神经系统发育还不完善，不能把握上下、左右的方位和角度，若硬要幼儿一笔一画地写字，势必使他们处于紧张状态，从而抑制幼儿运动中枢的发展。

所以，2～3岁的幼儿应该重点培养观察力、想象力、语言表达能力和形象思维能力。家长切不可将早期教育简单地理解为会写多少字、会做多少题，从而违背孩子的心理及生理发育规律。

第七节　30 ～ 33个月幼儿

 发育特征

这时的宝宝的典型特征就是具有强烈的自我意识。自我意识是人对自己及自己心理的一种认识，包括自我观察、自我体验、自我分析、自我控制和自我教育等。自我意识的发展是幼儿心理发展的重要标志，也是幼儿性格形成的关键所在。所以，家长应利用这一心理发育特点，为孩子形成健全的人格打下良好的基础。

1. 30 ～ 33个月幼儿身体发育指标

（1）体重　男孩约13.53千克；女孩约13.09千克。

（2）身长　男孩约91.32厘米；女孩约89.71厘米。

（3）头围　男孩约48.88厘米；女孩约47.97厘米。

（4）胸围　男孩约50.33厘米；女孩约49.65厘米。

（5）牙齿　20颗。

2. 30 ～ 33个月幼儿身心状态

（1）身体发育状况　2岁半后，幼儿的脑重量为1000克，整个幼儿期脑重量虽然仅增长100克，但脑内的神经纤维却快速发展，例如神经纤维的髓鞘化，特别是运动神经的髓鞘化进程更加明显，从而在脑的各部分之间形成了复杂的联系，并为幼儿的动作发展及心理发展提供了生理前提。

此外，神经系统的抑制过程也快速发展，但仍以兴奋过程为主，所以，幼儿仍容易冲动和兴奋。

（2）运动发育状况　近3岁的宝宝已经能够随意控制身体的平衡并进行大幅度的跳跃，例如会单脚跳、踢球、跨越小障碍、走S线等。此外，还可以有目的地用笔、筷子，并能够进行具有一定技巧性的精细动作，如玩橡皮泥、捏面塑等。

（3）语言发育状况　这个时期是宝宝语言能力的迅速提高期，并随着好奇心的增强，喜欢整天追着大人问这问那；愿意主动接近别人，和人交往时已会用合乎日常语法的简单句，并且出现问句形式。在语言上表现出个性的特质，例如"我自己吃""我喜欢……""我不要……"；喜欢听大人讲故事，听几次后，就能绘声绘色地复述了。

（4）心理发育状况　此时的宝宝随着身体的发育、活动能力的增强以及语言的进步，心理发育也日趋复杂和完善。

① 独立性　能够自己穿、脱衣服，自己洗手、洗脸等。

② 社交能力　见到陌生的小朋友会主动接近，可以约束自己的行为，懂得一些简单的行为准则，不是自己的东西，不会随便索要，玩过小朋友的玩具也会主动归还。

③ 自我意识的发展　此时的宝宝，喜欢自己行动、自己做事，并且具有很强的"自尊心"。当他的"自尊心"受到伤害或受到无端的责骂以及不公正的待遇时，会生气、申辩或哭闹以示反抗。这就显示了幼儿自我意识的发展。自我意识的发展既是儿童作为独立活动的主体参与实践活动的必要条件，反过来又在实践活动中得到提高。所以，家长切不可以粗暴、简单的方式对待孩子的"反抗性"，而应尊重孩子独立性的愿望，并且帮助缺乏独立性的孩子树立信心。

饮食喂养

1. 每天的饮食搭配合理

每天饮食都要均衡搭配，这样才有助于身体所需营养的吸收和利用。每餐应以主要供热量的粮食作为主食，也应该有蛋白质供给，作为幼儿生长发育所需的物质，奶、蛋、肉类、鱼以及豆制品等都富含蛋白质。人体需要的20种氨基酸主要从蛋白质食物中获取，各类蛋白质所含氨基酸种类不同，相互搭配，摄入氨基酸才全面。如豆腐拌麻酱，氨基酸可以互相补充，其营养相当于动物瘦肉所提供的营养。

蔬菜是维生素和矿物质的来源，每餐都应有一定数量的蔬菜方能满足身体需要。

有些家庭早饭仅是牛奶、鸡蛋，不提供糖类食品。身体为了维持上午所需热量，只好将宝贵的蛋白质当做热量消耗掉。有些家庭早上只有粥、馒头、咸菜之类食物，没有蛋白质食品，不符合幼儿生长发育的需要。幼儿食物应符合其消化特点，即细、软、烂、嫩，要适宜幼儿口味，不要过多使用调味品，如花椒、辣椒、蒜等。

2. 宝宝吃水果应注意的问题

水果不但味美，而且营养丰富，是宝宝最爱吃的辅食，也是宝宝获取营养的主要来源之一。但给宝宝吃水果也应当讲究一定的方法，否则不但于身体无益，还会引起身体不适。在给宝宝吃水果时应注意下列几方面的问题。

（1）如何挑选水果　购买水果时应首选应季水果，通常以新鲜、有光泽、没有霉点的水果为最佳。每次购买的数量不得太多，因为水果储存时间过长营养价值会降低。

（2）如何清洗水果　吃水果前应清洗干净，并在清水中浸泡30分钟或是用淡盐水浸泡20分钟，再用流动水冲净后食用；能削皮的尽可能削去皮。

（3）最佳吃水果时间　饱餐之后不得马上给宝宝吃水果，避免加重幼儿胃部的负担；餐前也不是吃水果的最佳时间。吃水果的最佳时间应安排在两餐之间，比如上午10点左右或下午睡醒之后，可以吃一个苹果或者橘子。

（4）应与儿童体质相宜　体质偏热、容易便秘的儿童适宜吃寒、凉性水果，如梨、西瓜、香蕉、猕猴桃等；但应少吃或忌吃热性水果，如荔枝、桃等。若儿童体内缺乏维生素A、维生素C，可多吃杏、甜瓜和柑橘；感冒、咳嗽时可用梨加冰糖炖水喝，若腹泻就不宜吃梨。过敏体质、胃肠不好的孩子，要少吃凉性水果。对于体重超标的儿童要控制水果的摄入量，或挑选含糖量较低的水果。

（5）不宜一次进食太多　水果含糖量高，吃多了会引起食欲减退，还会影响消化功能；每天吃的水果不应超过3种。此外，有些水果不能与其他食物一起食用，例如柿子与红薯、螃蟹不能同吃。

3. 根据孩子体质选择食物

孩子之间存在着个体差异，有的孩子体质偏热，有的孩子体质偏凉。面对不同体质的孩子，选择食物时加以区别，否则很可能因进食不当对孩子健康造成损害。

（1）健康型体质

① 特点：这些宝宝身体壮实、面色红润、精神饱满、胃纳佳、二便调。

② 饮食调养原则：平补阴阳。

③ 宜食：食谱广泛，多数新鲜的瓜果蔬菜、五谷杂粮、鱼、肉、蛋、奶等都可食用。

④ 忌食：易导致哽噎的食品及油炸、膨化食品。

（2）寒型体质

① 特点：形寒肢冷、面色苍白、不爱活动、食欲欠佳，食生冷食物易腹泻，大便溏稀。

② 饮食调养原则：温养脾胃。

③ 宜食：辛甘温的食物，如羊肉、鸽肉、牛肉、鸡肉、核桃、龙眼等。

④ 忌食：寒凉食物，如冰冻饮料、西瓜、冬瓜等。

（3）热型体质

① 特点：形体壮实、面赤唇红、畏热喜凉、口渴多饮、烦躁易怒、胃纳佳、大便秘结。

② 饮食调养原则：以清热为主。

③ 宜食：甘淡、寒凉的食物，例如苦瓜、冬瓜、萝卜、绿豆、芹菜、鸭肉、梨、西瓜等。

④ 忌食：少吃火锅、油炸食品，以及荔枝、橘子等热性水果。

（4）虚型体质

① 特点：面色萎黄、少气懒言、神疲乏力、不爱活动、汗多、胃纳差、大便溏或软。

② 饮食调养原则：气血双补。

③ 宜食：羊肉、鸡肉、牛肉、海参、虾、黑木耳、核桃、桂圆等。

④ 忌食：苦寒生冷食品，例如苦瓜、绿豆等。

（5）湿型体质

① 特点：嗜食肥甘厚腻的食物，形体多肥胖、动作迟缓、大便溏烂。

② 饮食调养原则：健脾祛湿化痰。

③ 宜食：高粱、薏仁、扁豆、海带、白萝卜、鲫鱼、冬瓜、橙子等。

④ 忌食：甜腻酸涩的食物，如蜂蜜、大枣、糯米、冷冻饮料等。

4. 幼儿营养食谱

早晨8:00　配方奶150毫升；粥1小碗；蛋类或豆类食物50克；蔬菜50克

上午10:00　水果150克；点心30克

中午11:30　软米饭1小碗（50克）；红白豆腐（猪血、豆腐各20克）；黄豆排骨汤半小碗

下午3:00　配方奶150毫升；增智果脯、小点心适量

晚上6:00　馒头半个；糖醋带鱼三块；八宝素菜40克

5. 营养食品制作

（1）蜜汁煎鲑鱼

【原料】鲑鱼200克，柠檬汁、蜜糖各10克，植物油、葱末、盐、水淀粉各适量。

【做法】鲑鱼肉用盐及葱末抓匀后，腌制半小时。锅内放油，将腌好的鱼肉蘸适量水淀粉下锅煎至表面微黄。将蜜糖、柠檬汁拌匀，分成两次加入锅中，小火煮至汁液收浓即可。

【功效】鲑鱼属于深海鱼类，不但肉质鲜嫩，而且含有丰富的营养成分，其中大量的DHA和EPA能促进宝宝大脑良好的发育。

（2）黄豆排骨汤

【原料】猪排骨200克，黄豆100克，西红柿1个，盐、鸡精各适量。

【做法】将猪排骨洗净后，剁成4厘米长的段。黄豆洗净。把西红柿用开水烫过后，剥去外皮，切成块。往锅内注入1000毫升清水，下入排骨，烧开后，用手勺撇去沫浮，加入黄豆。用小火煨至骨肉脱离时，加入西红柿，煮开后用盐、鸡精调味即成。

【功效】黄豆含有丰富的蛋白质、磷脂与亚油酸、维生素B_1、维生素E以及铁、钙等营养素；排骨富含铁和蛋氨酸，两者搭配食用，可补充儿童对铁的需求，并有益于儿童的生长发育。

（3）八宝素菜

【原料】白菜心200克，青椒1个，黑木耳、香菇、银耳、玉米笋、栗子、腐竹各20克，猪油、水淀粉、调料各适量。

【做法】将白菜心洗净后控干水分，切成条。将青椒去蒂、籽，洗净切条。将黑木耳、香菇、银耳、玉米笋、栗子、腐竹洗净切片。锅内倒入猪油，烧至六成热，下入白菜条炸1分钟后捞出沥油。锅留适量底油，下入黑木耳、香菇、银耳、玉米笋、栗子、腐竹略炒，放入调料调味，煸炒均匀后倒出来摆放在白菜周围，放入蒸笼里蒸10分钟取出，将汤汁倒进锅里，把菜扣在一个汤盘中。等到汤汁烧开后，用水淀粉调成浓汁，均匀地浇在盘中即可。

【功效】多种蔬菜、菌类富含多种营养素，有助于幼儿及时补充各种所需的营养物质。

日常养护

1. 外出要看护好孩子

家长带孩子外出玩耍，要仔细看护，千万不得大意。必须严禁孩子在马路上玩耍。孩子应在大人的带领下过马路。家长需教育孩子遵守交通规则，自己要做好表率。每次过马路时，必须走人行道，看红绿灯。一边过马路，一边给孩子讲过马路必须看什么、听什么。

妈妈牵孩子的手上街容易发生的事故是关节脱位。突然发现车子开过来，惊慌的妈妈猛然拉宝宝的胳膊，容易引起关节脱位。只要脱位过一次，可能导致反复脱位。家长需注意，牵孩子的手时不可猛拽。

在教育孩子自己的事情自己做的同时，也会让孩子产生肆意单独冒险的念头。他们会趁大人不注意时，溜出家门。对邻街的家庭而言，应该把出大门看成是一件危险的事。经常有孩子自己跑出家门或和爸爸妈妈去商场迷路的情况。为了防止孩子走失，有必要在宝宝的身上佩带一个迷路标记，上面写上父母的名字、电话及家庭地址。

2. 幼儿卡刺的护理

大家都知道，鱼类营养丰富，经常给宝宝吃鱼，既可为宝宝的身体发育提供必需的营养素，还可以促进宝宝的大脑及智力发育。但是，如果宝宝不慎卡到鱼刺时，该怎么办呢？

首先，家长千万不能惊慌，这会加重孩子的恐惧感和疼痛感。父母应柔声安慰孩子，并且让孩子尽可能张大嘴巴（最好用手电照亮宝宝的咽喉部），观察鱼刺的大小及位置。若能够看到鱼刺且所处位置较容易触到，父母可以用小镊子（宜用酒精棉擦拭干净）直接夹出。需要提醒的是，往外夹的时候，应固定好孩子头部，以使鱼刺顺利取出。

若看到鱼刺位置较深不易夹出，或不能看到鱼刺，但孩子有疼痛感并伴随吞咽困难，就要尽快带孩子去医院请耳鼻喉科医生处理。

鱼刺夹出后的两三天内，家长还需仔细观察，如孩子有咽喉疼痛、进食不舒服或有流涎等症状，则应到耳鼻喉科复查，以防孩子咽喉内还残留异物。

值得注意的是，孩子卡刺后，千万不能用让孩子连吃几口米饭、大口吞咽面食或喝醋等办法来解决，因为这些不科学的方法不但无济于事，还会使鱼刺扎得更深。此外，强行吞咽还可能使鱼刺划伤小儿娇嫩的喉咙或食管，导致局部炎症或合并症。

3. 幼儿鼻子里进入异物的护理

幼儿大多喜欢玩豆子、巧克力糖、棉球、纽扣、塑料小玩具、纸团、果核等小东西，有些孩子出于好奇会将这些小东西塞进鼻子里；也有在小儿睡眠时昆虫钻入鼻腔的。这样就导致鼻腔异物。一旦发现或怀疑小儿鼻腔内有异物，可用以下方法。

（1）用棉签刺激幼儿鼻腔，使其打喷嚏将异物喷出。

（2）压住没有异物的一侧鼻翼，然后让幼儿紧闭嘴巴，用力出气将异物冲出。一次喷不出，可以多试几次。

（3）让孩子用手把两只耳朵捂住，家长用手指压住没有异物的一侧鼻翼，然后用嘴巴对准孩子的口腔轻轻吹气，利用气流也可以将鼻腔中的异物冲出来。

（4）若异物凸出鼻外，可用镊子夹住外露异物轻轻拖出鼻腔，实在取不出来，不得勉强硬取。

若用以上方法仍不能取出时，应赶紧找耳鼻喉科医生，千万不要自行用镊子伸入鼻腔内部硬取。由于进入鼻腔的异物多半是圆溜溜的小东西，用普通的镊子是不易夹住的，只有备有特殊镊子的耳鼻喉科医生方能将异物夹出。若异物质地柔软，甚至已变质腐化不合适用镊子或钳夹取时，可让医生用吸引器将异物吸出来。

此外，当闻到孩子身上发出恶臭，必须仔细检查鼻孔。若是单个鼻孔有味，多半是在鼻腔里塞有布片、纸、塑料薄膜等。

4.孩子到处乱画的护理

孩子从2岁开始就喜欢涂涂画画了，他们只要一拿到笔即会乱画，地上、墙上、床单上都可能成为孩子的画纸。所画的奇形怪状的物体大多为大人看不懂的东西。此时的孩子正处在"涂鸦"阶段，父母应为他们创造绘画的条件，正确地引导。

（1）握笔画画对幼儿的益处　握笔画画，可以练习手、腕部的各种关节与小肌肉群的协调动作。此外，可以锻炼孩子的脑力活动。从他决定要画的事物，到指导手去画，再到通过观察来检验自己画得是否得当，这一系列的感知活动由孩子自己试探完成，是孩子眼、脑、手协调运动的结果。

（2）2岁以后是绘画启蒙关键期　孩子2岁以后，是绘画启蒙教育的最佳阶段，也是小宝宝语言及思维发展的萌芽时期。在宝宝学会说话以后，他完全可以用一些词语来表达自己的想法。若他对绘画有兴趣，可能会拿起画笔涂涂画画，借此来表达他对生活的感觉，这种情况下父母可以积极引导宝宝学习画画。

（3）鼓励孩子握笔画画（图4-8）　2岁半左右的孩子学画，完全是一种游戏，父母必须珍惜孩子绘画兴趣的萌芽，及时为孩子提供纸张和画笔等绘画材料。纸张应大一点儿，画笔最好是蜡笔或油画棒，让孩子尽情地画。

在这段时期里，不需规定孩子应该画什么，而是任他画什么形状，都不要否决他的成绩。若孩子画不出什么形状，父母也不要呵斥、指责，只要他愿意画就行了。

对孩子画画，父母无需追究画得像不像。父母可以常问孩子画的是什么，他会说的很多，这样既锻炼了孩子的小肌肉动作，又培养了孩子的想象力及对绘画的兴趣。

图4-8　鼓励孩子握笔画画

带孩子走向大自然，观察大自然中的花、草、树、动物等，开阔孩子的视野，鼓励孩子将看到的东西大胆地画下来。

5. 宝宝爱吃"独食"的护理

宝宝爱吃"独食"是由于幼儿的自我意识发展，一切行为均以自己为中心，很少考虑到别人，最主要的，还是跟父母的教育方式有关。很多父母唯恐宝宝营养不良，所以，只要宝宝喜欢吃的，都让他尽情享受。看着宝宝津津有味地独自享受食物，很多妈妈都会满心欢喜。可是，有一天，父母发现，凡是小家伙喜欢吃的东西，都不许别人动，甚至连父母也不例外。直至此时，才意识到自己对宝宝的宠爱，无形中养成了宝宝爱吃"独食"的坏毛病。若不及时予以纠正，很容易养成孩子自私、冷漠的个性，继而影响以后的人际交往。那么，该如何纠正这一毛病呢？

孩子的吃"独食"现象，实际上是父母过于溺爱的结果，所以，要改变这一毛病，从根本上，需要爸妈改变既往的家庭教养方式，具体可从下列几个方面入手。

（1）让宝宝尝到苦头与甜头　例如，如果宝宝拒绝把他喜欢的零食拿出来给大家分享，父母可以断然告诉他，下次再也不买这类食品，并且要说到做到，不论孩子怎样请求，都不能答应，让他明白这是对吃"独食"的惩罚。若他偶尔把食物分给大家了，应及时给予表扬，并可用他喜欢的食物进行奖励。这样，宝宝就会很乐意和他人分享食物了。

（2）让宝宝充当爱心小使者　在日常生活中，父母可以利用2～3岁的孩子喜欢表现的心理特点，尽可能创造机会，让宝宝给全家分发水果等食物。例如，宝宝吃水果时，可先对他说："请宝宝先把这个漂亮的苹果送给爷爷、奶奶吃。"当他完成任务后，及时地夸赞他，这样，让宝宝反复充当爱心小使者，慢慢他就会懂得心中要有他人，并会很乐意和人分享。

（3）让宝宝体验被拒绝的滋味　父母可以当着孩子的面，吃他最喜欢的食物，若他索要，就用他平常拒绝的话来答复，让他体验到被拒绝的滋味。父母就可以跟孩子讲明白不可吃独食的道理。

6. 让宝宝乐意接受父母的管教

2～3岁的宝宝独立意识很强，想要摆脱父母的种种束缚，一旦想要做某件事就表现得非常任性，不愿服从家长的安排。若父母忽视宝宝身体活动的需要及心理成长的需要，事事代劳，处处设防，就会引起宝宝的"反抗"。那么，怎样让宝宝接受父母的管教呢？

（1）不要强力压制　强力压制是肯定不行的，可采取说服诱导的方法。应仔细分析宝宝的意图，然后区别对待。若宝宝只是想自我服务或是帮助大人做家务，家长就不应一味地限制，那样宝宝会很恼火，不听劝。正确的方法是帮助和指导他，将他想做的事做好。

若是不合理的要求，家长可以用他感兴趣的东西转移注意力，或者耐心地讲道理，告诉他为什么不可以做。合理的限制还是必需的，但宝宝的感情可以让他表现出来，不能强行压抑。

（2）给宝宝更多行动的自由　父母应当在成长的转变期耐心观察宝宝，了解宝宝的独立意向；相信宝宝，放手让他做想做又可以做的事，对他经过努力做成的事给予一定鼓励；给宝宝更多的行动自由，养成必要的独立习惯。如此，宝宝发展的独立倾向就得到了保护。

家长应该常和宝宝一起玩耍、交谈，了解和尊重他的意志和兴趣。应让宝宝知道你对他很在意、很重视，这样宝宝容易变得顺从。

（3）采用"回馈技法"　有时家长采用"回馈技法"来处理宝宝的反抗也很有效。例如"妈妈不让你爬凉台，你生气了？"将宝宝的感受变成自己的语言，再回敬给他，借以表示妈妈充分了解宝宝的想法或感受，让宝宝感觉妈妈是公正地对待自己、承认自己，比自己懂得多。长此以往，让宝宝知道你很理解他的感受，但做任何事都会有一定的限制。慢慢地宝宝反抗的次数会减少，而比较容易接受父母的要求。

7. 培养孩子的耐性

"耐性"不但是一种为人处世的能力，更是一种坚毅的品格。若孩子不能在小时候得到正确的"耐性"教育，长大后就需承受缺少耐性所造成的恶果。最显著的是，孩子会变得霸道，不懂得遵守社会规范，凡事以自我为中心。另外，孩子容易被自己的情绪所牵制，当事情不符合心意时，就不能忍受，不能静心思考解决问题的方法，承担不起挫折，甚至可能对自己没有任何要求，生活欠缺目标，进而影响社会交往。

然而，"耐性"这种特质，并不是一日之功能够塑造的，必须从小开始培养，否则孩子长大后，他的表现就很难再达到父母的期望了。2～3岁是宝宝个性形成的关键期，所以，建议父母从现在起着力培养孩子的忍耐力。那么，到底该从何入手呢？

（1）游戏中锻炼专注力　专注力是忍耐力的基础，若孩子的专注力好，自然容易有耐性。所以，妈妈可多与孩子进行有利于提高专注力的游戏，比如比瞪眼，看谁的眼睛瞪得时间长；拾豆子，比赛谁捡得又快又多等，或者常给宝宝讲一些简单而精彩的故事，使宝宝在聚精会神的聆听中锻炼专注力。

（2）设置奖赏目标　孩子拥有目标，做事自然有毅力。当孩子希望得到某些东西，父母可要求他先达到某些目标，作为正面回报。例如，孩子为画一幅画付出了努力，就奖励他一件玩具。随着孩子慢慢长大，父母对他的要求也可以逐渐复杂。最重要是所定下的目标，必须是清楚、明确并且合理的，还是孩子可以达到的。这样，不但会使孩子有达到愿望的喜悦，还会让孩子能不断体验完成任务的成就感。

另外，不妨善用"奖励卡"或是"奖励贴纸"等小道具，让孩子容易掌握自己努力的成果。

（3）多参与各项活动　孩子的兴趣越广泛，就越容易磨炼出耐性。其实，要培养耐性，关键就在于建立延迟满足欲望的能力，而在这一过程中，如果随着时间和精力的消磨，孩子的情绪不容易波动，耐性也就建立起来了。所以，父母不妨安排孩子多参加一些不同类型的兴趣活动。

（4）要注意循序渐进　正如孩子要经过爬、走的过程后方能学会跑；学习钢琴必须有一个反复熟悉琴键的过程才能弹出优美的曲子，培养孩子的耐性也需要一个循序渐进的过程。例如拼图，先让孩子拼一些简单的图形，等到孩子熟练后，大人就和孩子一起比赛，看谁拼得快，这样可以让他在快乐的游戏中，增强耐性，并且由此激发孩子的挑战欲。

总之，培养孩子的耐性也不是一朝一夕能够达成的，首先需要大人有耐性，充分利用其自身影响力，并注意从生活中的一点一滴予以协助和引导，方能使孩子慢慢获取这一良好的品性。

爱心提示

不要给孩子服用成人药

首先，疾病不对症。例如，小儿发热时，大人会把常用的退热药减剂量给小儿服用。其实，小儿发热的原因很多，如果不明原因就将大人用的药给孩子服用，很容易延误病情或掩盖症状。

其次，用量掌握不准。因为儿童体质较弱，肝、肾等脏器发育不全，解毒、排泄功能较弱，对药物的敏感性显著高于成人。所以，小儿的用药量不能简单地由体重推算出来的，而是根据小儿的生理功能以及药物的敏感性确定，用量过小可能影响疗效，过大可能发生毒性反应。

第八节 33 ~ 36个月幼儿

 发育特征

宝宝3岁了，这表示宝宝安然地度过了懵懂初开的婴幼儿期，顺利地进入了智力飞速发展的儿童期。随着身体的发育，独立意识的加强，宝宝的心理活动也逐渐复杂，从这个月龄开始，宝宝开始表现出强烈的求知欲。

1. 33 ~ 36个月幼儿身体发育指标

（1）体重　男孩约13.98千克；女孩约13.34千克。

（2）身长　男孩约93.54厘米；女孩约92.03厘米。

（3）头围　男孩约49.40厘米；女孩约49.25厘米。

（4）胸围　男孩约51.87厘米；女孩约50.85厘米。

（5）牙齿　乳牙20颗。

2. 33 ~ 36个月幼儿身心状态

（1）体格发育状况　大脑皮质的第二信号系统发育显著，促进了儿童的高级神经活动。在语言、音乐等刺激下，可以形成复杂的条件反射，为以后儿童心理趋向复杂化打下了生理基础。

（2）运动发育状况　3岁宝宝的自主性很强，能够随意地控制身体的平衡和跳跃动作，可以有目的地用笔、剪刀、筷子、杯子等工具。会单脚蹦、踢球、跨越障碍等。

（3）语言发育状况　可以轻松说出自己的名字、年龄，也可以说出父母所在的单位及住址，可以背诵出稍长的儿歌，可以随着儿歌做些动作，能讲简单的小故事，会猜简单的谜语，会说出几个英语或其他语言的单词，喜欢提问。愿意主动接近别人，会用较复杂的句子表达自己的意思。

（4）心理发育状况　3岁的宝宝求知欲强，对于任何东西都感兴趣，喜欢问为什么，记忆力和思考能力也都有了飞速的发展。此时家长一定不要对宝宝问这问那感到厌烦，应该尽可能回答宝宝提出的问题。若宝宝对一个问题问好几遍，也不要烦甚至怀疑宝宝的智力，要知道有些事情在宝宝看来，并不是一下子就可以理解的，他需要通过多次理解才会明白。

饮食喂养

1. 宝宝食欲不好的原因

宝宝不愿意吃饭是爸爸妈妈最焦虑、最头疼的事情。有时为了让宝宝吃进一口饭，妈妈得费九牛二虎的力气，又是哄、又是追、又是许愿、又是恐吓，结果还是没有任何起色。却不知道，宝宝不愿意吃饭只是由于食欲不好。那么，影响孩子食欲的原因是什么呢？

（1）父母过分关注　据调查，大多数宝宝食欲不好，不是由于疾病造成的，而经常发生在一些身体没毛病、爱吃零食、娇生惯养的宝宝身上。

很多父母对宝宝吃饭的问题过分关注，生怕宝宝少吃一口，将吃饭当做任务让宝宝完成。这样，宝宝有一种逆反心理，爸爸妈妈越要他吃饭他就偏偏不吃。宝宝一旦讨厌吃饭，就会对饭菜一点胃口也没有。

（2）吃了太多的零食　零食（尤其是甜食）是大多数宝宝喜爱的食品，这些高热量的食物虽然好吃，却不能补充必需的蛋白质，严重影响宝宝的食欲。有些宝宝热爱吃甜食，喜欢喝各种饮料，如果汁、糖水等，这样就导致大量的糖分摄入体内，使血糖浓度升高，血糖达到一定水平会兴奋饱食中枢，抑制摄食中枢。所以，这些宝宝难有饥饿感，也就没有进食的欲望了。

（3）缺锌引起食欲减退　临床发现，厌食、异食癖和缺锌有关。通过检查发现，锌含量低于正常值的宝宝，其味觉比健康宝宝差，味觉敏感度的下降会造成食欲减退。

锌对食欲的影响，主要体现在下列几个方面。

① 唾液中的味觉素的组成成分之一是锌，因此锌缺乏时，会影响味觉和食欲。

② 锌缺乏可影响味蕾的功能，导致味觉功能减退。

③ 缺锌会导致黏膜增生和角化不全，使得大量脱落的上皮细胞堵塞了味蕾小孔，食物很难接触到味蕾，味觉变得不敏感。

2. 幼儿宜多吃组氨酸食物

组氨酸是人体必需的氨基酸之一，对幼儿的生长发育更是非常重要。组氨酸可以促进幼儿的免疫系统及早完善，强化代谢功能，并可抑制多种变态反应及炎症。

组氨酸是婴幼儿必须从食物中获取、不能自身合成的一种氨基酸。因为婴幼儿代谢速度较快，更需要及时补充含有组氨酸的食物，否则，幼儿的抗病能力会下降，同时会出现贫血、乏力、头晕、畏寒等不适。平常可让幼儿多吃些含有组氨酸的食物，例如黄豆、芹菜、鱼肉、肉类、香菇、土豆、面粉、粉丝等。

3. 培养幼儿进餐的兴趣

每个父母都希望孩子能多吃饭，长得健康，于是想尽一切办法哄孩子进食，但是很多时候收效甚微。那么，怎样才能激发孩子的进餐兴趣呢？

（1）在制作幼儿食物时不能只讲营养，还需注意食物的色、香、味。先从感观上吸引幼儿对食物的注意力，激发进食兴趣。

（2）大人可让孩子适当参与食物制作以及饭前的准备工作。如在制作食物过程中，可以告诉孩子各种蔬菜的名称，让孩子将择好的菜放进盆里。2～3岁的孩子还可以帮助父母剥毛豆、摆盘子、发筷子等。

（3）大人在孩子面前不能谈论什么好吃什么不好吃，自己喜欢吃什么不喜欢吃什么。大人与孩子一起进餐时，大人应表现出吃得津津有味，说一些鼓励孩子应该多吃、不要挑食的话。同时应该多讲"吃了这个你就会变得更聪明""吃了这个你能够长得更高"等鼓励的话。

（4）吃饭前要让孩子保持轻松、愉快的情绪。吃饭的环境也应安静整洁。让孩子按时就餐，让消化液正常分泌，严禁让孩子过度兴奋或疲劳，也不要苛责孩子。饭前1小时内不要吃糖果，也不要喝大量的开水，避免影响胃液的正常分泌或冲淡胃液，导致食欲减退。

（5）要有意识地用童话故事、比喻、示范等办法，引导孩子理解进食的意义。当孩子偏食时，对于其不喜欢的食物，父母必须多变换花样把该食物做得美味，让孩子逐渐从不喜欢过渡到能接受该食物。

（6）若孩子发脾气、任性时，切不可用糖果、饼干等食物哄孩子，应该转移孩子不合理的要求，避免形成一到吃饭时间就吃零食的坏习惯。

（7）若孩子把饭弄翻，家长应耐心教给孩子正确使用餐具的动作，让孩子始终保持较高的学习积极性。

（8）要及时找出孩子拒食或食欲不好的原因，例如是否两餐之间相隔的时间太短或饭前吃糖果过多。

（9）恰当的运动，让宝宝胃口大开。孩子的运动量与饭量有着密切的关系。运动量增加，体能消耗大，胃口自然增长。多多运动，对孩子而言是有益处的。但家长也要切记，至少要在运动半小时过后才能进食。

4. 幼儿营养食谱

早晨8:00　小米粥50克；小花卷1个；煮鸡蛋1个

上午10:00　配方奶150毫升；鲜水果100克

中午11:30　米饭50克；红烧鲤鱼（鱼肉25克，蔬菜40克）；豆腐丸子汤（豆腐20克，鸡肉10克）

197

下午3:00　配方奶150毫升；水果150克

晚上6:30　小包子2个；海米莴笋丝（莴笋20克）

5.营养食品制作

（1）蒸肉豆腐

【原料】豆腐250克，鸡脯肉150克，鸡蛋1个，香油、洋葱、酱油和淀粉各适量。

【做法】把豆腐洗净，锅中放入水稍煮后捞出，控去水分碾成泥，放入抹有一层香油的盘中。鸡脯肉洗净切碎，放入适量洋葱、鸡蛋、酱油和淀粉，调匀使其带有黏性，摊在豆腐上，放入锅中用中火蒸12分钟即可。

【功效】豆腐含有人体所必需的矿物质，如铜、镁、锰、铁、钙等，还包含人体内必需的氨基酸、碳水化合物、维生素、植物蛋白等营养素，可提高营养素的消化利用率，与鸡肉搭配尤其适宜幼儿食用。

（2）韭菜炒鸡蛋

【原料】韭菜200克，鸡蛋2个，植物油、盐、味精、料酒各适量。

【做法】韭菜择洗干净，切成1.5厘米长的段；鸡蛋磕入碗内打散备用。锅内倒油烧热，倒入蛋液，炒熟后投入韭菜迅速煸炒，同时加入盐、味精，最后加入料酒，翻炒均匀即可。

【功效】韭菜富含膳食纤维，多食用有利于胃肠蠕动，保持大便通畅，可预防便秘，并对肠道有消毒杀菌的作用。

（3）红烧鲤鱼

【原料】鲤鱼1尾，青豆、植物油、盐、鸡精、姜丝、白糖、料酒、蒜末、白醋各适量。

【做法】将鲤鱼清洗干净后，控干水分，去掉腥线，在表皮两面用刀横划3～4道刀纹，方便入味。把油倒入锅中烧至九成热时，将鱼放入锅内，用中火将鱼两面煎至微黄色后，放入盐、鸡精、姜丝、白糖、料酒、蒜末、白醋等调料，加水没过鱼身。汤开后盖上锅盖，再用小火焖20分钟左右（在焖鱼时可用铲刀插入锅底避免糊底），把青豆撒至鱼身上即成。

【功效】鲤鱼所含的蛋白质极易被人体所吸收，具有健脾益气、补肝明目的功效，非常适宜幼儿食用。

日常养护

1. 培养幼儿的生活自理能力

这个年龄段的幼儿，随着独立意识以及手和全身动作协调性的增强，对世界有着强烈的好奇心，什么事情都想动手试一下，比如搬小椅子、分发筷子、给大人帮忙等。因此，家长应抓住这一好时机，培养幼儿独立的生活自理能力。

（1）给幼儿干活的机会 父母应创造机会，让幼儿有机会做事。幼儿劳动不外乎是参与吃、喝、拉、睡等生活的活动，然后加上做游戏、玩玩具、穿衣以及帮助父母做一些小事（如摆筷子、搬小椅子、送报纸、拿拖鞋等）。幼儿参与这些活动，能促进骨骼、肌肉发展，促进眼、手、足动作的协调一致，促使大小脑的发育，促进情绪和智力的发展。

最主要的是幼儿在这样的亲身经历中，培养了动手解决问题的能力，体会到了成功带来的快乐，并慢慢养成良好的卫生习惯、生活习惯，有助于培养其独立性和爱劳动的品德。

可以让幼儿学习自己用筷子吃饭，饭后自己擦嘴，自己拿杯子喝水等。

在卫生方面，可以让幼儿自己练习洗手、擦手、洗脸等（图4-9）。

在穿衣方面，让幼儿自己穿脱袜子等。

妈妈在购物时，可牵着幼儿，在超市或商场里，给他介绍各种商品，让他认识各种商品。

（2）从简单的地方入手培养 培养幼儿生活自理能力，可让幼儿从简单的事做起，这样幼儿才会树立信心，增加自己做事的兴趣。例如学习脱穿裤子时，最好从衣服穿得较少的夏天开始，从容易脱穿的裤子入手，这样幼儿才会较快掌握，保持学习的兴趣。当幼儿做得不太好或者很差的时候，父母不要批评，而应用温和的语气耐心地对他进行指导。家长要言传身教，多做示范，经常让幼儿练习，看到他成功时和他一起高兴，并给予表扬及鼓励。

（3）给幼儿穿有扣子的衣服 在宝宝帮助娃娃穿衣服的基础上，练习自己穿上前面开口有扣子的衣服。让宝宝先套上一只袖子，将另一只胳臂略向后伸入另一袖子内，然后将衣服拉正。孩子通常不会系领口的扣子，让他先把衣服下方两边对齐，系上最下方的扣子，逐个往上系。领口的扣子可由家长帮助系上。学习用的衣服应宽大些，避免穿后面系扣子的衣服。

（4）让幼儿学会自己洗脚 宝宝长大了，学会自己

图4-9 学会自己洗脸

洗脸、洗手，也应当学习自己洗脚。

在洗脚前，父母将拖鞋及干净袜子放好，将肥皂放在顺手处，准备盆、毛巾和温度合适的水。

指导宝宝脱去鞋袜将脚放入盆中，用肥皂将脚趾缝、脚背、脚后跟全部洗干净，用毛巾擦干，穿上干净的袜子和拖鞋。

鼓励孩子自己将水倒掉，清洗盆子，将毛巾和肥皂放回原处，将鞋袜收拾好。

让孩子自己洗脚，一来学习自理，二来能够理解让大人低头弯腰去照料自己的辛劳。

总之，不要总是认为宝宝什么也不懂，什么也做不了。爱孩子就应当放手让孩子独立去做力所能及的事情；当孩子遇到困难时应鼓励孩子，与孩子一起寻找克服困难的办法；教会孩子一些生活技巧，让孩子做自己的主宰。幼儿生活自理能力的培养，与家长的引导是密切相关的。

2. 幼儿行为障碍的护理

当幼儿出现行为障碍时，会出现多种表现形式，家长应根据具体情况来运用相应的解决办法。

（1）孤独与迟钝　这样的孩子常不合群，通常对集体活动或游戏不感兴趣，生活在自己的幻想之中，主要表现为冷淡，不爱说话，反应迟钝。此时家长要改变管教过严或父母对儿童管教不一致的做法。家长需鼓励孩子积极参加集体活动，多让孩子和邻居或幼儿园的小朋友相处，鼓励孩子多为集体做好事，为集体争光，应及时对孩子提出表扬，并让孩子做些力所能及的、有趣的事情。

（2）恐惧与胆怯　这样的孩子通常怕黑，害怕空旷无人的地方，害怕看到陌生人，更害怕自己一个人待在房子里。恐惧会引起失眠、梦魇、易哭、懦弱和缺乏自信。此时不能吓唬孩子，因为一旦孩子的心灵受到创伤，所留下的阴影是极难平复的。可以让孩子多看看关于英雄人物的电影，对孩子讲讲伟大人物英勇无畏的事迹，帮助孩子养成勇敢的品格。

（3）固执与任性　这样的孩子遇到家长对他的要求稍有拒绝，就会出现无理的哭闹、打滚，甚至以不吃饭的方式来反抗。此时家长应认真分析事情的原因，从正面教育孩子，让孩子懂事。合理的要求可以满足，至于不合理的要求则应对孩子进行劝导。绝不要在孩子情绪反应强烈的时候，采取体罚的手段来达到阻止孩子反抗行为的目的，这样对孩子的心理发展非常不利。在家庭生活中，要允许孩子有发表自己意见的机会，让孩子明白任何事情都会有合理的解决方法，使家中充满民主和谐的氛围。

（4）暴怒　这样的孩子脾气暴躁，一遇到不满足他心意的事情就会大哭、大闹、扔东西、踢人、咬人甚至用头撞墙等。还有一种比较特殊的情况，有些孩子会在哭叫一两声或大哭后出现呼吸突然停止、面色发紫，接着会发生抽搐或"昏死"过去，一段时间后才会恢复过来，这在医学上称为屏气发作。家长对于孩子的反应要分析具体原因，若是因为睡眠不足、身体状况不佳或营养不良所造成的，则需根据病情及时医治。不过出现这种情况多是家长的溺爱和过分娇纵所造成的，孩子会养成用暴怒的方式来让大人满足他的要求。家长对于孩子应以耐心的说服教育为主。当孩子开始发脾气时，只需在一旁看着，不要有任何举动，在孩子暴怒之后也不要有刻意的举动，避免让孩子认为只有这样才可以引起大人的注意，下次还会如此，从而形成恶性循环。

（5）顽固性习惯　这样的孩子通常表现为吮吸手指、咬指甲、咬衣服、摸弄生殖器而致手淫等。吮吸原本是一种与生俱来的生理反射，例如吮吸橡皮奶头或是吮吸手指就会获取吃奶的满足，但若家长没有在合适的时候阻止孩子的这一行为，就会让其发展为一种顽固性习惯。若孩子的生殖器或肛门处不清洁，就会引起局部瘙痒，这是导致孩子手淫的主要原因。对于这样的习惯，家长应根据原因来理性对待，不要一味地责骂或恐吓孩子。若是因寄生虫或其他原因引起的生殖器感染或瘙痒，应及时驱虫，减轻孩子的痛苦。

3. 纠正宝宝的不良睡眠习惯

2岁以后的宝宝晚上睡觉就不会再啼哭了，但是他对妈妈的依赖性还很强，有的不肯自己独睡，一定要钻进妈妈被窝里让妈妈陪着睡，有的需要安慰物，有的喜欢蒙头睡觉，这些均为不良的睡眠习惯，父母要及时予以纠正。

（1）蒙头睡觉影响智力　有些孩子喜欢将头蒙在被窝里睡觉，这是非常不好的习惯。由于人每时每刻都要呼吸新鲜空气，吸进氧气呼出二氧化碳。若把头蒙在被窝里睡觉，被窝里的二氧化碳浓度增高，氧气浓度减少，时间长了，人就会觉得胸闷、憋气，影响睡眠深度，还容易做噩梦。天长日久，影响孩子的身体健康及智力发展。

（2）睡前摆弄物品并不好　有些孩子睡觉时喜欢摆弄物品，例如摸被角、枕角、衣服、玩具等，还有些孩子咬着被子、衣角或手指睡觉，有些孩子甚至形成睡觉时不摆弄物品就睡不着觉的习惯。对于这种不良习惯，家长不能置之不理，但也不要责骂，而是要帮助孩子纠正。睡觉时可让孩子两手放在被子外边，用讲故事或哼催眠曲等方法分散孩子的注意力，使之较快地入睡。等孩子睡着后，再将孩子的手放进被中，时间一久，孩子就能克服这种不良习惯。

4. 让孩子轻松入园（图4-10）

宝宝3岁后，就该上幼儿园了。让宝宝高高兴兴地踏入幼儿园，是每一位家

图4-10 让孩子轻松入园

长的心愿。那么到底怎样做才可以让宝宝轻松地适应幼儿园的生活呢？家长不妨按以下几方面提前做好准备。

（1）会听话　在家中，家长可能叫的都是宝宝的小名，但在幼儿园，老师只会叫宝宝的大名。因此，要在宝宝入园前常喊他的大名，以防入园后当老师喊到宝宝时，他还不清楚在叫谁。在家中，可能家长对宝宝言听计从，但是在幼儿园，老师就会让宝宝做些运动或事情，为了避免宝宝的不适应，家长应在家中有意识地让宝宝做些事情，让他可以听懂指令，听从指挥。

（2）会交流　这是指要对宝宝的语言进行规范，家长应注意不要用儿语对宝宝说话，更不要用方言，避免宝宝入园后所说的话不能让老师或小朋友明白，让他在交流上产生障碍，不利于宝宝适应新环境。

（3）懂得物品拥有权　要让宝宝明白若是别人的东西，自己就没有权力支配，但若是自己的东西就要看好，不得随便乱扔。对于幼儿园的玩具，宝宝再喜欢也不能拿回家，因为那是属于幼儿园的。例如，父母可以在超市里向宝宝演示，付了钱的东西才是自己的。

（4）懂礼貌，会传话　平常应让宝宝养成有礼貌的好习惯，见了老师、同学要问好，碰到小朋友应说对不起，接过别人递的东西要说谢谢等。虽然宝宝无法一下子全部学会，但家长应慢慢地教给宝宝。也可以让宝宝学着把老师的要求传给父母，例如可以问宝宝上幼儿园可不可以迟到，老师是怎么说的。若要请假，可先让宝宝对老师说，然后家长再去请假，以此来锻炼宝宝的传话能力及独立性。

（5）穿着干净，讲究卫生　要将宝宝打扮得漂漂亮亮的送入幼儿园，相对有个性的衣服能够让老师尽快记住宝宝。若宝宝把衣服脱下来，也比较好辨认。在宝宝刚上幼儿园的时候，衣服非常容易脏，父母必须勤为宝宝换洗衣服、洗澡，让宝宝养成讲究卫生的好习惯，也会让老师及小朋友更容易接受。

（6）吃得开心，睡得安心　要让宝宝养成自己吃饭的好习惯，在家里父母可以给宝宝喂饭，但是在幼儿园，老师不可能给每个孩子喂饭，因此要鼓励宝宝自己吃饭。当宝宝有进步时要给予表扬。宝宝的作息时间应和幼儿园同步。让宝宝养成午睡的习惯，但不应陪着宝宝一起睡，这样可以更好地让他适应新环境。

（7）学会穿、脱衣服，自己大、小便　在入园前，要教会宝宝自己穿、脱衣服。由于幼儿园的老师不可能帮所有的孩子穿、脱衣服。平常应注意训练宝宝的动手能力，可以为宝宝选择宽松的衣服，鞋子应选择带有松紧带或拉链的，以降低宝宝穿衣、鞋的难度。应让宝宝学会自己大、小便，当然为宝宝准备的裤子要方便穿、脱。

在入园前，家长应积极引导宝宝对幼儿园产生兴趣。例如，可带着他到幼儿园附近转转，告诉宝宝在幼儿园可以和很多小朋友一起做游戏，有老师讲好听的故事等，使宝宝对幼儿园产生向往。

5. 哄孩子入睡

哄宝宝睡觉最好的办法是唱摇篮曲，最适用于0～3岁的宝宝。摇篮曲与其他歌曲不同，它是具有催眠特性的乐曲，曲调平和，节奏缓慢，因此，最容易使宝宝安静下来，而且很快进入睡眠状态。

（1）选择合适的曲子　摇篮曲通常是6/8拍或3/4拍的，现在大部分年轻人不会唱摇篮曲。对于这种情况，可以挑选一些3/4拍或慢四拍的歌曲。只要是慢拍子、平缓的曲子就行。

（2）注意观察宝宝的反应　大部分宝宝对音乐的反应力都非常强。他们对摇篮曲这样的慢节奏乐曲很容易接受。但也有些宝宝对音乐有特殊要求，他可能喜欢听一些特别的音乐。所以，在唱摇篮曲时要依宝宝的反应而定。

（3）注意宝宝的情绪变化　若宝宝总是不时地打哈欠，虽然他还是舍不得闭上眼睛入睡，那也表明宝宝已经很困了，此时只需要轻轻拍拍宝宝就行了。

若宝宝情绪很高，没有一点倦意，也无需着急，首先选择一首节奏轻快的歌曲吸引他的注意力，使他的情绪稳定下来，再唱慢节拍的摇篮曲。

若宝宝要求妈妈陪睡，妈妈可以陪着睡，等宝宝睡熟以后，再将他抱回自己的床上。妈妈也可以在宝宝旁边轻轻握着他的手，或者哼着摇篮曲，通常宝宝都会很快入睡。

6. 多动症的治疗

当孩子患了多动症，家长不要太过着急，对孩子的教育必须有耐心，不要粗暴批评、讽刺打骂，这样只会伤害孩子的自尊心。家长可以采取下列三种方法进行治疗。

（1）行为治疗　可多给患儿表现的机会。当孩子做出的行为符合良好的行为准则的时候，家长应及时给予鼓励和表扬，使孩子得到满足和愉快的感觉，以增强孩子的自控能力，从而将这种良好的行为保持下去。也可训练孩子进行一些合理的认知活动，改善他的注意力，克服分心等不良习惯。

（2）饮食治疗　儿童多动症与饮食也密不可分。例如，食物中缺乏多种维生素，微量元素如锌、铁等；食品中的人工色素、添加剂、防腐剂、调味剂等太多；食用含有甲基水杨酸类食物，如西红柿、苹果、橘子等；食用胡椒面、辣椒等调味品过多；大量食用糖类、饮料、糕点、饼干等食物都可能导致多动症的发生。所以，应让患有多动症的儿童多吃些含有高维生素、高蛋白及高磷脂食品，如蛋类、瘦肉、动物脑、心、肝、肾、鱼类和其他海产品，以及大豆、玉米、新鲜蔬菜、水果等。

（3）药物治疗　在用药物治疗之前，应首先进行详细的生理及神经系统检查，查明病因之后在医生的指导下对症下药。主要药物包括兴奋剂，如右旋苯异丙胺和哌甲酯，用药1～2周后，有明显疗效。安定剂，如氯丙嗪和硫利达嗪，在兴奋剂治疗无效时可使用。大量服用维生素，对改善多动症儿童的行为有一定效果。

7. 宝宝暑热症的护理

图4-11　幼儿居室应当常开窗

在炎夏酷暑的季节，幼儿可能会出现一种长期发热的疾病，称为夏季热，又叫暑热症。因为婴幼儿神经系统发育不完善，体温调节功能差，加上发汗功能不健全，以致排汗不畅，散热慢，难以适应夏季的酷热环境，导致发热持久不退。宝宝得了夏季热，发热持续不退，天气越热，体温越高，发热可持续两个月，伴有口渴、多饮、食欲减退、出汗不多，如果不治疗，直至秋凉后才会痊愈。

幼儿居室应当常开窗（图4-11），透阳光，通空气，保健康。酷暑期间，尽量移居阴凉通风之处，特别是前一年曾患本病的幼儿。春夏季节，婴幼儿长期发热，在排除其他疾病时，应注意考虑本病，要早诊断、早治疗，避免滥用抗生素，避免产生不良影响，延误病情。

8. 孩子弱视的治疗

当孩子患有弱视后，家长需根据孩子的具体情况进行相应治疗。一般可采取的方法如下。

（1）遮盖法　把视力好的眼睛遮盖起来，迫使孩子用视力较弱的眼睛，通过一段时间的刺激，可以提高孩子患有弱视的眼睛视力。除了洗澡、睡觉外，必须让孩子坚持戴眼镜。

（2）后像疗法　在强光的刺激下观看物体10秒，闭上眼睛后会感觉物体仍然在眼前浮现，这一影像在医学上称为后像。可以利用这一方法使视网膜产生后像，从而达到治疗弱视的目的。

（3）红色滤光镜治疗　可用红色滤光镜戴在弱视的眼睛上，同时应完全遮盖健康的眼睛。让孩子在看近物时必须戴眼镜，特别是在画图、写字的时候，每天可进行1～2次，每次10分钟左右，以后可慢慢延长时间，以达到治疗弱视的目的。

（4）坚持按时复诊　2～3岁的幼儿可以每两周复诊一次，当孩子稍大的时候可以每个月复诊一次，及时检查眼底、视力等。每年应做一次散瞳验光。

总之，当孩子患有弱视后，家长首先要对这一眼病有正确的认识，需明确治疗眼病是需要时间的，视力是可以慢慢恢复的，千万不要失去耐心，操之过急。

爱心提示

及时给孩子做一次视力检查

宝宝2～3岁时，是视力发育的关键时期，应该给宝宝做一次视力检查。这样有助于家长及早发现宝宝可能患有的斜视与弱视，以便及时治疗取得最好的疗效。

视力检查可以发现两眼的视力是否相等，若因为斜视，或两眼的屈光度数差别较大，两只眼睛的成像就不可能融合，大脑只能用一只眼成像，长此以往，就会造成弱视。若是因先天性一侧白内障、上睑下垂挡住瞳孔，或是因为治疗不当所造成的弱视，都可以在此时经过检查发现并及时治疗。

第五章

特殊时期婴幼儿的喂养

第一节　断奶期的养护

一、妈妈在宝宝断奶前的准备

给婴儿断奶只是孩子发育过程中的一小步，想要婴儿能像成人那样饮食还有很多工作要去做，其中断奶后的喂养格外重要。喂养方式改变，就是用母乳哺喂变成用小勺及杯喂的过程，婴儿所需营养从母乳所得的比例慢慢减少到停止的过程。我国一般以谷类作为婴儿断奶的补充食品，常喂的有米糊、面糊、糖粥等，这些食物体积大、水分高，含有一定量的碳水化合物，但蛋白质和其他的营养素含量较低，因此会影响小儿蛋白质的摄入量，甚至热量摄入量亦不足。故而，在断奶以后，一方面仍要保留一些乳制品，另一方面要增加一些较浓缩的、营养较丰富的固体食物。

断奶前加入辅食的量肯定会有相应的提高，但是这个添加过程不能过急，同样要按照由流食到半流食，最后是固体食物的步骤进行。先吃米汤烂饭，再是稠粥、软饭，最后到干饭。添加的量也应由小量不断增长，中间可通过食欲、进食后胃肠道的反应与小儿大便的性质做进一步的观察。

此阶段孩子将要离开母乳喂养，开始向普通食物的方向发展。小儿消化能力虽然有增强，但还不完善，孩子所食的食物还是需有所选择的。总体上是要坚持合理膳食的原则，肉蛋奶及新鲜的蔬菜、水果是提供蛋白质、维生素的重要营养物质。孩子的日常饮食中应全面摄入，做到荤素搭配，均衡营养。口味及花样不断地更新，以便增进孩子的食欲，满足小儿正常生长发育的需要。

饮食次数及饮食量可根据孩子的实际情况来定，无需过于拘于形式，一般情况下每日可喂4～5次，两餐中间可加一餐，可以是牛奶、豆浆或鸡蛋等。不过需要注意的是，为了避免偏食、厌食的发生，不要在临吃饭前给婴儿吃零食。

二、断奶的黄金时间

到了该断母乳的时候不断，犹犹豫豫拖延时间，不但会使宝宝对母亲产生过度的依恋心理，还会让宝宝正确添加换乳期食品受到限制，造成营养不良，影响宝宝的体格、智力和心理等多方面的发展。但是，对于纯母乳喂养的宝宝，选择何时断奶、怎样循序渐进地断奶，还是非常有技巧的。

一般选择宝宝10～12个月时开始逐渐断掉母乳。完全断掉母乳的时间不宜超过2岁。

三、断奶应注意的六大问题

（1）断奶是渐进的过程，从宝宝加辅食的第一天起就应慢慢准备断奶。在宝宝已经习惯辅食喂养、辅食大约占宝宝食量的一半时才可开始断奶。

（2）断奶是指断母乳，并非断去乳类制品。断奶期要确保宝宝每天喝牛奶或配方奶600毫升来代替母乳。乳类制品要占婴儿热量的40%左右。若当地没乳类制品，母乳应当延期喂哺，可喂到1岁半前后才真正断奶，并增加豆制品及鸡蛋鱼类等辅食。

（3）要避开炎热的夏季断奶。由于夏季是胃肠疾病多发季节，在夏季断奶通常会引起迁延性腹泻且难以康复。母乳中有抗体能够保护宝宝平安度过酷夏，在宝宝患腹泻时，对于其他食物很难耐受，唯独母乳能使宝宝吸收和康复。

（4）很多母乳喂养的婴儿拒绝用奶瓶。在准备断母乳前，可以先让宝宝试用杯子饮水，渐渐学会用杯子喝牛奶。杯子方便卫生，而且不会像用匙子那样让宝宝着急。习惯使用杯子的宝宝在睡前一次喂奶最好也用杯子，这样可避免宝宝抱着奶瓶入睡，对预防龋齿有利。

（5）断奶的最佳季节应选择在春季与秋季，舒适的气候会使宝宝尽快适应。

（6）断奶时如果赶上宝宝生病，则应推迟断奶的时间。

总之，为宝宝断母乳在上述原则下，应根据宝宝的情况，灵活掌握断奶的年龄、时间和具体的方法。

四、给断奶期宝宝提供最好的营养

10个月以后宝宝的饮食已慢慢固定为每日早、中、晚三餐，主要营养的摄取已由奶类为主转成以辅食为主。宝宝可以接受大部分易消化、刺激性不强的食物，生长发育所需蛋白质还是应靠奶类供应。因此，1岁前的宝宝平均每天仍需500～600毫升的奶类摄入量。

在喂养过程中需注意改变食物的形态，以适应宝宝机体的变化。这时稀粥可由稠粥、软饭代替；烂面条可过渡到挂面、面包和馒头；肉末、菜末可以变为碎肉、碎菜。

每日三餐应变换花样，使宝宝有食欲。应给宝宝增加一些土豆、白薯等含糖类较多的根茎类食物。

除每日三餐外，还需给宝宝吃两次点心。点心的种类可以是虾条、蛋糕、香蕉、苹果、橘子、草莓、饼干、白薯、西红柿、鲜果汁等。

给宝宝断奶时，宝宝的食物构成需发生变化，要注意科学喂养。选择食物要得当，食物应当不断变换花样，巧妙搭配。烹调食物要尽可能做到色、香、味俱全，满足宝宝的消化能力，并能引起宝宝的食欲。饮食要定时定量。刚断母乳的宝宝，每天要确保三餐定时定量。

早、中、晚餐的时间可和大人统一，但在两餐之间应加牛奶、点心、水果。辅食添加应由少而多，由稀而稠。断奶有适应期。有的宝宝断奶过程中可能很不适应，因此喂食时要有耐心，让宝宝慢慢适应。

五、"罢奶"不等于"自我断奶"

医生指出，1岁以下的婴儿，在没有任何显著理由的情况下，会突然拒绝吃母乳，这就是常说的"罢奶"，而"自我断奶"的宝宝均是在1岁以上。妈妈应学会分辨，到底是孩子"罢奶"，还是准备好了想自我断奶，不要轻易做出"断奶"决定。其实宝宝"罢奶"现象通常发生在4个月以后，此时宝宝的生长速度减缓下来，对营养物质的需求也相应减少。这种本能地减少对奶的需求量，称为"生理性厌奶期"。一般持续一周左右，以后随着运动量增加，消耗增多，食欲又会慢慢好转，奶量恢复正常。

通常而言，真正准备好"自我断奶"的宝宝都在1岁以上、已经吃了很多固体食物，再加大于400毫升/天的配方奶，这时营养已完全能满足婴儿需求，可放心断奶了。

六、断奶期，妈妈做些什么

（1）慢慢减少喂奶次数　妈妈可以每天先给宝宝减掉一顿奶，辅食量相应增加；过一周左右，若妈妈感到乳房不太胀，宝宝的消化和吸收情况也很好，就可以再减去一顿奶，同时加大辅食量，慢慢向断奶过渡。

（2）断奶过程要果断，不拖延　在断奶的过程中，妈妈既要让宝宝逐渐适应饮食的改变，又要态度果断坚决，不能因宝宝一时哭闹，就下不了决心，从而拖延断奶时间。也不能突然断一次，让他吃几天，再突然断一次，反反复复带给宝宝不良的情绪刺激。

（3）先减白天再减夜晚　刚减奶的时候，宝宝对妈妈的乳汁会非常依恋，所以减奶时最好从白天开始。由于，白天有很多吸引宝宝的事情，他们不会非常在意妈妈，但早晨和晚上宝宝会格外依恋妈妈。

（4）先做体检再断奶　准备给宝宝断奶时，要先将他带到保健医生那里，做一次全面体格检查。只有当宝宝身体状况良好、消化能力正常时才能考虑断奶。

（5）宝宝生病时不要断奶　若恰逢生病、出牙，或是换保姆、搬家、旅行及妈妈要去上班等事情发生，最好先不要断奶，否则会增加宝宝断奶的难度。

（6）残酷的断奶方法会伤害宝宝身心　母乳带给宝宝的不但是营养物质，还有妈妈带给他的信赖感和安全感。所以，断奶千万不可采用仓促、生硬的方法，例如让宝宝突然和妈妈分开，或是一下子就断奶，或在妈妈的乳头上涂抹苦、辣的物质来带给宝宝不愉快的体验等。

（7）多花一些时间来陪伴宝宝　在断奶期间，妈妈应对宝宝格外关心和照料，并多花一些时间来陪伴，抚慰宝宝的不安情绪，切忌为了迅速断奶躲出去，将宝宝交给别人喂养。

（8）爸爸帮宝宝度过断奶期　在准备断奶时，应充分发挥爸爸的作用，提前减少宝宝对妈妈的依赖。断奶前，妈妈可以有意识地减少与宝宝相处的时间，增加爸爸照料宝宝的时间。

七、断奶期宝宝的饮食调理

预防断奶综合征的关键在于合理喂养及断奶时注意补充足够的蛋白质，每日按照每千克体重摄入1～1.5克蛋白质，同时多吃新鲜水果及蔬菜来补充维生素，对于预防和治疗断奶综合征具有良好效果。

从婴儿第8个月起，母亲的母乳开始减少，有些母亲的奶量虽然没有减少，但是质量有所下降。这时，很多母乳喂养的妈妈便开始考虑给宝宝断奶了。从婴儿发育规律上看，8～10个月也是断奶的最佳时期之一。但是，断奶过程并不简单，处理不好不仅会让宝宝无法适应断奶期的生活，而且容易产生断奶综合征。

断奶期的主食：婴儿的肠胃消化功能较差，刚断奶后还不能和正常儿童一样进食。因此，断奶期的婴儿饮食需要特殊调理，因为这关系着婴儿以后的营养和发育。

（1）断奶后应给婴儿选择质地软、易消化并富含营养的食品。在烹调方法上要以切碎烧烂为原则，一般采用煮、煨、炖、烧、蒸的烹饪方法，避免用油炸。制作方法可以丰富多变，否则时间一长，宝宝会出现厌烦情绪，影响食欲而拒食。

（2）进餐次数以每天4～5餐最好，即早、中、晚三餐，两餐之间可增加一次点心。

（3）强调早餐"吃得好"，由于婴儿早晨醒来，食欲最好，应喂质较好、量充足的早餐，以确保婴儿半天的活动需要；午餐的食量是全日最多的；晚餐宜清淡，有利于婴儿睡眠。

八、夏季不是给宝宝断奶的最佳时期

夏季，尤其是七八月份，天气炎热，人体为了散发热量，保持体温恒定，就会经常出汗，汗液中除水分外，还有相当数量的氯化钠。因为出汗多，氯化钠的丢失也相应增加，氯化钠中的氯离子是组成胃酸不可缺少的物质，大量的氯离子随汗液排出，使体内氯离子减少，胃酸的生成相对减少。胃酸减少后，不但影响食物消化，造成食欲减退，而且会使食物中的细菌相应增多，出现消化道感染。

在夏季，气温高，会使机体新陈代谢增加，体内各种酶的消耗量增加。并且因为神经系统支配的消化腺分泌功能减退，消化液的分泌量减少，最终导致食欲减退，饮食量减少，从而也影响了营养素的吸收，使婴儿身体抵抗力减弱。此外，高温易使病菌大量繁殖，引起食物腐败变质，这增加了婴幼儿发生胃肠道传染病的机会，容易出现腹泻，故而影响婴儿健康，所以夏季不宜断奶。

九、冬季，不要给宝宝断奶

哺乳期的母亲，在冬季给孩子喂奶，一天需要多次解开衣服，确实不方便。有些母亲怕麻烦，索性就给孩子断奶了。这对孩子的成长是非常不利的。

通常而言，满10个月的婴儿就可以考虑断奶了。但是，冬季是呼吸道传染病发生与流行的高峰期。这时断奶，改变了孩子的饮食习惯，使他在一段时间里会由于不适应而挨饿，因此降低免疫力，造成细菌或病毒乘虚而入，容易发生伤风感冒、急性咽喉炎、甚至肺炎等。小孩得病后会严重影响食欲，抵抗力再次降低，如此反复，造成恶性循环，严重影响生长发育。因此，不宜在冬天给孩子断奶，应坚持到春暖花开时再断奶。

第二节　营养不良

营养不良是一种慢性营养缺乏症，常见于3岁以下的婴幼儿。多因为摄食不足、消化吸收不良或消耗过甚，使身体得不到足够的营养补充，不得不消耗自身的组织，造成消瘦状态。本病与喂养不当、生活环境不良及某些疾病影响有密切关系，特别是患慢性腹泻、慢性痢疾、结核病及先天消化道畸形等更易引起本病。

病　因

1. 喂养不当（图5-1），热量长期摄入不足

可因为长期喂养不当，热量不足，如无母乳用奶粉替代，而奶粉配制又太稀；虽有母乳，但母乳不足而又没有及时添加其他乳品；突然停奶而未及时添加

辅食或添加辅食不合理，蛋白质、脂肪、碳水化合物比例不合适；断奶太晚或断奶后未给孩子足够的蛋白质类食物，而是长期以米粥等淀粉类食物为主。这些均是导致小儿营养不良的原因。但喂了过多的高蛋白、高脂肪及高糖类食物，可导致小儿出现消化不良，如反复不愈使小儿肠胃消化吸收功能减弱，也可导致营养不良。另外，父母没有从小培养孩子良好的饮食习惯，孩子吃东西挑挑拣拣，致其摄入的营养素比例不当。

图 5-1　喂养不当

2. 某些疾病导致的消化吸收障碍

小儿的先天性消化道畸形，如唇裂、腭裂、幽门肥大或贲门松弛等；小儿腹泻尤其是迁延性腹泻、过敏性肠炎、肠吸收不良综合征等；各种传染病，如麻疹、肝炎、结核；肠道寄生虫病，如蛔虫、钩虫等。

3. 慢性消耗性疾病

反复发作的肺炎、结核病、恶性肿瘤等。这类疾病会导致小儿长期发热、食欲减退、摄食减少，而消耗增加，从而造成营养不良。

4. 需要量增多

小儿的先天不足如早产儿、双胎儿、足月低体重儿等在生长发育过程中可因为营养物质的需要量增多而出现相对缺乏。

症 状

患营养不良时，患儿最初的表现为体重、身长较同龄小儿低下，皮下脂肪减少并慢慢消失，通常先从腹部开始，进而是胸、背、四肢，最后面部脂肪消失。主要表现为患儿皮肤苍白贫血貌、乏力、厌食；进行性消瘦、体重增长停止或下降；皮下脂肪减少或消失，顺序依次为腹部、躯干部、臀部、四肢，最后为面部。患儿生长发育停滞、肌肉萎缩、毛发干枯、皮肤干燥有皱纹；运动发育迟缓，精神呆滞，对于周围事物不感兴趣；营养不良患儿可表现为干瘦，还可以表现为营养不良性水肿；这样的孩子大多伴发其他疾病，如营养性贫血和维生素A、B族维生素、维生素C、维生素D缺乏并伴随相应症状；同时机体免疫力也降低，孩子容易发生各种感染，例如感冒、支气管炎、肺炎、腹泻、结核等疾病。

小儿营养不良的分度标准如下。

1. 轻度营养不良

比正常儿童体重减少15%～25%。腹部、躯干部的皮下脂肪层变薄，腹部皮肤用拇指和食指提起时，皮褶厚度不足0.8厘米。肌肉不结实，肌张力基本正常。皮肤颜色正常或稍苍白。身高、体温以及精神状态没有变化。

2. 中度营养不良

比正常体重减少25%～40%，身长也低于正常；腹部皮下脂肪几乎完全消失，厚度不足0.4厘米，胸、背部消瘦，以致肋骨甚至脊柱显著突出，四肢及臀部消瘦，面部脂肪也减少，皮肤苍白、松弛没有弹性；肌张力低下或增高；原能站立或行走的婴幼儿变得不能站立及行走，哭声无力；运动功能的发育显著迟缓；体温不规则，精神不稳定，睡眠不安，食欲低下；对于食物的耐受能力也减低。

3. 重度营养不良

体重比正常降低40%以上，身长低于正常值；发育迟缓，骨龄也低；全身皮下脂肪层都已消失，呈"皮包骨状"；面似"小老人"；皮肤苍白干燥，完全没有弹性；肌肉萎缩，运动迟缓；体温不稳，往往低于正常值；精神状态极差；食欲低下或消失；对食物的耐受性非常低，易引起腹泻、呕吐，并易并发感染；心音低钝，可伴有心律不齐，呼吸浅，预后不良。

食疗方法

1. 牛奶蛋黄粥

【原料】大米30克，牛奶50毫升，鸡蛋黄1/3个，蜂蜜、水各适量。

【做法】

（1）将大米用水淘洗干净，将鸡蛋煮熟，取1/3个蛋黄，放进小碗内，用小勺研碎。

（2）锅上火，加入水，大火煮开，加入大米烧开后改成文火煮30分钟。

（3）粥将熟时将牛奶和鸡蛋黄加入粥内，再稍煮一会儿出锅即成，出锅后趁温热加入蜂蜜。

【功效】此粥富含蛋白质和钙，对小儿生长发育有益。

2. 鸡肉南瓜泥

【原料】鸡肉末30克，海米或虾皮汤适量，去皮南瓜碎末30克，开水、盐各适量。

【做法】

（1）将鸡肉末里加入适量海米或虾皮汤，放入锅内，大火煮开，将鸡肉末和海米或虾皮捞出切剁成细茸。

（2）把南瓜末放入另一锅内，加入适量开水，大火煮烂后，再加入鸡肉、海米或虾皮茸，用小火煮至黏稠状。停火出锅前，加适量盐，出锅即成。

【功效】此品适宜婴幼儿食用，可补充较多的蛋白质及其他营养素，对婴幼儿生长发育有益。

3. 番茄牛肉

【原料】牛肉适量，番茄酱15克，胡萝卜末15克，葱头末15克，黄瓜末15克，牛肉汤、盐、葱末、姜末各适量。

【做法】

（1）牛肉末制法：先将牛肉洗干净，下入沸水锅中焯一下，捞出；换凉开水，放入牛肉过凉，剁成肉末，加入葱末、姜末搅匀。锅中加水，加入牛肉末，大火煮开，再转为文火烧至牛肉末软烂。

（2）把胡萝卜末、葱头末放入牛肉末锅内拌匀，然后加入牛肉汤和番茄酱混合拌匀，用中火煮一会儿，等到胡萝卜末煮熟后，加入适量盐和黄瓜末，继续煮片刻，出锅即成。

【功效】此菜在补充人体蛋白质的同时，还可以增加维生素的摄入量，适宜婴幼儿食用。

4. 番茄鱼泥

【原料】小黄鱼（带鱼或其他鱼均可）50克，鱼汤、盐、番茄酱、淀粉各适量。

【做法】

（1）先将鱼块洗干净，放入热水锅中，加入适量盐，煮熟后捞出，去掉骨刺和鱼皮，然后放入小碗内，用小勺研碎。

（2）锅放在火上，放入研碎的鱼肉，倒入鱼汤一起用小火煮开，加入淀粉及番茄酱，煮至黏稠状，停火出锅即成。

【功效】鱼泥是小孩补充蛋白质、维生素的佳肴。

5. 红白豆腐

【原料】豆腐、猪血各300克，猪瘦肉100克，冬笋15克，酱油、白糖各10克，熟猪油50克，油渣、盐、白胡椒粉、鲜汤、水淀粉、葱段各适量。

【做法】

（1）将豆腐切成1厘米见方的小丁，下入沸水锅焯一下，捞出控水；洗净猪血块，切成1厘米见方的小方块。

（2）猪瘦肉切成丝；冬笋切成片；油渣切成末。

（3）炒锅内放猪油烧热，放入葱段煸炒出香味，再放鲜汤、豆腐丁、猪血块、猪肉丝、冬笋片、油渣，加入适量酱油、白糖、盐等烧沸后，调入水淀粉勾芡，淋熟猪油，炒匀盛盘出锅撒上胡椒粉即成。

【功效】补充人体所需的优质蛋白质，对幼儿的生长发育非常重要。

6. 家常豆腐

【原料】豆腐200克，鸡蛋2个，盐、葱丝、姜丝、香菜段、香油、淀粉、熟猪油、鲜汤各适量。

【做法】

（1）将豆腐切成5厘米长、2厘米宽、半厘米厚的块，放入沸水锅中焯熟捞出；磕开鸡蛋，放入碗内，加入淀粉、盐搅匀，放入锅内制成鸡蛋皮，切成约3厘米长、2厘米宽的菱形片。

（2）将锅内放入猪油烧热，入鲜汤烧沸后，放入豆腐、鸡蛋皮、葱姜丝、盐、香菜段烧沸，淋上香油，起锅装盘即成。

【功效】此菜适合小儿食用，能补充优质蛋白质，有利于幼儿的生长发育。

7. 虾皮烧菜花

【原料】菜花250克，虾皮25克，香油、花生油、水淀粉、酱油、盐、葱姜末和黄豆芽汤各适量。

【做法】将菜花掰成小块，洗净，放入沸水锅内焯透捞出，放入凉水内浸凉，沥干水分；将虾皮用水淘洗干净；将锅放在火上，放入花生油烧热，下虾皮稍炸，放入葱姜末等，加入菜花翻炒，加入适量盐，倒入适量豆芽汤，烧开后用小火煨透，以水淀粉勾芡，淋香油出锅盛盘即可。

【功效】此菜营养丰富，富含蛋白质及多种营养物质，有利于改善婴幼儿营养不良。

生活调养

（1）加强营养指导，鼓励母乳喂养，母乳不足或没有母乳者，应补以含优质蛋白质的代乳品（牛奶、羊奶、配方奶等），避免单纯以淀粉类食品、炼乳或麦乳精喂养。较大儿童需注意食物成分的正确搭配，恰当供应肉、蛋、豆制品，补充足够的蔬菜。

（2）积极防治疾病，预防传染病，消除病灶，矫治先天畸形等。

（3）重视体格锻炼，纠正不良卫生和饮食习惯，饮食定时，确保充足睡眠。

日常养护

（1）合理安排生活制度，让小儿有充足的睡眠时间。纠正不良卫生习惯，恰当安排户外活动及身体锻炼，以增强食欲，提高消化能力。

（2）纠正孩子喂养上的缺点，改进保育方法。对1岁以下的小儿应坚持母乳喂养，不得不采用人工喂养时应以乳食为主，如牛奶等，慢慢增加热量（如奶糕、米糊等）及蛋白质（如豆浆、鱼、肉、蛋等）以达到同龄小儿的营养要求。

（3）幼儿饮食应提供容易消化的、富于营养的食物，食物品种应合理搭配，荤素兼顾，少食多餐。

（4）若孩子有腹泻、腹痛（如蛔虫病）或其他夹杂症发生，要立即去看医生。

（5）可经常食用健脾胃的食品，如山药、莲子、扁豆、山楂、焦锅巴、谷芽、麦芽、鸡内金等，避免食用生冷、油腻和难消化食物。可将白扁豆30克煮烂，鲜山楂30克浓煎取汁，慢慢加入湿藕粉20克，调煮成稠羹，分次食用。

（6）按时做好预防接种，以避免传染病的发生。及时诊治各种疾病并矫正先天畸形。

爱心提示

营养不良日常注意事项有哪些?

（1）防止伤风感冒发热。在儿童时期身体比较弱，抵抗能力差，尤其容易感冒发热，若不能及时控制又很容易引起其他并发症。而每一次感冒发热均会使患儿的病情进行性速度加快。所以应尽量根据季节的变化，及时加减衣服。尤其是春秋时节，早晚温差大，及时添加衣服是避免伤风着凉的有效方法，冬天应减少户外活动时间。

（2）在饮食方面要加强营养。营养不良患儿应以高蛋白食物为主，尽可能补充蛋、奶、瘦肉等优质蛋白，适度进食富含维生素的蔬菜、水果。

（3）全身肌肉按摩，能够促进其血液循环。在关节部位，除了按摩以外，建议还要做屈伸运动。要尽量保持关节不变形，关节屈伸更为重要。患儿每天应让所有的关节都得到活动，自己可以做关节屈伸的就自己做，自己不能做，则由家人帮助做被动的关节屈伸。次数不用很多，只要活动开就行。

第三节　小儿肥胖症

单纯性肥胖症是指孩子皮下脂肪积聚过多，体重超过同年龄、同性别孩子标准体重的20%，而且肥胖是单纯由过度营养和某些生活行为因素造成的，而不是由于疾病引起的。近年来由于生活水平提高，本病有上升趋势。患此病的孩子成年后容易患高血压、冠心病、糖尿病，因此要尽早预防。

病　因

1. 遗传因素

父母都肥胖，其子女肥胖的风险大于正常人群的70%～80%；双亲之一肥胖，其后代患病率高40%～50%。出生体重也与肥胖的发生有关，由于在胎儿后期，脂肪细胞的数量和体积的增长速度快，而且脂肪细胞一旦形成则不会消失，因此为肥胖的产生奠定了基础。

2. 饮食行为因素

进食过多，缺乏运动，因此使摄入的热量高于身体的需要量，多余的能量就转化为脂肪而积聚于体内。父母的饮食习惯及育儿观念等也对小儿有显著影响，比如过度喂养、过早添加高热量的食物、用食物作为奖赏或惩罚的手段等都能导致肥胖症。

3. 活动量因素

因为缺少活动，缺乏消耗，相对热量剩余，从而造成肥胖。

症 状

1. 通常表现

常有家族肥胖史；智力佳，皮下脂肪丰满，分布比较均匀，身体脂肪积聚以乳部、腹部、臀部及肩部明显，腹部皮肤出现白纹、粉红色或紫纹；四肢肥胖，尤以上臂和臀部显著；无内分泌紊乱和代谢障碍性疾病；经常有疲劳感，活动时气短或腿痛，行动笨拙，膝外翻或扁平足。

2. 食欲

小儿食欲旺盛，食量远远超过一般小儿，且喜食淀粉类、甜食和高脂肪食物，不喜欢吃蔬菜等清淡食物。

图5-2 体重超过同年龄小儿

3. 体重/体脂（图5-2）

体格生长发育快，但骨骼正常或超过同年龄小儿，体重超过同性别、同身高正常儿均值20%以上，或体重超过同身高健康儿平均体重的2个标准差；或是体重指数大于23者。

4. 性发育

性发育通常较早或正常。男孩因为大腿会阴部脂肪过多，阴茎可掩藏在脂肪组织中，而显得很小，实际上属正常范围。

5. 有氧能力损伤

肥胖症小儿临床上常无其他不适，但显著肥胖者有氧能力损伤，最大耐受时间、最大氧消耗显著减低；最大心率、每分通气量、二氧化碳产量、做功量显著增高；无氧阈各项指标均低，呈现"无氧阈左移"现象。肥胖儿有活动时心跳过快、气短、易累的外部特征和不爱参加体力活动的行为习惯。

部分肥胖症可并发高血压，极度肥胖儿可因为胸廓及膈肌活动限制，使得呼吸浅快，肺泡换气量减低，出现低氧血症而发绀，可并发血红细胞增多、心脏扩大以及充血性心力衰竭，即所谓肺通气不良综合征，可危及生命。

防治措施

（1）儿童肥胖症的预防需从胎儿期着手，对孕妇加强营养教育，指导孕妇进行适当的体力活动，特别是注意妊娠后期防止过度营养，在妊娠全过程体重增加约11千克最为理想，如果孕期体重增加过多，可致胎儿及母亲肥胖。

（2）生后母乳喂养，按婴儿实际需要进行适度喂养，恰当推迟添加固体辅食时间（至少4个月后再加），均有利于预防婴儿肥胖。定期到儿保门诊做体格检查以便早期发现，如果小儿出现肥胖倾向则应及时采取措施予以纠正。在6个月后若发现婴幼儿已经超重，则应减少奶量，增加水果、蔬菜的量，淀粉类食物用粗制品代替精制品。

（3）从3～4岁起就应该调节好饮食（图5-3），加强对幼儿园食谱安排的科学性，缩减高脂食物的比例，及时干扰肥胖儿的行为偏差，增加活动量，在行为训练上不得鼓励过多进食。长期地控制能量的摄入以及增加能量的消耗是肥胖症的基础治疗，对原有的生活习惯及饮食习惯进行彻底的改造。控制热量的摄入时，应做到营养平衡，合理安排蛋白质、脂肪和碳水化合物的比例，确保无机盐和维生素的充足供应。蛋白质来源于肉、蛋、乳及豆制品，应占总热量的15%～20%，完全食用素食不利于健康，过多地摄入蛋白质也会导致热量的增加。

图5-3　调节好饮食

食疗方法

1. 冬瓜粳米粥

【原料】冬瓜100克，粳米30克。

【用法】将冬瓜洗净，切成小块，同粳米煮成稀粥食用。

【功效】轻身减肥，消除水肿。

2. 葫芦茶

【原料】陈葫芦15克。

【用法】陈葫芦研成粗末，放入杯中，沸水冲泡，代茶饮。

【功效】轻身减肥，消除水肿。

3. 桑枝饮

【原料】鲜桑枝20克。

【用法】鲜桑枝洗净，切薄片，沸水冲泡，代茶饮。

【功效】轻身减肥，消除水肿。

4. 山楂枸杞饮

【原料】山楂15克，枸杞子10克。

【用法】沸水冲泡，代茶饮。

【功效】补肾益智，化滞消积。

5. 海带乌梅饮

【原料】海带20克，梅干1个。

【用法】海带加入150毫升沸水中，再加梅干（酸梅、话梅皆可），等到梅干和海带泡开后，即可饮用。

【功效】轻身减肥，消除水肿。

6. 山楂银菊茶

【原料】山楂10克，金银花10克，菊花10克。

【用法】沸水冲泡，代茶饮。

【功效】轻身减肥，消除水肿。

饮食护理

肥胖症患儿在饮食上应注意下列几点。

（1）三餐的热量分配应合理。早餐的热量需占全天总热量的25%，以牛奶、

蛋、面包、水果等为主；午餐的热量占
35%，可以适当吃些米饭，鱼、虾等荤菜，
加上绿叶蔬菜；晚餐的热量应占30%，食物
的选择和午餐相同；点心的热量约为10%，
可以选择水果、酸奶、豆腐干等，点心的提
供应放在白天。

图5-4　禁止边看电视边吃零食

（2）三餐中尤其要注意晚餐不能过量，并且禁止吃夜宵，这是由于晚餐后活
动显著减少，热量消耗减少，如晚餐过饱就很容易导致体内热量过剩，过剩的热
量全部转变为脂肪在皮下或腹腔内堆积起来，日积月累，肥胖越来越严重。

（3）还要注意教育肥胖儿改变进餐顺序，防止狼吞虎咽。通常每次进餐的时
间应该有半小时，可以先喝汤，吃蔬菜，然后才吃主食与荤菜，进餐时应该细嚼
慢咽，减缓进餐速度，这样随着食物在胃肠道内消化吸收，血糖升高，大脑及时
发出停止进食的信号，防止进食过量。

（4）饮食应清淡，尽可能用蒸、煮、炖、凉拌等烹调方法，不吃用油煎炸的
食物。限制甜食，避免高脂食品，如巧克力、饮料、糖果、蜜饯、肥肉等。

（5）少吃快餐，不吃自助餐。还要防止非饥饿状态下，因为食物的诱惑而进
食，如边看电视边吃零食（图5-4），情绪不好时用食物作安慰等。

第四节　感冒、发热、咳嗽

感冒（图5-5）分为狭义与广义，狭义上指普通感冒，是一种轻微的上呼吸道
（鼻和喉部）病毒性感染。广义上还包括流行性感冒，通常比普通感冒更严重，额
外的症状有发热、冷战及肌肉酸痛，全身性症状较显著。

图5-5　感冒

病　因

当自身免疫力或者呼吸道局部防御能力降低，如受凉、淋雨、气候突变、过度疲劳等，会容易使之前已存在于上呼吸道或者从外界侵入的病毒或细菌快速繁殖，从而诱发感冒。

70%～80%的感冒由病毒引起，20%～30%的感冒由细菌引起。通常的情况下，细菌感染可直接感染或继发于病毒感染之后。

症　状

感冒的症状主要包括发热、打喷嚏、流鼻涕、鼻塞、咳嗽、喉咙痛等。

咳嗽比较清脆，通常提示为上呼吸道感染；咳嗽较深、沉，通常提示为下呼吸道感染；咳嗽声音嘶哑，多为声带发炎导致；咳嗽声音像小狗叫（即犬吠样咳嗽），则提示喉头水肿；带有"沙沙"音或哮鸣音的咳嗽大多由支气管哮喘引起。

食疗方法

1. 萝卜生姜汁

【原料】鲜萝卜250克，生姜15克，白糖适量。

【用法】将萝卜、生姜分别洗净，生姜去皮，两者都切碎捣烂，用洁净纱布挤汁，调入适量白糖即成。分次慢慢咽服。

【功效】祛寒疏风，解毒消肿。适用于风寒感冒，咽喉肿痛、声哑者尤其适用。

【提示】脾胃虚寒者不宜服用。不要和人参、地黄、首乌等补药同时服用。

2. 牛蒡根粥

【原料】粳米50克，牛蒡根30克，白糖适量。

【用法】先用粳米煮粥。另用水煎牛蒡根，煮开后5分钟，去渣取汁，加入粥内，加糖调味。温食、凉食均可。

【功效】牛蒡根辛苦寒，作用和牛蒡近似，具有疏风散热、利咽消肿之功。此外，牛蒡根内服可增强新陈代谢，促进血液循环，有通利大便、通经等功效。与粳米煮粥，又有健胃和胃的作用。本粥具有疏风清热、利咽和胃的功效。

【提示】胃寒便溏的婴幼儿不宜食用。

3. 荷叶粥

【原料】鲜荷叶1张，粳米50克，白糖适量。

【用法】将荷叶洗净。粳米淘洗干净，倒入锅内，加入适量清水，用旺火烧开，将荷叶当做盖子盖上，转用文火熬煮成粥，加入白糖即成。吃粥，随意食用。

【功效】健胃解暑。适用于暑天感冒、困倦乏力、头重、不思饮食者。

4. 紫苏粥

【原料】紫苏叶6克，粳米50克，红糖。

【用法】先将粳米煮粥。然后用适量水另煎紫苏叶，煮沸1分钟，去渣取汁，调入粥内，加红糖适量。趁热服，服后微汗出。

【功效】本粥和胃散寒解表，适用于体弱婴儿偶感风寒、易患感冒者。

【提示】风热感冒、体实或咽喉肿痛者不宜服用。

5. 白菜绿豆饮

【原料】白菜根数个，绿豆30克，白糖适量。

【用法】将绿豆洗净，放入锅内，加入适量清水煮到半熟；再将白菜根洗净切片，倒入绿豆汤中，同熬煮至绿豆裂开、菜根软烂即成。加糖调味后饮汤。

【功效】清热解毒。适用于风热感冒、汗出不彻、全身酸痛、发热口渴、小便短赤者。

6. 五神汤

【原料】荆芥、紫苏叶各6克，生姜5克，红糖20克。

【用法】将荆芥、紫苏叶洗净，与生姜一同放入锅内煎沸约10分钟，取汁去渣，加入红糖稍煮至沸即可。代茶饮用，趁温热服。

【功效】此汤有疏风散寒解表的效果。适用于风寒感冒、清涕不止、喷嚏频频、恶风等症者。

7. 豆腐葱花汤

【原料】豆腐1块，葱1～2根，花生油、香油、盐、味精各适量。

【用法】将豆腐用清水洗净，浸泡半小时，切成小块，放入油内稍煎，加入适量清水，烧沸，用文火煮20分钟，下入切碎的葱及盐、味精、香油调匀即成。喝汤吃豆腐，调味佐餐食用。

【功效】散寒清热，解肿痛。适用于外感风寒、内有胃热、咽痛、声音嘶哑等症者。

8. 绿豆泥

【原料】绿豆、白糖、盐各适量。

【做法】将绿豆煮熟烂，捣成泥糊状，加糖与盐即成。

【功效】绿豆本身有清热解毒、消暑利湿的作用，在提供营养素的同时，还有治病疗疾的作用。

9. 藕粉

【原料】藕粉、白糖、盐各适量。

【做法】先用凉开水将藕粉调成糊状，然后用沸水冲成流质状，加糖和盐充分搅拌均匀。

【功效】藕粉的主要营养成分为淀粉、无机盐和维生素。适用于感冒发热。

10. 西瓜汁

【原料】西瓜适量。

【用法】取西瓜瓤榨成汁食用。

【功效】西瓜的主要成分是果糖、维生素和无机盐，具有清热解暑、止渴利尿的作用。

11. 鲜梨汁或鲜橘子

【原料】梨或橘子适量。

【做法】将鲜梨或鲜橘去皮、去核后榨汁即成。

【功效】两者维生素和无机盐的含量均很丰富，并有化痰止咳、生津滋阴的功能，因此在发热伴咳嗽、多痰时选用比较合适。

12. 米汤

【原料】粳米、白糖、盐各适量。

【做法】当米饭烧到六七成熟时，舀取上面的一层汤汁，然后放入适量白糖和盐即成。也可在煮粥的基础上，滤去米渣，加白糖和盐。

【功效】米汤可滋阴长力，具有很好的补养作用，另外加白糖和盐调味，可增加热量和无机盐。适用于感冒发热。

13. 牛奶

【原料】鲜牛奶或奶粉、白糖适量。

【做法】鲜牛奶不要稀释，按照8%～10%比例加糖，煮沸即可。或以奶粉1匙加水4份的比例稀释，然后按8%～10%比例加糖，煮沸即可；若按重量稀释，奶粉与水的比例为1∶8。

【功效】牛奶富含蛋白质，加糖调味，可增加热量。适用于感冒发热。

14. 豆浆

【原料】豆浆500毫升，白糖30克。

【做法】豆浆中加白糖，煮沸即成。

【功效】豆浆可补虚润燥，富含蛋白质，加糖调味，可增加热量。适用于感冒发热。

15. 荸荠百合羹

【原料】荸荠（马蹄）30克，百合1克，雪梨1个，冰糖适量。

【用法】将荸荠洗净去皮捣烂，雪梨洗净去核连皮切碎，百合洗净后，三者混合加水煎煮，后加适量冰糖煮至熟烂汤稠。温热食用。

【功效】此羹具有滋阴润燥、化痰止咳的作用，适用于婴幼儿慢性气管炎见痰热证者。

【提示】脾虚便溏、咳痰清稀者不宜选用。血虚体弱的婴幼儿忌用。

16. 萝卜蜂蜜饮

【原料】白萝卜5片，生姜3片，大枣3枚，蜂蜜30克。

【用法】将萝卜、生姜、大枣加适量水煎沸约30分钟，去渣，待温热时调入蜂蜜。温热服下。每日1～2次。

【功效】萝卜味辛、甘，性凉，具有清热生津、凉血止血、化痰止咳等作用，其提取物对革兰阳性细菌有较强的抗菌作用；生姜可以散风寒、止呕下气；大枣多作为和胃养血及调和药物使用。蜂蜜润燥止咳，本饮可以起到散寒宣肺、祛风止咳的作用。

【提示】体弱易感冒咳嗽、久治不愈或反复迁延的婴幼儿，可选用。但是风热咳嗽、见发热痰黄者，则不宜选用。

17. 丝瓜粥

【原料】丝瓜500克，粳米100克，虾米15克，姜、葱各适量。

【做法】

（1）丝瓜洗净，切块备用，粳米洗好备用。

（2）锅内加水，上火烧开，倒入洗好的粳米煮粥，将熟时，放入丝瓜块和虾米及葱、姜烧沸入味即成。

【功效】清热和胃，化痰止咳。对于治疗慢性支气管炎、咳嗽或咽喉肿痛均有一定效果。

18. 南杏桑白猪肺汤

【原料】南杏15～20克，桑白皮15克，猪肺1具（约250克），姜、植物油、调料各适量。

【用法】将猪肺洗净，挤出泡沫，切块。起油锅，加入姜和猪肺爆炒后入砂锅，再加入南杏、桑白皮，同煲成汤。调味后饮汤，猪肺可作佐餐用。

【功效】本汤润肺止咳，适用于小儿咳嗽。

【提示】本膳为民间常用食谱，通常入秋后服食。既有治疗又有预防肺燥的效果，没有病痛的婴幼儿也可常食。

19. 冰糖炖雪梨

【原料】雪梨1～2个，冰糖30～60克。

【做法】将雪梨去皮去核，与冰糖一同放在瓷碗内。锅置火上，将瓷碗放在屉内，炖至冰糖溶化即成。

【功效】梨润肺清热、生津止渴，与冰糖一起食用，增强润肺止咳作用。可治疗肺燥咳嗽、干咳无痰、唇干咽干等症。

【提示】咳嗽有痰者不宜用。

日常养护

1. 感冒发热患儿的饮食调理

孩子发热时，除应及时去医院诊断及治疗外，还应注意饮食调理。发热期间，需注意食用流质饮食，少食多餐，餐次不限。

退热以后，增加半流质饮食，如大米粥、小米粥、面条、馄饨、蛋花汤、牛奶、豆浆、鸡蛋羹以及富含维生素的水果等；应少食多餐，多饮水，注意食物的色、香、味，2～3天后过渡到普食，这样才有助于身体康复。

2. 咳嗽患儿的饮食调理

小儿咳嗽在饮食方面应注意下列两点。

（1）饮食应以清淡易消化为原则，禁食刺激性及油腻食品。少食多餐，多进食富含营养的食品，如牛奶、豆浆、鸡蛋、新鲜蔬菜（如萝卜）、水果（如橘子、枇杷、梨子等）。

（2）若咳嗽与过敏有关，应禁食会引起过敏的食品。

第五节　小儿肺炎

小儿肺炎是小儿最常见的一种呼吸道疾病，四季都会发生，3岁以内的婴幼儿在冬、春季节患肺炎较多。如果治疗不彻底，易反复发作，引起多种重症并发症，影响孩子的生长发育。

病　因

1. 病原体感染

（1）细菌性肺炎　由肺炎链球菌、流感嗜血杆菌、葡萄球菌、绿脓杆菌所引起。

（2）病毒性肺炎　最常见的肺炎类型。由腺病毒、流感病毒、呼吸道合胞病毒、麻疹病毒所引起。

（3）支原体肺炎。

（4）衣原体肺炎。

（5）真菌性肺炎　由白色念珠菌等所引起。

2. 诱发因素

（1）体质因素　营养不良、佝偻病、贫血、先天性心脏病、脑发育不全等机体抵抗力低下的情况下容易发病。

（2）环境因素　如气候骤变、居室通风不良、空气污浊等。

症　状

小儿肺炎的起病可急可缓，病初多有上呼吸道感染的前驱症状。主要表现为发热、咳嗽和气促。热型不一，通常为弛张热或不规则发热。早产儿、重度营养不良患儿可无发热或体温不升，咳嗽和肺部体征均不显著，常见拒食、呕吐和呼吸困难。

咳嗽较频，早期是刺激性干咳，后期多加重。呼吸增快，每分钟达到40～80次，常见呼吸困难，有鼻翼扇动及三凹征，口周、指甲发绀。肺部听诊早期只有呼吸音粗糙，之后可听到中小湿啰音。婴幼儿患肺炎经常伴有呕吐、腹泻、腹痛等消化道症状；脑水肿时，表现为意识障碍、惊厥、呼吸不规则、瞳孔反应异常等；如果发生中毒性脑病或脑膜炎，则可有反复惊厥及神经系统症状、体征。

食疗方法

1. 雪梨冰糖饮

【原料】雪梨1个，冰糖20克，麻黄、紫苏子、杏仁、桑白皮、橘红、茯苓各3克。

【用法】将上药水煎，每日1剂，分4～6次服完。2岁以下者麻黄用量减半。通常可连续服用3～4剂。

【功效】宣肺化痰，清热散寒。适用于小儿急性肺炎。

2. 刀豆姜糖饮

【原料】刀豆子、红糖、生姜等量。

【用法】刀豆子炒干，研粉，用红糖生姜汤送服。

【功效】宣肺平喘。适用于风寒闭肺、发热无汗、鼻塞流涕、喘重咳轻者。

3. 杏仁桑皮粥

【原料】杏仁（去皮尖）、生姜各6克，桑白皮15克，大枣5枚（去核），粳米150克，牛奶30毫升。

【用法】杏仁研泥，加入牛奶取汁；桑白皮、生姜、大枣水煎取汁，将药汁倒入粳米中煮粥，将熟时加入杏仁汁再稍煮即成。每日分数次热服。

【功效】宣肺止咳平喘。适用于小儿肺炎。

4. 银耳雪梨膏

【原料】银耳10克，雪梨1枚，冰糖15克。

【用法】梨去核切片，加适量水，与银耳一同煮至汤稠，入冰糖溶化即成。每日2次，热服。

【功效】养阴清热，润肺止咳。适用于阴虚肺燥、干咳痰稠以及肺虚久咳。

5. 百合粥

【原料】百合干60克，粳米100克，冰糖适量。

【用法】百合干研粉，与粳米同煮成粥，加入冰糖即成。每日2次，热服。

【功效】润肺止咳，生津除烦。适用于阴虚肺热、烦热燥咳之症。

生活调养

（1）注意居室空气流通，冬春季节少去公共场所（图5-6）。

（2）恰当进行户外活动，多晒太阳，及时增减衣服。

（3）给患儿喂水进食时将其上身抬高，避免呛入气管。

（4）及时清理鼻咽部分泌物，保持呼吸通畅。

（5）勤为患儿翻身、拍背，有利于痰液排出。

图5-6　少去公共场所

（6）注意预防容易引发肺炎的疾病，如感冒、百日咳、麻疹、流行性感冒等。积极治疗佝偻病、营养不良、贫血等慢性病。

日常养护

（1）肺炎具有一定传染性，应按照呼吸道隔离护理。

（2）配合医生做好重病监护工作。尤其应注意患儿体位，应取头高侧卧位。口唇发绀时要吸氧。呼吸道分泌物多时应及时吸痰。静脉输液时，注意输液速度不能快，注入量不得太多。

（3）保持室内空气新鲜、流通，室内维持一定的温度和湿度。

（4）确保充分的睡眠和休息。

（5）服药、进食时出汗，应随时擦干，防止吹风。发热时不要用冷水擦浴或冰敷，避免邪毒不能外达。

（6）给重症患儿喂水、喂药时，应将病孩抱起到斜坡位，少量勤喂，以防窒息。

（7）中药如鱼腥草、大青叶、板蓝根等可以清热解毒，鲜竹沥、枇杷叶、罗汉果、川贝等可以化痰止咳，对肺炎具有一定疗效。

（8）有些肺炎是混合感染，有多种病原体，比如先病毒后继发细菌，对危重病例应采用中西医结合的综合性疗法，包括护理、饮食、中西药物使用，可以提高治愈率，减少并发症或死亡危险。

（9）新生儿反应能力差，肺炎初起一般无呼吸道症状，应密切观察，如见拒乳、面色苍白、唇周发绀，表明肺炎较重，立即送医救治。

爱心提示

小儿肺炎的婴幼儿日常注意事项有哪些？

（1）加强护理和体格锻炼。避免佝偻病及营养不良是预防重症肺炎的关键。提倡母乳喂养，及时添加辅食，培养良好的饮食及卫生习惯，多晒太阳。从小锻炼体格，增强机体耐寒能力。室温不宜过高或过低。随气候变化增减衣服。

（2）防止感染。尽量避免接触呼吸道感染的患儿，对免疫缺陷性疾病或应用免疫抑制药的患儿更要注意。

（3）预防并发症和继发感染。积极治疗小儿上呼吸道感染和气管炎等疾病。已患肺炎的婴幼儿，应积极预防可能出现的严重并发症，如脓胸、脓气胸等。病房应注意空气消毒，防止交叉感染。

（4）接种疫苗。b型流感嗜血杆菌（Hib）疫苗的广泛接种，可有效预防Hib引起肺炎。健康儿童接种肺炎链球菌多糖疫苗能够有效地预防侵袭性肺炎链球菌感染，但对婴儿缺乏免疫性。如结合载体蛋白形成复合疫苗，则可起效。肺炎支原体灭活疫苗和减毒活疫苗的应用正处于研究阶段。

（5）药物性预防。在高危人群中应用红霉素作为肺炎支原体、百日咳等感染的预防。卡氏肺囊虫肺炎高危儿使用磺胺甲噁唑（SMZ）加甲氧苄氨嘧啶（TMP）预防性口服，可明显减少其发生率。

第六节　小儿腹泻

在未明确病因前，大便性状改变和大便次数比平常增多，统称为腹泻。腹泻是多病因、多因素引起的一组疾病，是儿童时期发病率最高的疾病之一。

病　因

腹泻根据病因可分为生理性腹泻、非感染性腹泻以及感染性腹泻。

（1）生理性腹泻多见于6个月以下的婴儿，其外观虚胖，经常有湿疹。生后不久即出现腹泻，除大便次数增多外没有其他症状，不影响生长发育。添加辅助食品后，大便即慢慢转为正常。可能是乳糖不耐受的一种特殊类型。

（2）非感染性腹泻主要由饮食不当引起，当进食过量或是食物成分不恰当时，使消化过程发生障碍而引起腹泻。为肠道外感染（如中耳炎、上呼吸道感染、肺炎、肾盂肾炎等）时，因为发热和毒素作用而引起症状性腹泻。

个别婴儿对于牛奶或某些食物成分过敏或不耐受（如乳糖酶缺乏），喂食后可发生腹泻。另外腹部受凉也可诱发腹泻。

（3）感染性腹泻多由病原微生物随着污染的食物或饮水经口进入消化道，也可通过日用品、手、玩具或带菌者传播。病原微生物包括病毒、细菌、真菌、寄生虫，以前两者多见，特别是病毒，约占婴幼儿腹泻的80%。

症　状

1. 虚寒型

常表现为便稀多沫，肠鸣腹痛（图5-7），发热，鼻塞，小便清，精神不好，睡时露睛，舌淡苔白，脉沉细无力。

图5-7　虚寒型腹泻

2. 实热型

发热初起，面赤颧红，口渴欲饮，或身热无汗，大便稀黏，秽浊腥臭，小便短赤，舌红苔黄或垢腻，脉弦数。

3. 伤食型

常表现为脘腹胀痛，腹泻，泻前哭闹，泻后痛减，呕吐，不欲食，大便恶臭，苔厚腻。

食疗方法

1. 马齿苋粥

【原料】鲜马齿苋250克（或干品60克），大米适量。

【用法】马齿苋洗净，切碎，水煎10～20分钟，去渣，加入适量大米，煮成粥，频服。

【功效】清热解毒，凉血止痢。适用于夏秋季节引起的腹泻。

2. 山楂萝卜饮

【原料】生山楂15～30克，白萝卜250克。

【用法】生山楂、白萝卜（切碎）煮汁，频服。

【功效】消食导滞。适用于饮食过量导致的腹泻。

3. 糯米固肠粥

【原料】炒糯米30克，淮山药15克。

【用法】炒糯米和淮山药共煮粥，加糖或盐食用。

【功效】健脾暖胃，温中止泻。适用于饮食过凉或腹部受寒引起腹泻。

生活调养

1. 注意饮食卫生

母乳喂养的妈妈在喂养前应用干净的湿毛巾擦洗乳头。人工喂养小儿，应注意奶具的清洁消毒，变质的牛奶不要给小儿喝，奶粉也要现配现喂，不得久放，同时也要注意奶温不要太热或太凉。添加辅食后应注意食具的清洁，饭前要给孩子洗净双手，大人的手也要洗干净。

2. 要注意气候变化

炎热的夏天，小儿消化道分泌的消化液减少，加上气候湿热，细菌容易生长、繁殖；秋冬季节气温降低，肠蠕动加快，也可影响消化功能而致腹泻，要注意孩子尤其是腹部不要受凉。夏秋季节是腹泻的流行季节，必须注意饮食卫生，预防感染性腹泻。

3. 不要给孩子吃生、冷的食物（图5-8）

孩子的消化道比较娇弱，对各种刺激均比较敏感。在给孩子喂菜泥、水果等食物时要先烫一下或煮一下，一次不宜吃太多。有时乳母吃了生、冷或刺激性的食物后哺喂宝宝，宝宝也容易发生腹泻。

图5-8　不要给孩子吃生、冷的食物

日常养护

1. 饮食护理

（1）对腹泻脱水婴儿可以采用口服补液疗法，具体配方为在500毫升开水（或米汤）中，加入20克白糖（2平匙）和1.75克盐（半啤酒瓶盖），做成口服补液。

（2）因为腹泻的孩子对液体的需求量比平常增加，所以在一开始时就要鼓励孩子多饮水。小于2岁的孩子每次腹泻后可口服补液50～100毫升，每日的摄入量不少于500毫升；大于2岁者，尽可能多饮，每日1000毫升，甚至更多，以免脱水。

（3）幼儿在急性腹泻开始阶段，可只给予饮水或清汤，以后再用米汤和脱脂奶交替轮换喂给，也可喂酸奶。等到病情慢慢好转后，先给予无渣少油饮食，如藕粉、煮烂的挂面及白米粥等，再食用少渣食物，如鸡蛋、酸奶酪、菜泥、胡萝卜泥、鱼肉、肉松等，但需要捣碎、煮烂，使之容易消化。忌食生瓜果、易发酵产气的食物（图5-9）。还可以喂食新鲜的水果汁，补充由腹泻而丢失的钾盐。通常2～3日后腹泻好转则慢慢恢复正常饮食，腹泻完全好了以后，每日应给孩子加餐1次，连续1～2个月，弥补腹泻期间损失的营养，避免营养不良的发生。

图5-9　禁止食用易发酵产气的食物

2. 对症护理

（1）在医生指导下，调整好孩子的饮食。对腹泻患儿来说，饮食疗法比药物更为重要，家长要认真执行。

（2）按吐泻情况，给予足够水分，避免脱水。

（3）对感染性腹泻患儿要做好消毒工作，护理患儿前后要清洗双手。

（4）配合医生对重症患儿做好监护工作，如静脉输液等护理。

（5）中药山楂、内金、麦芽、神曲等对伤食腹泻有助消化作用；草药野麻草、马齿苋对于感染性腹泻有效。

 爱心提示

小儿腹泻在饮食上应注意哪些问题？

（1）首先要注意补充水分，最好服用口服补液盐，也可以自制糖盐水代替。

（2）给小孩以平常习惯的食物。这时不能添加新的食物品种。因腹泻而让孩子禁食是不对的。要维持患儿的营养需要。

（3）人工喂养的小儿在腹泻期间，可提供脱脂牛奶（除去奶皮）、去乳糖的配方奶或酸奶、藕粉、米糊等。腹泻完全停止后，可提供少油、少渣饮食，如奶类、豆类、鱼、蛋等食品。

（4）开始喂养时，禁食含纤维多的食品，如糙米、水果、蔬菜等。

（5）恢复期要添加营养，每天加一餐，以促进体力恢复。

第七节　小儿厌食

厌食即食欲减退，是指患儿缺乏进食的欲望，常见于急慢性疾病。另外，小儿情绪变化、不良的饮食习惯也可导致厌食。长期厌食造成的营养不良可影响宝宝的生长发育及抵抗力。

病　因

食欲减退伴有低热、肝脾大伴压痛、轻度黄疸，提示为传染性肝炎。结核病大多伴有结核中毒症状，如长期不规则发热、消瘦、盗汗、疲乏等。消化性溃疡经常有饭前及夜间上腹部疼痛，进食后缓解，并经常伴有嗳气、血便等症状。蛲虫病常伴有夜间肛门瘙痒。如伴疲乏无力，皮肤、黏膜苍白，特别是口唇、甲床处苍白则提示贫血。

各种感染也常会引起厌食。新生儿和婴儿拒食的常见原因包括上呼吸道感染、泌尿道感染、中耳炎、脑膜炎、败血症等，通常以突然食欲减退为其先驱症状，应予以注意。

注意其他因素和某些药物也能够引起食欲减退。

影响宝宝厌食的因素还包括精神方面的。如陌生的环境可使宝宝产生恐惧心理进而影响进食；过度疲劳、情绪紧张也会影响进食；偏食、吃糖果或是其他甜食等零食过多的不良饮食习惯也会影响进食。由这些因素引起的厌食，在除去相关因素后，通常在短期内即可好转。

症 状

1. 乳食积滞型

常表现为呕吐食物残渣，口中酸味，腹胀不舒，大便酸臭。

2. 痰湿内盛型

常表现为形体虚胖或消瘦，面色萎黄，呕吐痰涎，大便溏而不爽。

3. 食积所伤型

常表现为面黄腹大，嗜食异物，睡时磨牙，阵阵腹痛。

4. 胃阴不足型

常表现为口干多饮而不喜进食，皮肤干燥，大便干结，舌光红少津或光剥。

5. 脾胃虚弱型

常表现为精神较差，面色萎黄，厌食，拒食，如果稍进饮食，大便中即夹有不消化残渣，或大便不成形，容易出汗，脉弱无力。

食疗方法

1. 蚕豆糊

【原料】蚕豆500克，红糖适量。

【用法】将蚕豆用水浸泡后，去壳晒干，磨粉（或磨浆过滤后，晒干）即成。每次服用30～60克，加红糖适量，冲入热水调匀食。

【功效】健脾益气。适用于脾胃不健、饮食不下等导致的厌食症。

2. 山楂饼

【原料】山楂15克，鸡内金7.5克，山药粉、麦粉各75克。

【用法】将山楂、鸡内金研为细末，和麦粉等加适量清水制成麦团，捏成饼，放油锅中煎至两面金黄时即成。每日1～2剂。或将山楂、鸡内金水煎取汁与山药粉、麦粉和匀制成饼服食。

【功效】健脾消食。适用于小儿厌食症。

3. 萝卜饼

【原料】白萝卜350克，猪瘦肉150克，山药粉、麦粉、葱、姜、花椒、盐各适量。

【用法】将白萝卜洗净切丝，炒至五成熟，与猪肉一起剁碎，加葱、姜、花椒、盐等拌匀，山药粉和麦粉加入适量清水揉成面团，擀成面皮，以萝卜为馅，制成夹心小饼，置油锅中烙熟服食。每日1～2次，空腹服食。

【功效】健脾消食，和胃化痰。适用于小儿厌食症。

4. 西瓜番茄汁

【原料】西瓜、番茄各适量。

【用法】将西瓜瓤去子，用干净的纱布挤压取汁；番茄用沸水冲烫去皮，也可用洁净纱布挤压取汁。两汁混合，代饮料饮服，用量不限。

【功效】开胃消食。适用于内生滞热所引起的小儿厌食。

日常养护

1. 合理喂养

大力宣传科学育儿知识，做到合理喂养。4个月内的婴儿应采用纯母乳喂养。按顺序合理添加辅食，不能操之过急。

2. 培养好的饮食习惯

吃饭应以"吃饱而不过饱"为原则，定时进食，每天三餐饭，中间加两次点心和水果比较合适，少吃油炸等燥热食物、肥厚食物和生冷食物，避免增加胃肠负担，影响食欲；应保持轻松愉快的进食情绪，如果过饱，可吃点助消化药，也可以一两顿少吃或不吃，等孩子饿了，胃肠畅通以后，再恢复正常用膳。"饥饿疗法"通常会收到意想不到的效果，睡眠充足，饭前饭后不进行剧烈活动。

3. 重视户外活动，加强体育锻炼

适度增加孩子的活动量，可使胃肠蠕动加快，促进消化液分泌，提高食欲，增强胃肠道消化和吸收功能。

4. 补充微量元素

如小儿厌食是由缺锌引起的，可给予口服锌制剂。另外，还可膳食补给，多吃动物性食品。

 # 第八节　小儿呕吐

呕吐是宝宝常见的症状之一，可见于不同年龄的多种疾病。呕吐时，如果护理不当，使呕吐物吸入气管，轻者可以继发呼吸道感染，重者可致窒息。反复呕吐易造成水、电解质代谢紊乱，长期呕吐可致宝宝营养不良及维生素缺乏等症。

病　因

1. 喂养或进食不当

新生儿期喂奶过多，奶的配方不恰当，吃奶时吞入大量空气；婴幼儿一次进食量较多或食物不易消化。

2. 全身感染性疾病

若患有上呼吸道感染、支气管炎、肺炎及败血症等疾病时，出现高热、恶心、食欲减退的同时，常伴有呕吐。

3. 消化系统疾病

胃炎、痢疾、阑尾炎、肠梗阻、消化道畸形等疾病，因为局部刺激可引起反射性呕吐，这时多会伴有恶心、腹痛及腹泻等消化系统症状。在平常，父母可以选择给孩子喝牛初乳，其除了富含优质蛋白质、维生素和矿物质等营养成分外，更含有丰富的活性免疫球蛋白，能抑制病菌繁殖。

4. 中枢神经疾病

各种脑炎、脑膜炎、脑出血、脑肿瘤等疾病，可使颅内压增高，引起呕吐。

症　状

（1）伤食呕吐通常有腹胀，吐后腹胀减轻，吐出物为有酸臭味的宿食。

（2）各种感染引起的呕吐往往同时有发热等其他表现。

（3）颅脑疾病引起的呕吐大多为喷射式剧烈呕吐，并有其他颅脑损伤表现。

（4）由消化道畸形引起的呕吐通常在出生后首次喂养即发生，持续不止。

（5）呕吐物如为灰白色、有酸味，表明是胃内容物，病位在胃和食管；呕吐物带黄绿色（含胆汁），表明病位在十二指肠以下的肠道；如果呕吐物带粪臭味，表明下部肠道不通畅；呕吐物带血或咖啡渣样，表明胃肠道出血。

食疗方法

1. 藕汁生姜露

【原料】鲜嫩藕、生姜各适量，蜂蜜30克。

【用法】将藕洗净切碎，榨汁约120克；生姜去皮洗净切碎，榨汁约10克。把两汁同放碗内，加入蜂蜜调匀即成。一日内分次服完。

【功效】清热生津，和胃散寒。适用于小儿胃肠型感冒、烦渴、呕吐或合并腹泻等症。

2. 柿饼饭

【原料】柿饼50克，大米250克，清水500克。

【做法】将柿饼洗净，切成0.5厘米见方的粒。大米用清水淘洗干净。将大米、柿饼粒放入盆内，混合均匀，加入清水，再放入蒸笼内用旺火沸水蒸40分钟即成。

【功效】健脾益胃，降逆。适用于呃逆、呕吐。

3. 乌梅冰糖饮

【原料】乌梅6～12克，冰糖15克。

【做法】将乌梅洗净，放入锅内，加水适量熬煮，煮沸10分钟，加入冰糖，再煮20分钟即成。

【功效】生津降逆，和中暖胃。适用于小儿胃阴不足、恶心呕吐，也适用于慢性咽炎导致的恶心欲吐。

生活调养

（1）在医生指导下调节饮食，减轻病情。

（2）耐心喂养。喂食后孩子应保持立位，并且轻拍其背使其打呃，使胃部空气排出。切勿平卧，避免食物反流入气管，引起堵塞。

（3）减少腹压，防止紧裹腹部。这样可缩短哭吵时间，延长睡眠时间，减轻胃内压力。

（4）在禁食期间，配合医生做好监护工作。

（5）由伤食引起呕吐，可以口服中成药藿香正气散；山楂、神曲有助消化的功效；生姜汁有止吐作用，可在牛奶中加入数滴食用。

 爱心提示

小儿呕吐在饮食上应注意哪些问题？

（1）防止食用酸性食物、高脂肪食物和甜食。

（2）呕吐剧烈时需禁食4～6小时。

（3）改变饮食，给孩子较浓稠的食物，比如浓米汤、米糊等。

（4）少食多餐，改变不良饮食习惯。

第九节　便秘

便秘（图5-10）是指粪便在肠里停留过久，水分被过量吸收而导致大便干硬、大便次数减少和排便困难。如果是宝宝排便间隔时间超过48小时，粪便干燥、坚硬，且排便时非常困难，就是便秘。但因为宝宝排便的个体差异性较大，有的宝宝2～3天才排便一次，但只要大便性状正常，宝宝生长发育正常，就不算是便秘。

图5-10　小儿便秘

病　因

1. 生活不规律

生活不规律，缺乏按时排便的训练，未形成排便的条件反射导致的便秘很常见。此外，学龄儿童常因无清晨大便习惯，而学习时又无法随时排便，上课时憋住大便也是引起便秘的常见原因。宝宝受突然的精神刺激，或环境及生活习惯的突然改变也可引起短时的便秘。缺少运动，可造成肠壁肌肉乏力，蠕动减慢而便秘。

2. 饮食不规律

婴幼儿进食太少、暴饮暴食等。

3. 食物成分不均衡

食物中蛋白质含量较高，或含脂肪和碳水化合物、纤维素较少。

4. 疾病因素

多种疾病可以引起肠道功能障碍，肠壁肌肉张力减弱，蠕动减慢，引起便秘，如巨结肠、营养不良、佝偻病、呆小症等；患肛周炎、肛裂，因为排便时疼痛，使宝宝惧怕排便，推迟排便也可导致便秘。服用某些药物可减慢肠蠕动而便秘，如抗酸剂、某些抗惊厥药、利尿剂以及铁剂。经常灌肠和服用泻药可使肠道的敏感度减弱，可使便秘加重。有的患儿出生后即便秘，有家族史，可能和遗传有关。

5. 精神因素

环境和生活习惯的改变。突然受到精神刺激可导致短时间的便秘。

症　状

1. 粪便干结

患儿排便次数减少，粪便干燥、坚硬，排便困难及肛门疼痛。有时粪便擦伤肠黏膜或肛门引起出血，使大便表面出现少量血或黏液。

粪便长时间停留于肠道内还可反射性地引起全身症状，如精神不振、乏力、头晕、头痛、食欲减退。

长期摄食不足，可发生营养不良，进一步加重便秘，引起恶性循环。

如果粪便在直肠停留过久可使局部发生炎症，有下坠感。有时便秘患儿经常有便意却不能排净，使便次增多。严重便秘时，大便在局部嵌塞，可在干粪的周围不自觉地流出肠分泌液，类似于大便失禁。便秘是引起肠绞痛的常见原因。

2. 腹胀、腹痛

自觉腹胀和下腹部隐痛、肠鸣及排气多。偶见严重便秘患儿常突然腹痛，开始排出硬便，继而有恶臭稀粪排出。

3. 直肠垂脱

长期便秘可出现痔疮或直肠脱垂。

宜吃食物

由喂养不当引起的婴幼儿便秘，主要见于牛奶喂养或不正确地添加精细食物。牛奶中有大量不易消化的酪蛋白，酪蛋白又非常容易引起大便干燥；过多添加肉、蛋、奶这类精细食物，而减少进食水果、蔬菜等纤维含量丰富的食物，婴儿产生便秘则不可避免。此外，水分摄入过少也可导致大便干燥。

（1）若是饮食不足，应多增加食物量。母乳喂养的婴幼儿通常不发生便秘。若发生了，可以在喂奶之间添加些橘汁、山楂汁、菜汁（以上汁水要一种一种加，不要一天换很多种）。牛奶喂养的婴幼儿，可以在牛奶中加糖8%（每100毫升奶中加白糖8克），因为糖可在肠道发酵，使肠蠕动增加，大便较易排出。此外也应多喂些菜泥、果泥。大点的婴幼儿已添加辅食和软饭的可每顿增加蔬菜，如空心菜、苋菜、芹菜、韭菜等。

（2）幼儿应适当吃一点粗粮，尤其是玉米和甘薯，这两种食物的营养价值都比大米白面高，膳食纤维含量也高，既有利于治疗便秘，又有营养。

（3）多喝水，多吃些对轻微便秘有疗效的水果，比如香蕉等。

（4）多让孩子运动，以促进肠蠕动，有助于大便排出。

食疗方法

1. 蜜奶芝麻羹

【原料】牛奶150克，芝麻15克，蜂蜜20克。

【用法】将芝麻炒熟，研成细末。牛奶煮沸后，加入蜂蜜，再放入芝麻末调匀即成。每日早晨空腹食用。

【功效】和胃养血，润肠通便。适用于小儿久病体弱、肠燥便结。

2. 芝麻杏仁糊

【原料】黑芝麻、大米各30克，杏仁10克，沸水、白糖各适量。

【用法】将黑芝麻、大米用水浸透至软，研磨成糊。然后将杏仁研成细末，放入芝麻米糊内，用沸水冲调成稠糊状，加糖后食用。

【功效】芝麻润肠通便、滋阴养血；杏仁苦泄降气、润肠通便；与大米一同食用，起润肠通便、健胃益阴作用。适用于肺燥便结症。

【提示】湿热内盛、风热感冒者不宜选用。

3. 核桃银耳汤

【原料】核桃仁30克，银耳10克，猪瘦肉100克，盐适量。

【做法】将银耳用温水泡发，清洗干净。核桃仁洗净。猪肉切成小块。将上述三种原料同放锅内，加入清水，熬煮成汤，加适量盐调味即成。

【功效】滋阴润肠，和中摄血。适用于婴儿便秘、肛裂出血或肛门发炎。

4. 首乌蜂蜜饮

【原料】何首乌15克，蜂蜜20克。

【用法】何首乌煎水，去渣留汁，加入蜂蜜即成。每天早、晚各服1次。

【功效】何首乌苦涩微温，是补肝肾、益精血、乌须发的常用药材，具有促进肠蠕动而起缓和的泻下通便作用；蜂蜜是润燥通便之常用品。本饮具有养血润肠通便的功效。

【提示】用生首乌效果更好。湿痰较重者不宜选用。

5. 桃肉散

【原料】核桃肉适量。

【用法】将核桃肉洗净，放入锅内炒至香脆，研成细末即可。每晚睡前服食，每次15克，便通后改为每次约10克。

【功效】润肠通便。适用于小儿大便无定时而形成的习惯性便秘。

6. 郁李仁粥

【原料】郁李仁10～15克，粳米30～60克。

【用法】将郁李仁洗净捣烂，煎汁去渣，放入粳米同煮为粥。早、晚空腹食用。趁热服食。

【功效】郁李仁味辛苦，性平无毒。因其质润多脂，能开幽门之结气，润大肠之燥涩而行气，兼能利水消肿，所以润肠通便的功效强。服用后，大便前可能有腹部隐痛，而与粳米同煮为粥，则可减轻反应，缓和药效。适用于大便干燥、小便不利、婴儿慢性肾病而兼有便秘者。

【提示】通常3～5天为一个疗程。如脾肾阳虚、四肢不温、体弱羸瘦者慎用。

生活调养

（1）在医生指导下调节饮食，改进喂养方法。

（2）训练孩子排便习惯。

（3）用肥皂条塞肛门，方法简单有效。开塞露注入肛门内具有通便作用，但不可经常使用。

婴幼儿便秘在饮食上应注意哪些问题？

（1）忌食刺激性食品以及容易引起过敏的食品。

（2）肠出血量大时应暂时禁食。出血量减少后可给予少量流质饮食，如牛奶、豆浆或浓米汤；少食多餐。

（3）出血完全停止可慢慢给予半流质食品，如挂面、稀饭等，完全恢复期可吃些软饭、煮烂去渣蔬菜等。

（4）提供少渣、少油、容易消化、富含营养的软质饮食，如软饭、面食、牛奶、鸡蛋、肉类、水果等。

第十节　湿疹

婴儿湿疹一般又称奶癣，是婴儿比较常见的皮肤病，本病多见于生后1～3个月的婴儿，6个月以后慢慢减轻，1岁半以后大多自愈，秋冬季多发病。若出现症状反复时，可能转成慢性湿疹。

病　因

1. 皮肤过敏

湿疹的发病原因比较复杂。目前认为可能是皮肤对外界产生的一种过敏反应。可以引起皮肤过敏的因素较多，如湿、热、冷、日光、微生物、毛织品、药物、肥皂、尘埃等。

2. 食物因素

食品是比较常见的致病原因。牛奶、鸡蛋、鱼肉等均可能引起过敏性反应。

婴幼儿喂养指南

本病多见于有遗传过敏体质的宝宝，其家庭中也经常有过敏性皮炎、哮喘或过敏性鼻炎患者。

症 状

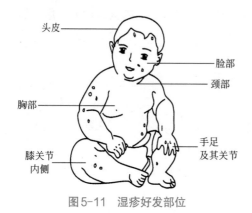

图5-11 湿疹好发部位

湿疹可发生在身体的任何部位（图5-11）。主要表现为皮肤上出现多形性、弥漫性、对称性的损害，即皮肤上对称出现的针头大小的丘疹、疱疹，且通常弥漫联合成片，伴有剧烈瘙痒。

饮食禁忌

患有湿疹不宜食用下列食物。

（1）容易过敏的食物　牛乳、羊乳、豆浆、鸡蛋、海鲜类等。

（2）其他食物　包括黄鱼、竹笋、菠菜、莴苣、鸡肉、牛羊肉等。

（3）哺乳期的母亲应禁食的食物　辣椒、辣酱、洋葱、胡椒粉、咖喱粉、酒、可可、浓茶、味精、芥末、桂皮、大蒜、生姜、韭菜、香菜、芹菜、八角、海鳗、海鱼、酸菜、过甜过咸等食物，以避免孩子间接引起过敏反应。

生活调养

（1）湿疹急性发作期禁用热水烫洗或使用肥皂等刺激性物品。

（2）注意尽可能避免让孩子接触过敏原和刺激品，减少复发。

（3）不要让孩子用指甲搔患部。衣服、床褥保持清洁，防止感染。

（4）在医生指导下，调节饮食，除去可疑过敏原。

（5）严重湿疹勿接种牛痘（图5-12），勿与接种牛痘孩子或带状疱疹患儿接触。若感染可能发生全身性牛痘。

图5-12 勿接种牛痘

244

饮食护理

（1）禁止食用引起过敏的食物。如对牛奶或鸡蛋过敏，可食用其他富含蛋白质的食物（如豆浆、配方奶等）。

（2）给孩子添加新品种的辅食时需从一种开始，不要同时添加多种，并由少量开始，逐渐增量。

（3）添加牛奶时煮沸几次，可导致蛋白质变性，能减少过敏现象发生。

（4）母乳中的过敏物质也可诱发婴儿湿疹。湿疹婴儿的乳母应禁止食用可疑过敏性食物，如鱼、虾、鸡蛋等，在确保营养的同时，饮食应清淡。

 爱心提示

湿疹日常注意事项有哪些？

（1）要搞好个人卫生，常洗澡，同时水温不宜过高，以30～40℃为宜。

（2）要勤换衣服及床单，凉席、被褥等贴身物品要经常清洗曝晒。

（3）居室内要保持空气流通、环境整洁，防止潮湿。

（4）要合理饮食，确保充足的睡眠，适当地做些运动以增强体质，外出旅游最好穿上长裤，以免下肢被虫咬伤。

第十一节　小儿口腔炎

口腔炎是指口腔黏膜因为各种感染引起的炎症，如果病变限于局部如舌、齿龈、口角亦可称为舌炎、齿龈炎或口角炎等。本病常见于婴幼儿。可单独发生，亦可继发于全身疾病，如急性感染、腹泻、营养不良、久病体弱和B族维生素、维生素C缺乏等。

病　因

感染常由病毒、真菌、细菌引起。不注意食具和口腔卫生或各种疾病导致机体抵抗力下降等因素均可引起口腔炎的发生。

症　状

（1）口腔黏膜包括舌面、口颊、牙龈和口唇内面出现充血、水肿。

婴幼儿喂养指南

（2）口涎多（流口水），饮食时会感觉疼痛而哭吵、厌食，大便偶有干结。

（3）患儿口腔黏膜上有乳凝块样白膜的称为鹅口疮，是由真菌（霉菌）引起。孩子通常没有不舒服的感觉，也不影响食欲。

（4）突然高热、口腔黏膜出现黄白色透明水疱的称为疱疹性口腔炎，是由病毒感染引起。水疱很快破溃形成小溃疡。这种口腔炎疼痛显著，所以孩子比较哭闹，还可能拒绝进食。

（5）高热、口腔黏膜和舌面出现大小不等溃疡的称为溃疡性口腔炎，是由细菌感染引起。这种口腔炎疼痛也很显著。

（6）只是口腔疼痛，流口水，黏膜充血、水肿，食欲减退和低热的称为卡他性口腔炎。常因物理、化学、药物等刺激或发热时口腔不洁等导致。

饮食宜忌

1. 宜吃食物

患有口腔炎的小儿饮食以清淡、冷热合适的流质或半流质食物为宜。应多食用优质蛋白质食物，如鸡蛋和豆制品，以增强小儿体质，促进康复；多食用新鲜黄绿色蔬菜、水果，例如苦瓜、萝卜、白菜、菠菜、苋菜、西瓜、西红柿等，以补充多种维生素、无机盐；经常饮水，可保持口腔黏膜潮湿，避免口腔内细菌繁殖。

2. 忌吃食物

（1）辛辣、刺激性食物　辛辣、刺激性食物可以助热生湿，不利于口腔黏膜愈合，因此应忌食。

（2）油煎、炸食物　因其食用时碰到口腔黏膜可引起疼痛，不利于愈合，因此应忌食。

（3）助火生热食物　如花生、樱桃食后会使病情加重，久治不愈，因此应忌食。

（4）甜腻食物　因其可直接作用于口腔黏膜，使之不易愈合，因此应忌食。

食疗方法

1. 番茄汁

【原料】番茄数个。

【用法】番茄洗净，用沸水浸泡，剥皮，使用洁净纱布包绞汁液，含漱，每日数次。

【功效】补充维生素。适用于小儿口腔炎。

2. 竹叶饮

【原料】鲜竹叶1把，冰糖适量。

【用法】鲜竹叶洗净，加水加适量冰糖，煮沸片刻，代茶饮。

【功效】清热去火。适用于小儿口腔炎。

3. 萝卜鲜藕饮

【原料】白萝卜、鲜藕各500克。

【用法】白萝卜与鲜藕洗净切碎，榨汁含漱。每日3～4次。

【功效】清热除烦，生津止渴。适用于小儿口腔炎。

4. 荸荠汤

【原料】荸荠250克，冰糖适量。

【用法】荸荠洗净，加水与冰糖煮汤，代茶饮。

【功效】利尿排毒。适用于小儿口腔炎。

日常养护

（1）在医生的指导下，依照饮食疗法原则，调整患儿饮食，注意孩子营养，多给饮水，并给富含维生素的食物，耐心喂哺，少食多餐。

（2）注意口腔护理，保持口腔清洁，避免感染。尤其是鹅口疮传染性强，护理口腔前后必须洗净双手。

（3）可食用清凉食品，例如苦瓜汁、西瓜汁、冬瓜汤。或以生地10克、淡竹叶10克、玄参10克、麦冬10克、生甘草2克，加入适量水煎后频服。

（4）1%龙胆紫、中成药冰硼散或锡类散涂口腔有效。

（5）孩子因为口腔疼痛拒乳时，应将乳汁挤出用滴管或汤匙喂。

（6）喂流质饮食如牛奶、米汤、糖水等，饮料应用温的或是凉的。

（7）餐具如奶瓶、奶头等应消毒。

参考文献

［1］付娟娟. 婴幼儿喂养与护理细节全书[M]. 北京：中国人口出版社，2015.

［2］岳然. 婴幼儿喂养必读[M]. 北京：中国人口出版社，2012.

［3］王芳亭. 婴幼儿喂养护理早教[M]. 北京：中国人口出版社，2013.

［4］谢宏，储小军. 婴幼儿营养与科学喂养[M]. 杭州：浙江工商大学出版社，2016.

［5］王玉萍. 0～3岁婴幼儿护理与喂养专家方案[M]. 北京：中国妇女出版社，2016.

［6］金海豚婴幼儿早教课题组. 婴幼儿科学喂养一本就够[M]. 北京：中国纺织出版社，
2011.

［7］杜慧真. 科学喂养：婴幼儿一生的健康基石[M]. 济南：山东科学技术出版社，2011.

［8］张桂香. 全方位婴幼儿喂养全书[M]. 长春：吉林科学技术出版社，2011.

［9］陈红喜. 婴幼儿喂养护理全图解[M]. 石家庄：河北科技出版社，2010.

［10］易康. 婴幼儿科学喂养速查手册[M]. 哈尔滨：黑龙江科学技术出版社，2014.

［11］周忠蜀. 育儿百科[M]. 北京：中国人口出版社，2015.

［12］南亚华. 新生儿婴儿喂养护理百科[M]. 南京：江苏科学技术出版社，2015.